家居设计CAD与预算实例精选集

华丽型装修设计CAD与预算实例精选

理想•宅编辑部 组编

本书收录了大量华丽型装修的CAD设计图和预算实例，内容以CAD设计图及实际的预算为主，汇集一线设计师在家居空间中的设计经验，以图文结合的内容形式来体现家居空间在施工装修过程中的各种细部做法，具有较强的实用性。

图书在版编目（CIP）数据

华丽型装修设计CAD与预算实例精选 / 理想·宅编辑部组编. - 北京 : 机械工业出版社，2013.5

（家居设计CAD与预算实例精选集）

ISBN 978-7-111-42455-0

Ⅰ. ①华… Ⅱ. ①理… Ⅲ. ①住宅-室内装饰设计-计算机辅助设计-AutoCAD软件 Ⅳ. ①TU241-39

中国版本图书馆CIP数据核字(2013)第096837号

机械工业出版社（北京市百万庄大街22号 邮政编码100037）

责任编辑：张大勇 王晓艳

封面设计：骁毅文化

责任印制：乔宇

北京汇林印务有限公司印刷

2013年9月第1版第1次印刷

184mm×260mm · 14印张 · 346千字

标准书号：ISBN 978-7-111-42455-0

ISBN 978-7-89405-036-6（光盘）

定价：39.80元（含1CD）

凡购本书，如有缺页、倒页、脱页，由本社发行部调换

电话服务	网络服务
社服务中心：（010）88361066	教 材 网：http://www.cmpedu.com
销 售 一 部：（010）68326294	机工官网：http://www.cmpbook.com
销 售 二 部：（010）88379649	机工官博：http://weibo.com/cmp1952
读者购书热线：（010）88379203	**封面无防伪标均为盗版**

前言 FOREWORD

随着中国经济的不断发展，中国的建筑业发展迅速。如今，建筑业已成为中国国民经济的五大支柱产业之一。在近几年的发展过程中，由于人们对建筑物外观质量、内在要求的不断提高和现代法规的不断完善，中国建筑业也由原有的生产组织方式转变为专业化的工程项目管理方式。因此，对建筑行业从业人员的职业技能提出了更高的要求。

本套丛书涵盖了大量的CAD设计图和预算实例，由理想•宅编辑部倾力打造，以CAD设计图及装修预算为基础，按照家居设计中的常用风格，分为《华丽型装修设计CAD与预算实例精选》、《经济型装修设计CAD与预算实例精选》、《舒适型装修设计CAD与预算实例精选》3册，将家居施工装修中的各种问题完整地呈现在读者面前。

本套丛书的最大特点在于，舍弃了大量枯燥而乏味的文字介绍，内容以CAD设计图及实际的预算为主，并给予相应的文字解释，以图文结合的内容形式来体现家居空间在施工装修过程中的各种细部做法，增强图书内容的可读性。

本书在编写过程中，汇集一线设计师在家居空间设计中的不同细部做法经验总结，并学习和参考了相关的书籍和资料，在此一并表示衷心感谢。由于编者水平有限，书中难免出现缺陷和错误，敬请读者批评和指正。

参与本书编写的人员有邓毅丰、赵强、张娟、郝鹏、黄肖、王永军、林艳云、胡鹏、王刚、张建、马元、许静、王茜、徐慧、王兵、赵丹、赵迎春、于庆涛、刘娟、李金龙。

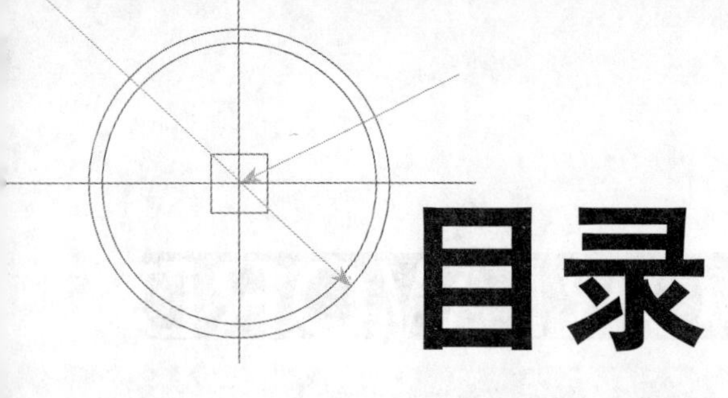

目录

CONTENTS

案例1 Case<<

总面积约307m²，总价约25万元

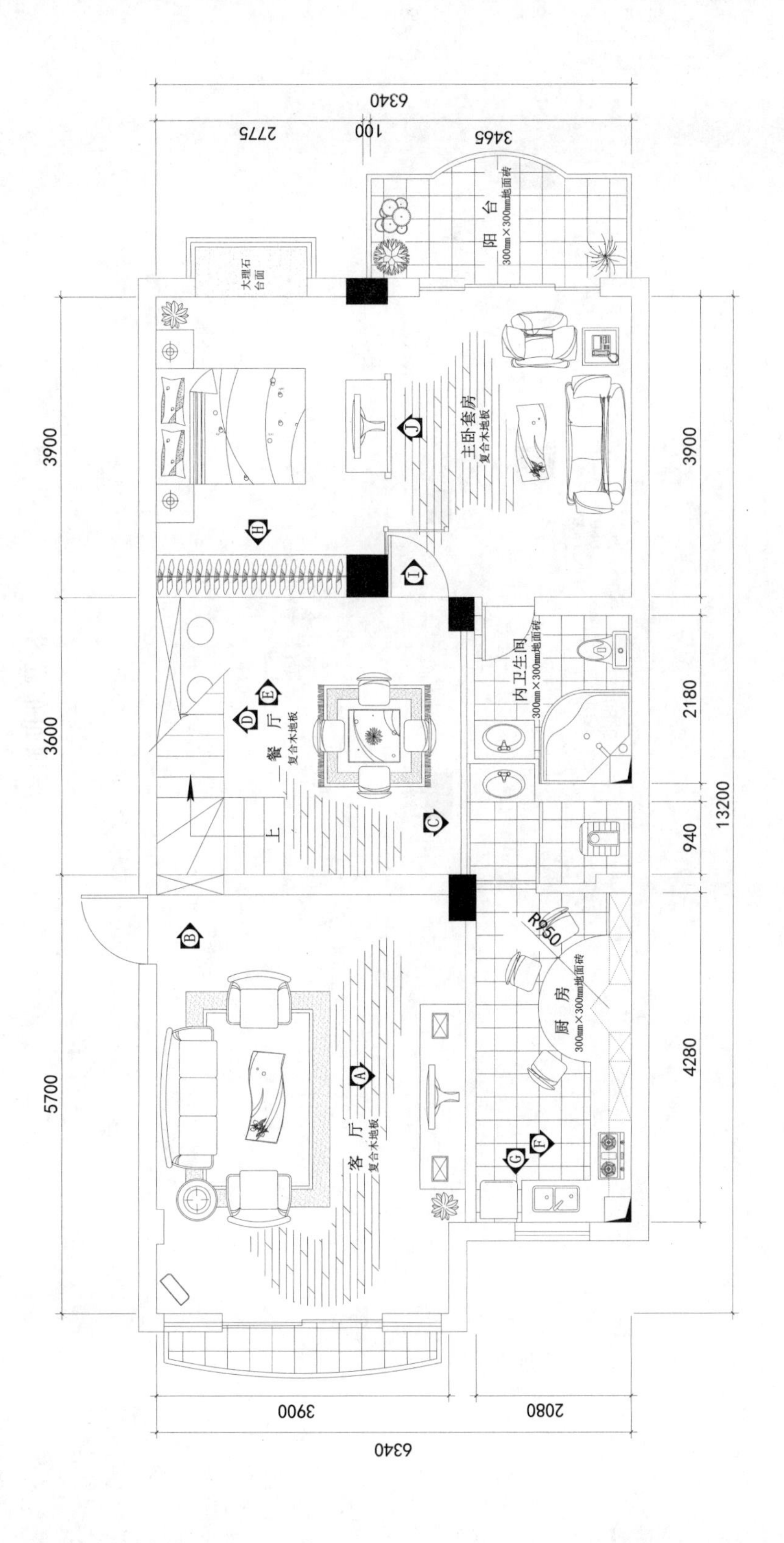

一层平面布置图

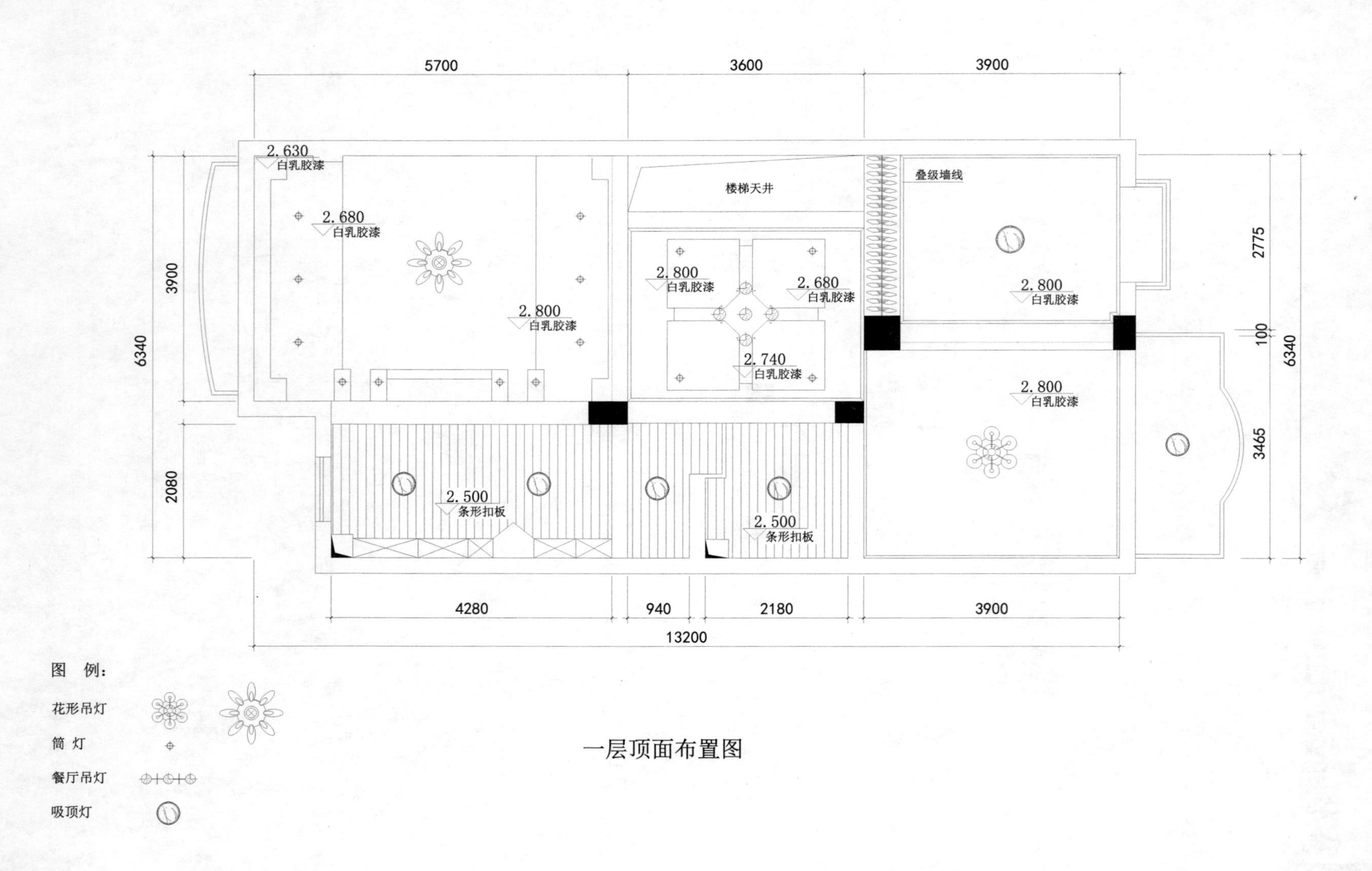

5700
3600
3900
2.630
白乳胶漆
2.680
白乳胶漆
2.800
白乳胶漆
楼梯天井
叠级墙线
2.800
白乳胶漆
2.680
白乳胶漆
2.740
白乳胶漆
2.800
白乳胶漆
2.800
白乳胶漆
2.500
条形扣板
2.500
条形扣板
3900
6340
2080
2775
100
6340
3465
4280
940
2180
3900
13200
图 例:
花形吊灯
筒 灯
餐厅吊灯
吸顶灯

一层顶面布置图

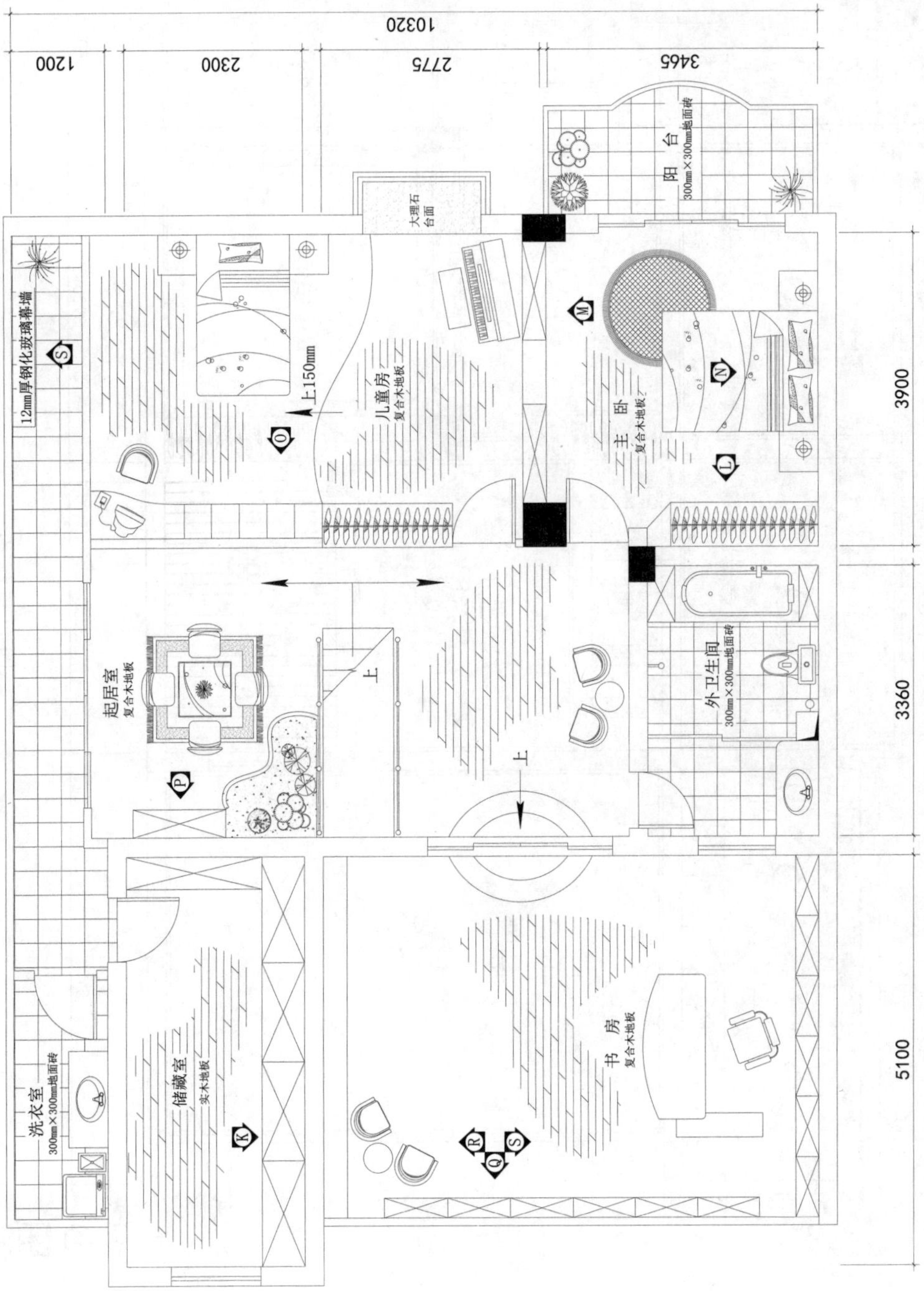

洗衣室
300mm×300mm地面砖

12mm厚钢化玻璃幕墙

起居室
复合木地板

储藏室
实木地板

上150mm

上

儿童房
复合木地板

大理石
台面

上

书房
复合木地板

主卧
复合木地板

阳台
300mm×300mm地面砖

外卫生间
300mm×300mm地面砖

1200 2300 2775 3465 10320

5100 3360 3900

二层平面布置图

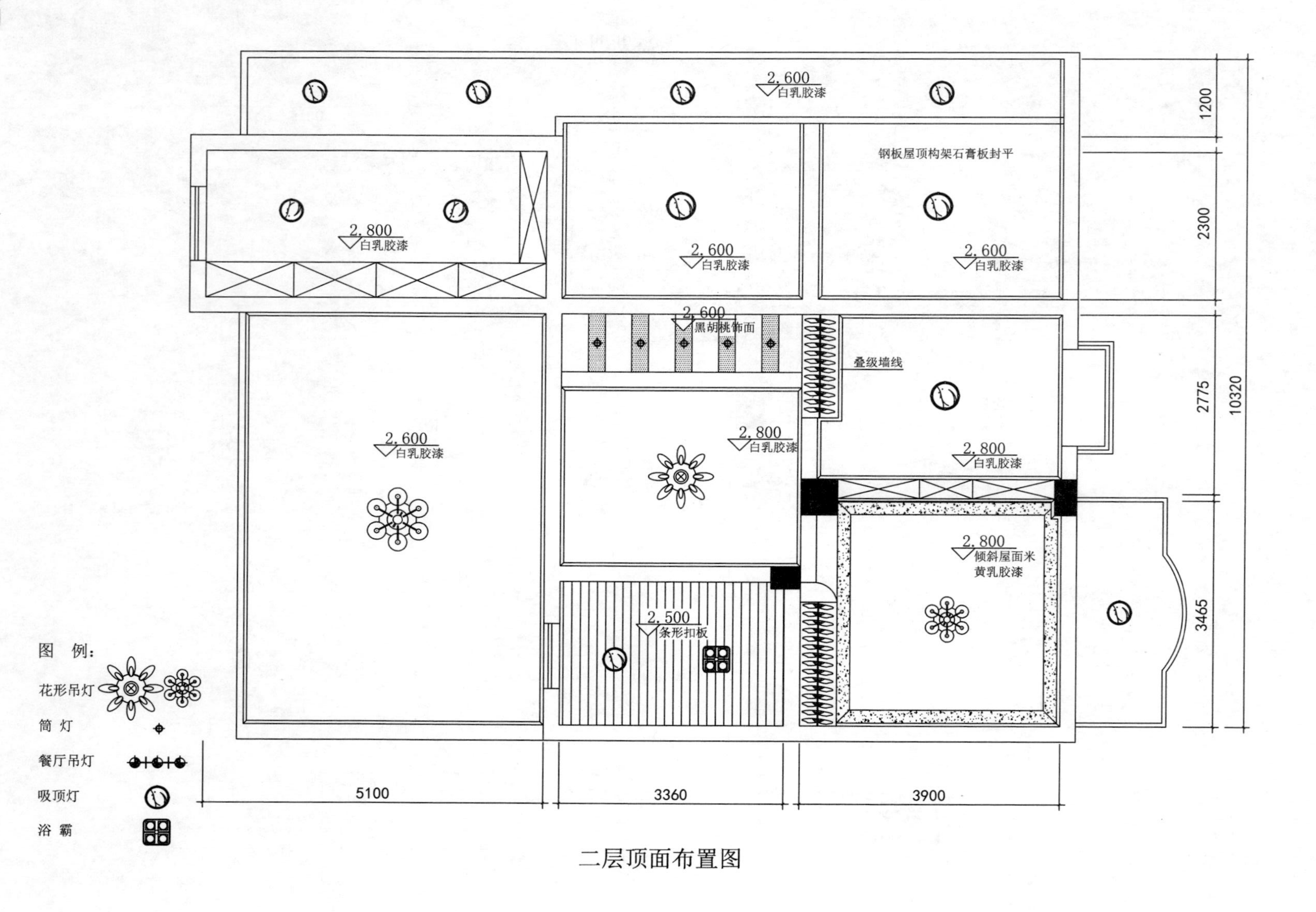
2.600 白乳胶漆
钢板屋顶构架石膏板封平
2.800 白乳胶漆
2.600 白乳胶漆
2.600 白乳胶漆
2.600 黑胡桃饰面
叠级墙线
2.600 白乳胶漆
2.800 白乳胶漆
2.800 白乳胶漆
2.800 倾斜屋面米黄乳胶漆
2.500 条形扣板
1200
2300
2775
10320
3465
5100
3360
3900
图例：
花形吊灯
筒灯
餐厅吊灯
吸顶灯
浴霸

二层顶面布置图

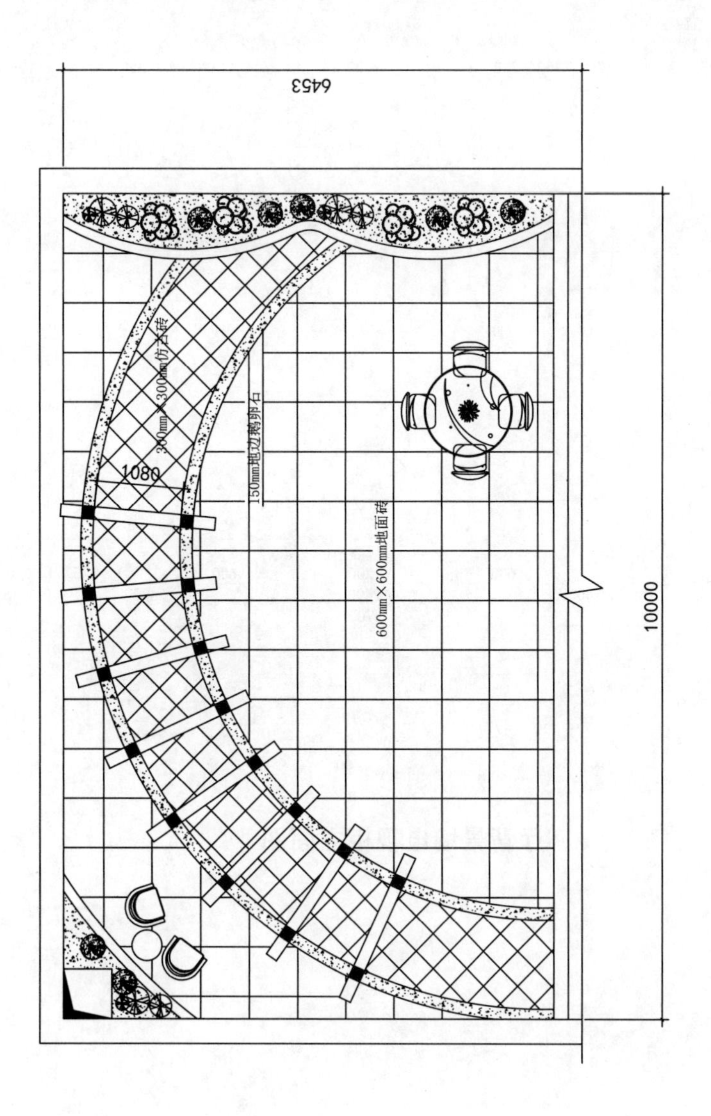
6453
10000
1080
300mm×300mm仿古砖
150mm地边鹅卵石
600mm×600mm地面砖

二层花园平面布置图

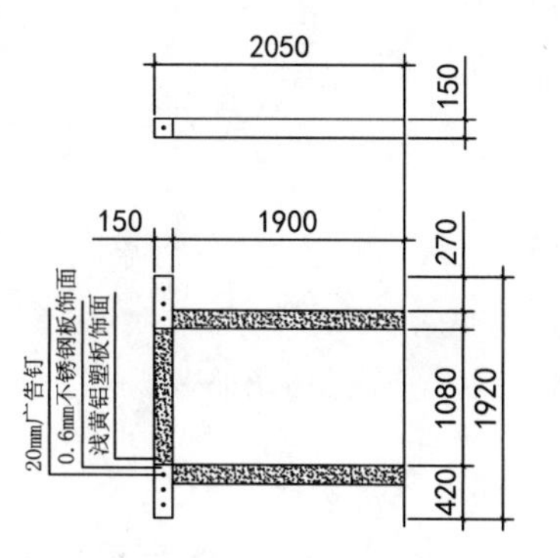
2050
150
150
1900
270
1080
1920
420
20mm广告钉
0.6mm不锈钢板饰面
浅黄铝塑板饰面

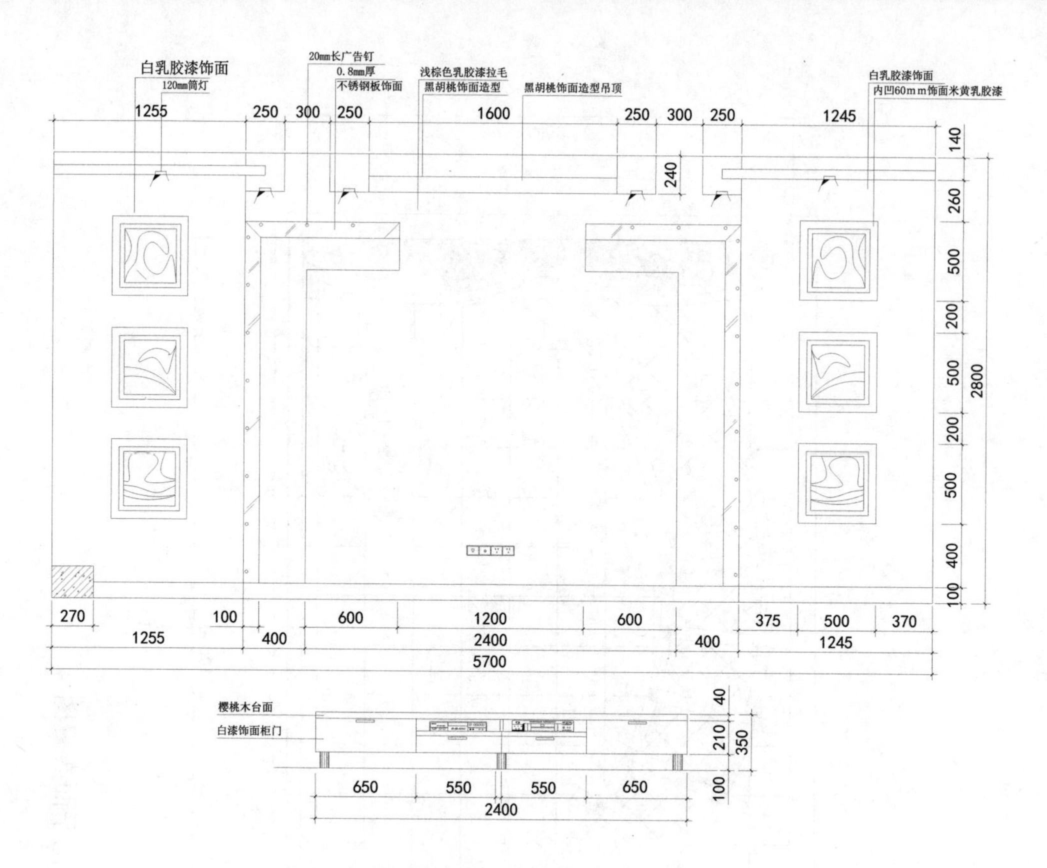

A客厅背景墙电视柜立面图

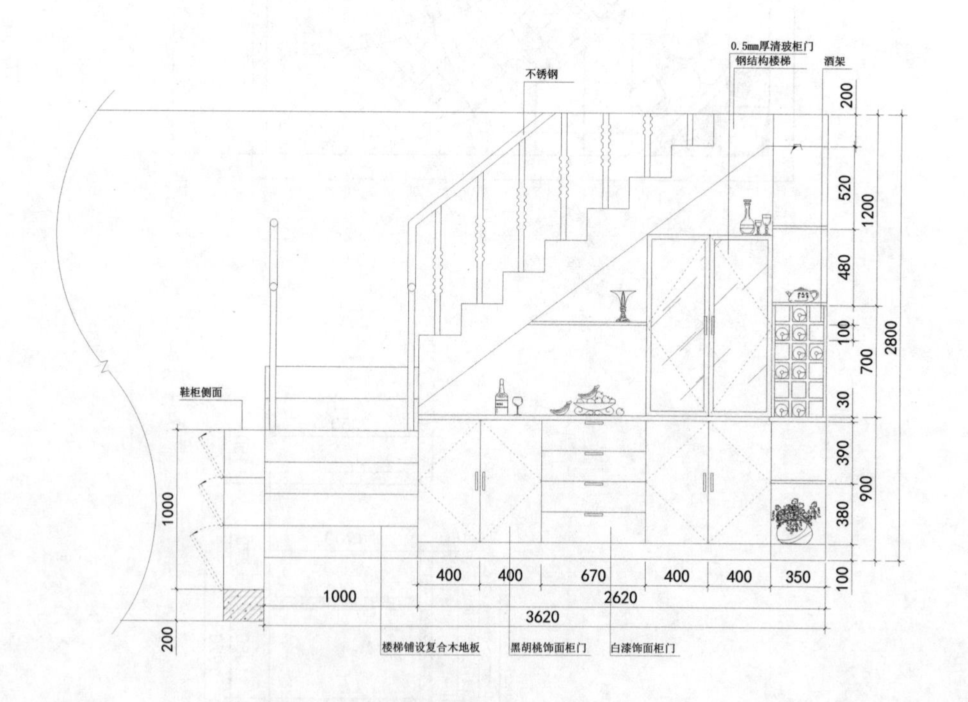

D餐厅酒柜立面图

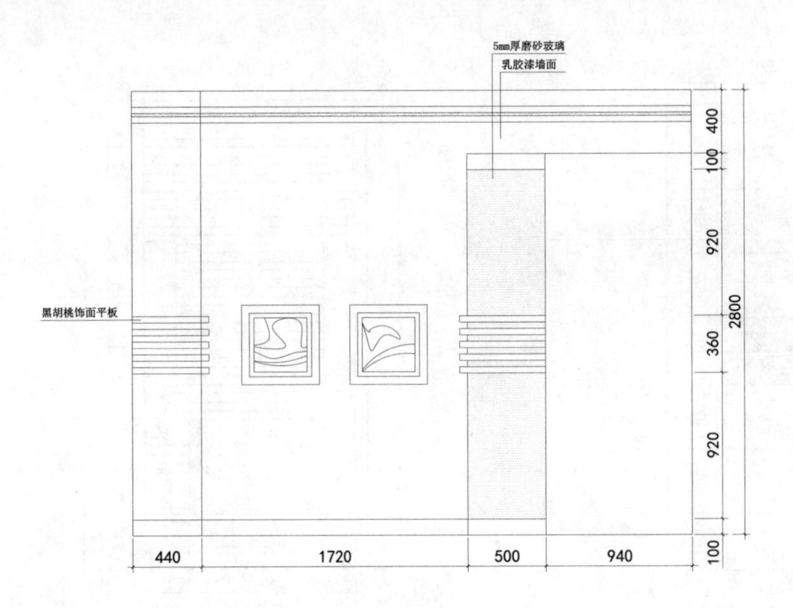

C餐厅背景墙立面图

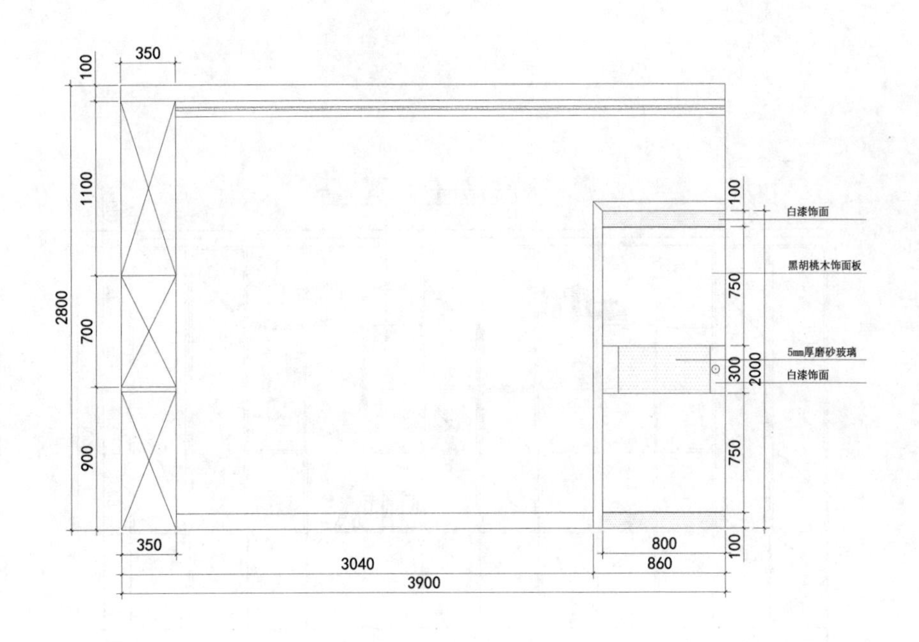

E餐厅酒柜立面图

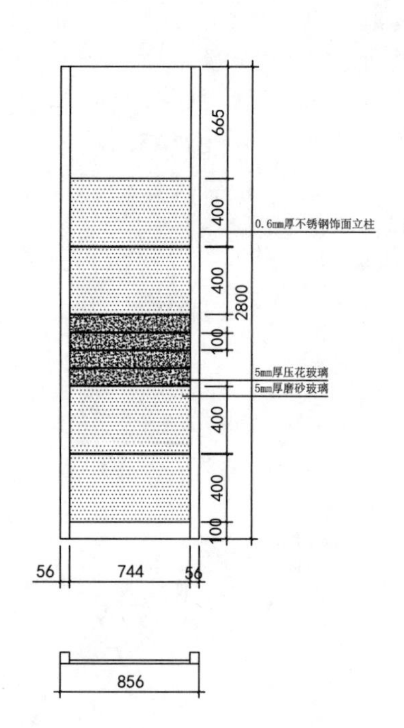

I主卧套房玄关立面图

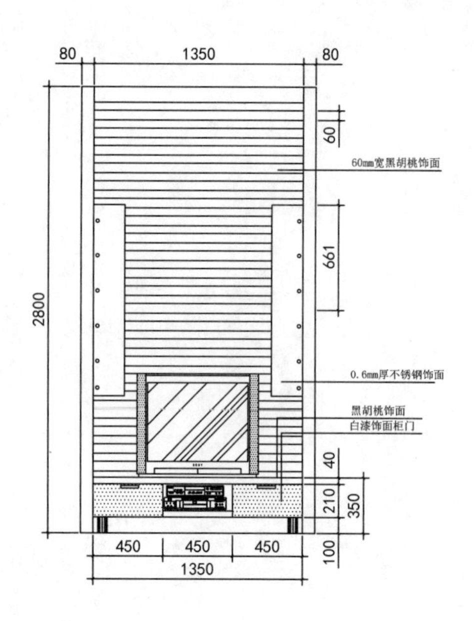

J主卧套房电视柜立面图

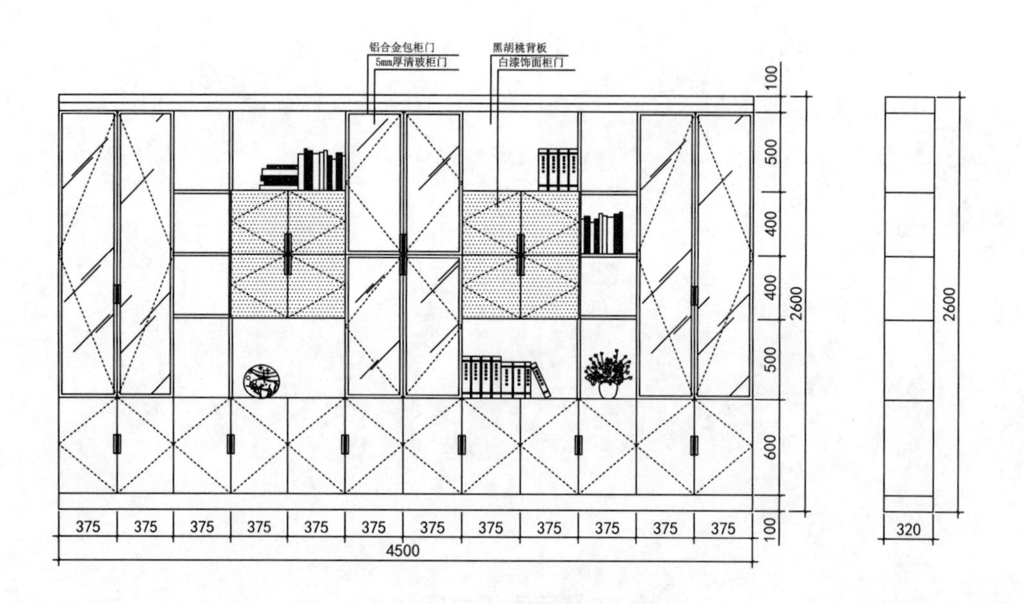

S平台书房书柜立面图

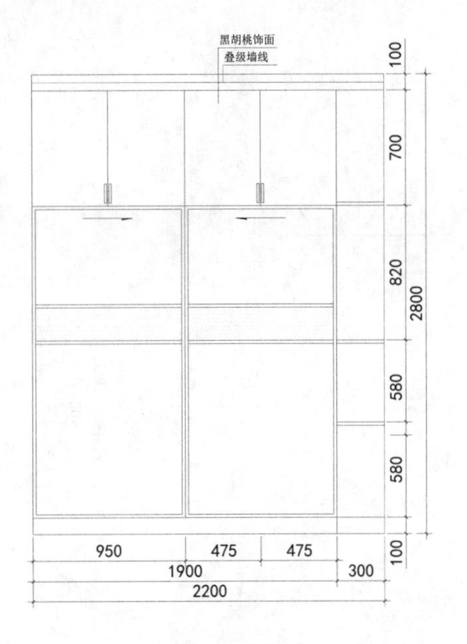

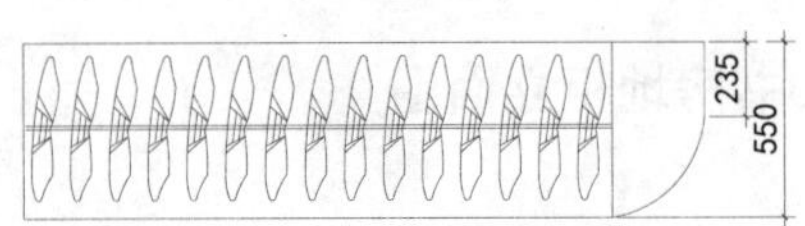

L二层主卧衣柜立面图

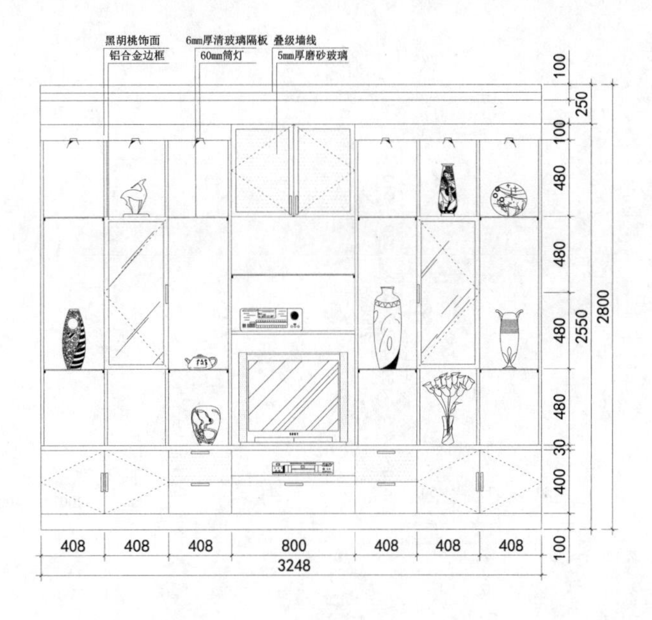

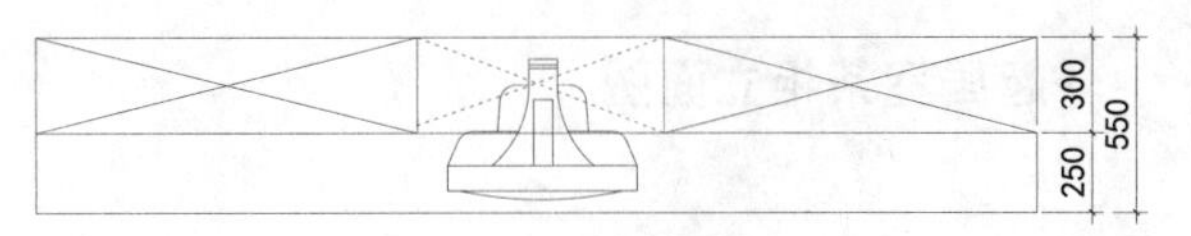

M二层主卧博物电视柜立面图

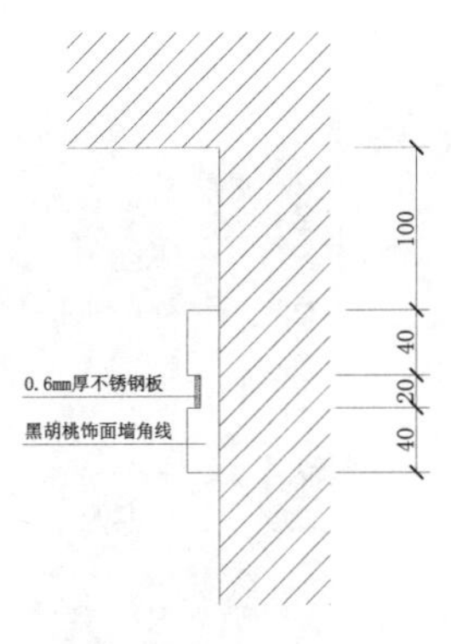

墙角线大样图

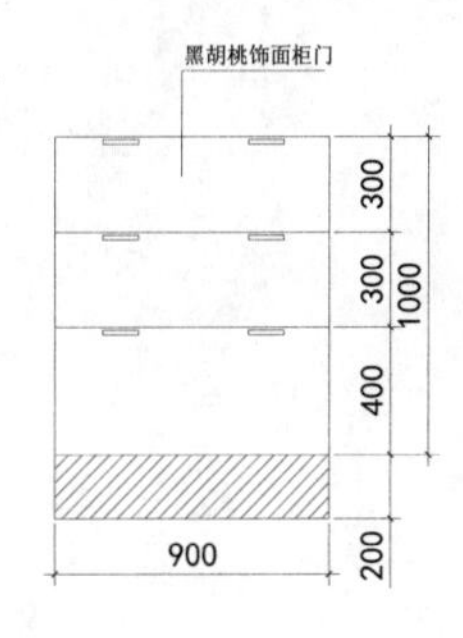

B鞋柜立面图

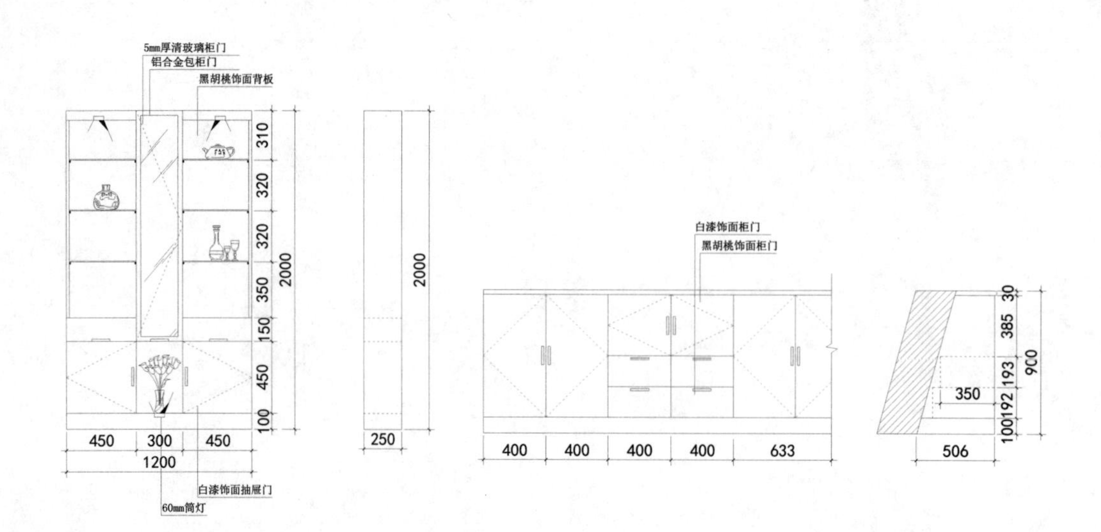

P起居室茶柜立面图

Q书房地柜立面图

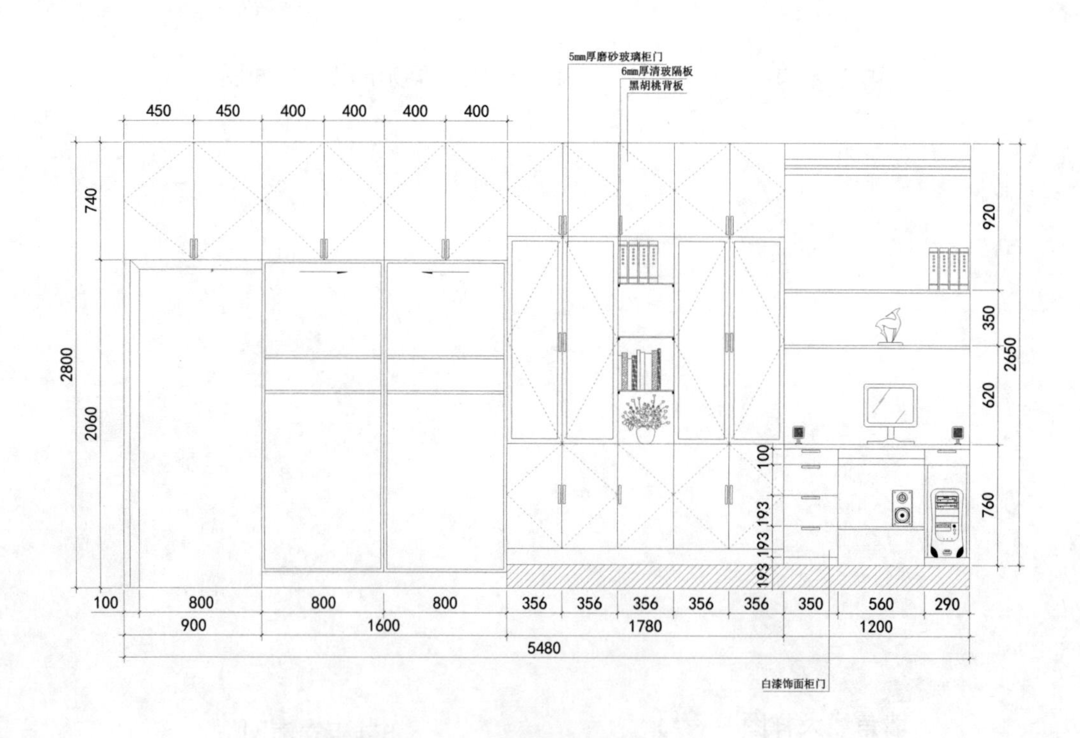

0儿童房衣柜书桌柜立面图

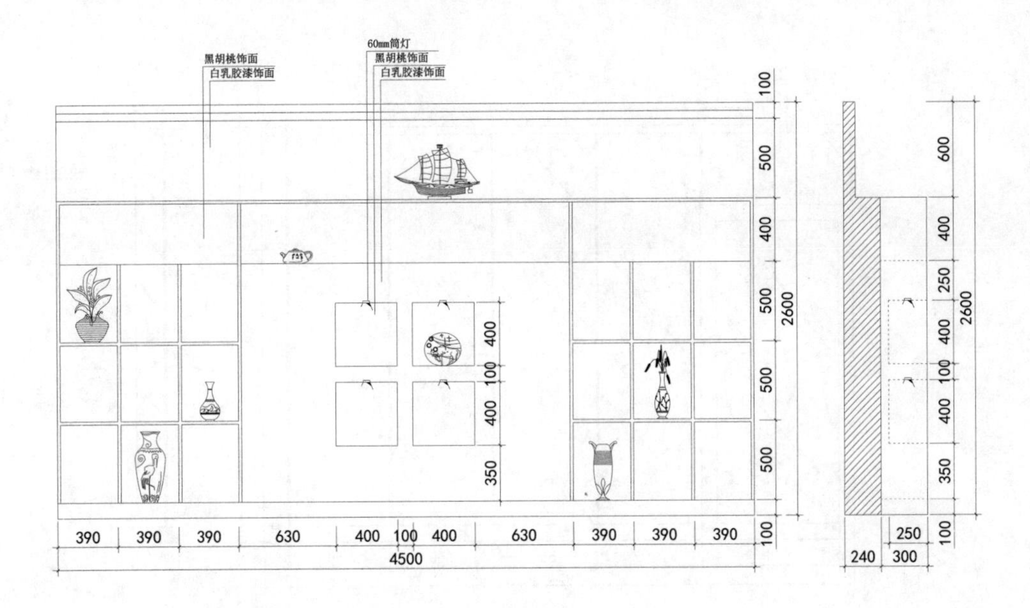

R平台书房综合柜立面图

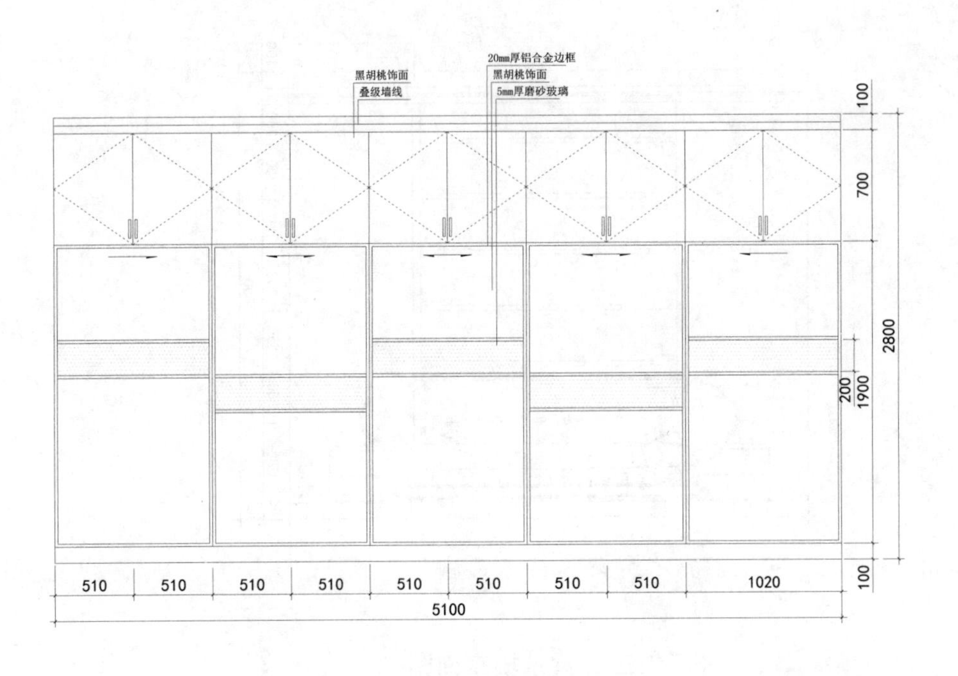

K储藏室立面图

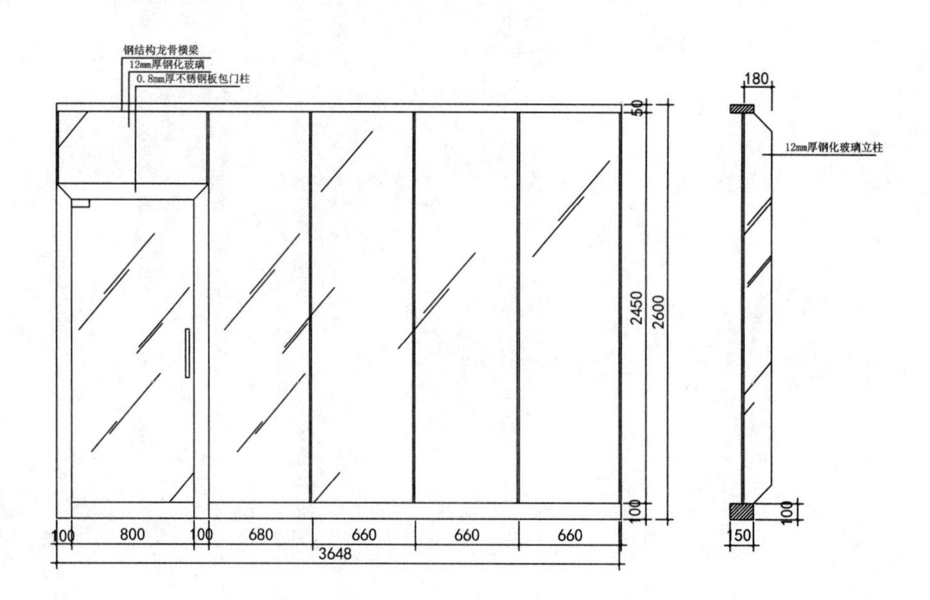

T露台钢化玻璃幕墙立面图

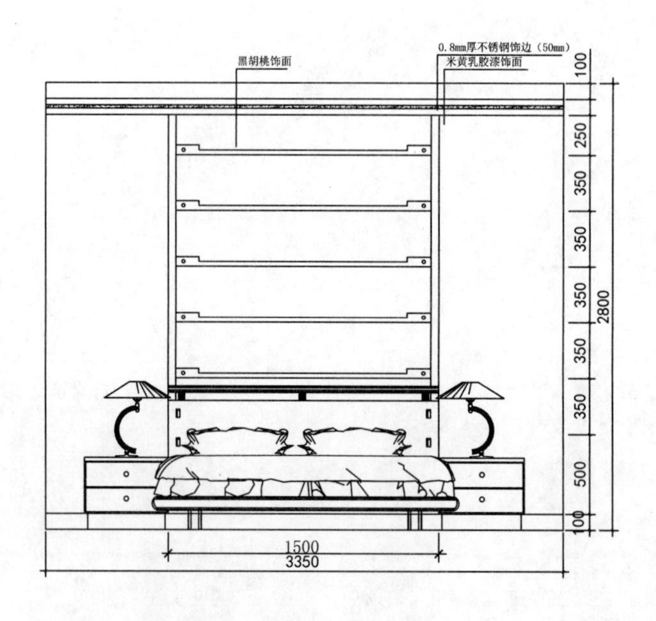

N二层主卧背景墙立面图

预算表

客厅

- **总面积约：**25.5m²
- **总 价 约：**15712元

一层

序号	项目名称	单位	数量	单价:元				人工费小计/元	合计/元	备注
				主材	辅材	人工	小计			
1	吊顶造型	m^2	12.2	35	10	40	85	488	1037	50mm×70mm木龙骨基层石膏板吊顶造型，中间配饰黑胡桃饰面，安装筒灯
2	电视背景墙造型	项	1	500	150	350	1000	350	1000	50mm×70mm木龙骨基层石膏板墙面，0.8mm厚不锈钢局部装饰
3	电视机台柜	m	2.4	120	60	180	360	432	864	15mm厚金秋板基层，黑胡桃饰面，硝基漆局部饰面
4	鞋柜	m^2	0.9	120	50	180	350	162	315	15mm厚金秋板基层，黑胡桃饰面，优质铰链
5	大门单面包门套	m	5	18	7	20	45	100	225	15mm厚金秋板、9mm板基层，黑胡桃饰面，60mm木线条收边
6	落地窗单面包窗套	m	7.8	18	7	20	45	156	351	15mm厚金秋板、9mm板基层，黑胡桃饰面，60mm木线条收边
7	客厅台阶砌筑	项	1	80	30	90	200	90	200	煤灰砖，1:2水泥砂浆砌筑找平
8	墙顶面乳胶漆	m^2	40.2	8	4	8	20	321.6	804	刮腻子两遍，打磨，华润简美漆两遍
9	复合木地板	m^2	25.5	120	0	0	120	0	3060	圣象12mm胡桃浮雕纹，包安装、运输

餐厅

- 总面积约：25.8m^2
- 总 价 约：19470元

序号	项目名称	单位	数量	单价:元				人工费小计/元	合计/元	备注
				主材	辅材	人工	小计			
1	装饰吊顶造型	m^2	5.8	35	10	40	85	232	493	50mm×70mm木龙骨基层石膏板吊顶造型，中间配饰黑胡桃饰面，安装筒灯
2	背景墙造型	项	1	180	20	120	320	120	320	60mm木线条，磨砂玻璃造型
3	酒柜	m^2	4.7	240	60	200	500	940	2350	15mm厚金秋板基层，黑胡桃饰面，硝基漆磨砂玻璃局部饰面，安装筒灯
4	钢结构楼梯	项	1	6000	2500	3500	12000	3500	12000	100mm槽钢/角钢，焊接固定打磨刷防锈漆，栏杆扶手及包板安装
5	叠级墙角线	m	12.8	8	6	10	24	128	307.2	15mm厚金秋木芯板，石膏板各叠一级，高100mm
6	墙顶面乳胶漆	m^2	45.2	8	4	8	20	361.6	904	刮腻子两遍，打磨，华润简美漆两遍
7	复合木地板	m^2	25.8	120	0	0	120	0	3096	圣象12mm胡桃浮雕纹，包安装、运输

厨房

- **总面积约**：9.6m^2
- **总 价 约**：10465元

序号	项目名称	单位	数量	单价:元				人工费小计/元	合计/元	备注
				主材	辅材	人工	小计			
1	铝扣板吊顶	m^2	8.5	78	16	25	119	212.5	1011.5	30mm×40mm木龙骨基层，倍丽明扣板78元/m^2，铝角收边
2	墙面铺贴瓷砖	m^2	32.2	48	12	18	78	579.6	2511.6	1:2水泥砂浆找平，防水处理，素水泥贴面，330mmx250mm瓷砖每片3.5元
3	地面铺贴瓷砖	m^2	9.6	45	12	18	75	172.8	720	1:2水泥砂浆找平，防水处理，300mm×300mm瓷砖每片4.5元
4	厨房吊柜	m	4	250	120	100	470	400	1880	15mm厚金秋木芯板基层，防火板饰面，局部磨砂玻璃柜门，优质铰链滑轨
5	厨房地柜	m	6.3	300	150	120	570	756	3591	15mm厚金秋木芯板基层，防火板饰面，局部磨砂玻璃柜门，优质铰链滑轨
6	玻璃梭门	m^2	1.6	120	60	80	260	128	416	铝合金边框，压花玻璃，安装
7	梭门单面包门套	m	5	18	7	20	45	100	225	15mm厚金秋板、9mm板基层，黑胡桃饰面，60mm木线条收边
8	包落水管	根	1	50	20	40	110	40	110	煤灰砖砌筑，1:2水泥砂浆找平

外卫生间

- **总面积约：** 2.9m^2
- **总 价 约：** 2417元

序号	项目名称	单位	数量	单价:元				人工费小计/元	合计/元	备注
				主材	辅材	人工	小计			
1	铝扣板吊顶	m^2	2.8	78	16	25	119	70	333.2	30mm×40mm木龙骨基层，倍丽明扣板78元/m^2，铝角收边
2	墙面铺贴瓷砖	m^2	14.7	48	12	18	78	264.6	1146.6	1:2水泥砂浆找平，防水处理，素水泥贴面，330mmx250mm瓷砖每片3.5元
3	地面铺贴瓷砖	m^2	2.9	45	12	18	75	52.2	217.5	1:2水泥砂浆找平，防水处理，300mm×300mm瓷砖每片4.5元
4	砌筑蹲便器地台	项	1	80	30	90	200	90	200	煤灰砖，1:2水泥砂浆砌筑找平
5	玻璃梭门	m^2	2	120	60	80	260	160	520	铝合金边框，压花玻璃，安装

内卫生间

- **总面积约：** 4.9m^2
- **总 价 约：** 3881元

序号	项目名称	单位	数量	单价:元				人工费小计/元	合计/元	备注
				主材	辅材	人工	小计			
1	铝扣板吊顶	m^2	5.2	78	16	25	119	130	618.8	30mm×40mm木龙骨基层，倍丽明扣板78元/m^2，铝角收边
2	墙面铺贴瓷砖	m^2	26.8	48	12	18	78	482.4	2090.4	1:2水泥砂浆找平，防水处理，素水泥贴面，330mmx250mm瓷砖每片3.5元
3	地面铺贴瓷砖	m^2	4.9	45	12	18	75	88.2	367.5	1:2水泥砂浆找平，防水处理，300mm×300mm瓷砖每片4.5元

（续）

序号	项目名称	单位	数量	单价:元				人工费小计/元	合计/元	备注
				主材	辅材	人工	小计			
4	卫生间包门	樘	1	240	80	150	470	150	470	15mm厚金秋板基层，黑胡桃饰面，局部硝基漆、磨砂玻璃
5	单面包门套	m	5	18	7	20	45	100	225	15mm厚金秋板、9mm板基层，黑胡桃饰面，60mm木线条收边
6	包落水管	根	1	50	20	40	110	40	110	煤灰砖砌筑，1:2水泥砂浆找平

主卧套房

总面积约： $28.6m^2$

总 价 约： 13298元

二层

序号	项目名称	单位	数量	单价:元				人工费小计/元	合计/元	备注
				主材	辅材	人工	小计			
1	电视机台柜	m	1.2	120	60	180	360	216	432	15mm厚金秋板基层，黑胡桃饰面，硝基漆局部饰面
2	电视背景隔断	m^2	3.8	150	30	60	240	228	912	15mm厚金秋板基层，黑胡桃饰面，局部磨砂玻璃，不锈钢
3	玄关隔断	m^2	2.4	150	30	60	240	144	576	15mm厚金秋板基层，黑胡桃饰面，局部磨砂玻璃，不锈钢
4	衣柜	m^2	7.3	220	80	180	480	1314	3504	15mm厚金秋木芯板基层，黑胡桃饰面，内贴家饰宝，优质铰链滑轨
5	床头柜	m	1.1	220	80	150	450	165	495	15mm厚金秋木芯板基层，黑胡桃饰面，内贴家饰宝，优质铰链滑轨
6	叠级墙角线	m	26.5	8	6	10	24	265	636	15mm厚金秋木芯板，石膏板各叠一级，高100mm

（续）

序号	项目名称	单位	数量	单价:元				人工费小计/元	合计/元	备注
				主材	辅材	人工	小计			
7	外挑窗单面包窗套	m	6.2	18	7	20	45	124	279	15mm厚金秋板、9mm板基层，黑胡桃饰面，60mm木线条收边
8	梭门单面包门套	m	6.4	18	7	20	45	128	288	15mm厚金秋板、9mm板基层，黑胡桃饰面，60mm木线条收边
9	外挑窗台铺大理石	m^2	1.2	360	10	25	395	30	474	18mm金线米黄，1:2.5水泥砂浆找平，白水泥勾缝
10	主卧套房包门	樘	1	240	80	150	470	150	470	15mm厚金秋板基层，黑胡桃饰面，局部硝基漆、磨砂玻璃
11	双面包门套	m	5	30	10	30	70	150	350	15mm厚金秋板、9mm板基层，黑胡桃饰面，60mm木线条收边
12	墙顶面乳胶漆	m	72.5	8	4	8	20	580	1450	刮腻子两遍，打磨，华润简美漆两遍
13	复合木地板	m	28.6	120	0	0	120	0	3432	圣象12mm胡桃浮雕纹，包安装、运输

阳台

- **总面积约：** 8.6m^2
- **总 价 约：** 654元

序号	项目名称	单位	数量	单价:元				人工费小计/元	合计/元	备注
				主材	辅材	人工	小计			
1	地面铺贴仿古砖	m^2	8.6	46	12	18	76	154.8	653.6	1:2水泥砂浆找平，防水处理，300mm×300mm马可波罗仿古砖每片4.6元

起居室

- **总面积约：** 24.8m^2
- **总 价 约：** 17554元

序号	项目名称	单位	数量	单价:元				人工费小计/元	合计/元	备注
				主材	辅材	人工	小计			
1	楼梯天井吊顶造型	m^2	3.2	35	10	40	85	128	272	50mm×70mm木龙骨基层石膏板吊顶造型，中间配饰黑胡桃饰面，安装筒灯
2	扶手栏杆	m	4.8	200	50	100	350	480	1680	铸铁铁艺栏杆扶手，运输安装固定
3	石材景点造型	项	1	1700	300	500	2500	500	2500	假山石造型，煤灰砖砌筑，1:2水泥砂浆贴鹅卵石，防水处理
4	酒柜	m^2	2.4	240	60	200	500	480	1200	15mm厚金秋板基层，黑胡桃饰面，硝基漆磨砂玻璃局部饰面，安装筒灯
5	台阶砌筑	项	1	80	30	90	200	90	200	煤灰砖，1:2水泥砂浆砌筑找平
6	玻璃墙及梭门	m^2	10.5	180	60	120	360	1260	3780	8mm钢化平板玻璃，木芯板台阶基层，黑胡桃饰面
7	叠级墙角线	m	25.6	8	6	10	24	256	614.4	15mm厚金秋木芯板，石膏板各叠一级，高100mm
8	墙顶面乳胶漆	m^2	91.6	8	4	8	20	732.8	1832	刮腻子两遍，打磨，华润简美漆两遍
9	复合木地板	m^2	24.8	120	0	0	120	0	2976	圣象12mm胡桃浮雕纹，包安装、运输
10	彩钢板封屋顶	项	1	1800	300	400	2500	400	2500	80mm圆钢／角钢骨架，彩钢板封顶，石膏板饰面

儿童房

- **总面积约：** 24.2m²
- **总 价 约：** 19846元

序号	项目名称	单位	数量	单价:元				人工费小计/元	合计/元	备注
				主材	辅材	人工	小计			
1	墙体综合柜	m²	11.7	220	80	180	480	2106	5616	15mm厚金秋木芯板基层，黑胡桃饰面，内贴家饰宝，优质铰链滑轨
2	床头柜	m	1.1	220	80	150	450	165	495	15mm厚金秋木芯板基层，黑胡桃饰面，内贴家饰宝，优质铰链滑轨
3	外挑窗单面包窗套	m	6.2	18	7	20	45	124	279	15mm厚金秋板、9mm板基层，黑胡桃饰面，60mm木线条收边
4	外挑窗台铺大理石	m²	1.2	360	10	25	395	30	474	18mm金线米黄，1:2.5水泥砂浆找平，白水泥勾缝
5	台阶砌筑	项	1	700	200	300	1200	300	1200	煤灰砖，1:2水泥砂浆砌筑找平
6	儿卧包门	樘	1	240	80	150	470	150	470	15mm厚金秋板基层，黑胡桃饰面，局部硝基漆、磨砂玻璃
7	双面包门套	m	5	30	10	30	70	150	350	15mm厚金秋板、9mm板基层，黑胡桃饰面，60mm木线条收边
8	玻璃墙隔断	m²	10.5	180	60	120	360	1260	3780	8mm钢化平板玻璃，木芯板台阶基层，黑胡桃饰面
9	叠级墙角线	m	28.6	8	6	10	24	286	686.4	15mm厚金秋木芯板，石膏板各叠一级，高100mm

（续）

序号	项目名称	单位	数量	单价:元				人工费小计/元	合计/元	备注
				主材	辅材	人工	小计			
10	墙顶面乳胶漆	m^2	54.6	8	4	8	20	436.8	1092	刮腻子两遍，打磨，华润简美漆两遍
11	复合木地板	m^2	24.2	120	0	0	120	0	2904	圣象12mm胡桃浮雕纹，包安装、运输
12	彩钢板封屋顶	项	1	1800	300	400	2500	400	2500	80mm圆钢／角钢骨架，彩钢板封顶，石膏板饰面

主卧

- **总面积约**：15.7m^2
- **总 价 约**：11936元

序号	项目名称	单位	数量	单价:元				人工费小计/元	合计/元	备注
				主材	辅材	人工	小计			
1	博物综合柜	m^2	9.2	220	80	180	480	1656	4416	15mm厚金秋木芯板基层，黑胡桃饰面，内贴家饰宝，优质铰链滑轨
2	衣柜	m^2	6.2	220	80	180	480	1116	2976	15mm厚金秋木芯板基层，黑胡桃饰面，内贴家饰宝，优质铰链滑轨
3	床头柜	m	1.1	220	80	150	450	165	495	15mm厚金秋木芯板基层，黑胡桃饰面，内贴家饰宝，优质铰链滑轨
4	落地窗单面包窗套	m	6.4	18	7	20	45	128	288	15mm厚金秋板、9mm板基层，黑胡桃饰面，60mm木线条收边
5	主卧包门	樘	1	240	80	150	470	150	470	15mm厚金秋板基层，黑胡桃饰面，局部硝基漆、磨砂玻璃

（续）

序号	项目名称	单位	数量	单价:元				人工费小计/元	合计/元	备注
				主材	辅材	人工	小计			
6	双面包门套	m	5	30	10	30	70	150	350	15mm厚金秋板、9mm板基层，黑胡桃饰面，60mm木线条收边
7	顶角线	m	13.7	12	8	10	30	137	411	15mm厚金秋木芯板叠一级，黑胡桃饰面，宽250mm
8	墙顶面乳胶漆	m^2	32.3	8	4	8	20	258.4	646	刮腻子两遍，打磨，华润简美漆两遍
9	复合木地板	m^2	15.7	120	0	0	120	0	1884	圣象12mm胡桃浮雕纹，包安装、运输

阳台

- **总面积约：** 20.7m^2
- **总 价 约：** 14393元

序号	项目名称	单位	数量	单价:元				人工费小计/元	合计/元	备注
				主材	辅材	人工	小计			
1	地面铺贴仿古砖	m^2	20.7	46	12	18	76	372.6	1573.2	1:2水泥砂浆找平，防水处理，300mm×300mm马可波罗仿古砖每片4.6元
2	洗衣室玻璃门	m^2	1.6	120	60	80	260	128	416	铝合金边框，压花玻璃，安装
3	塑钢玻璃墙	m^2	36.2	180	20	20	220	724	7964	海螺塑钢型材，包运输安装
4	洗衣室墙面铺贴墙砖	m^2	8.2	48	12	18	78	147.6	639.6	1:2水泥砂浆找平，防水处理，素水泥贴面，330mmx250mm瓷砖每片3.5元
5	彩钢板封屋顶	项	1	2400	600	800	3800	800	3800	80mm圆钢／角钢骨架，彩钢板封顶，石膏板饰面

外卫生间

- **总面积约：** 7.9m²
- **总 价 约：** 5902元

序号	项目名称	单位	数量	单价:元				人工费小计/元	合计/元	备注
				主材	辅材	人工	小计			
1	铝扣板吊顶	m²	8.6	78	16	25	119	215	1023.4	30mm×40mm木龙骨基层，倍丽明扣板78元/m²，铝角收边
2	墙面铺贴瓷砖	m²	29.4	48	12	18	78	529.2	2293.2	1:2水泥砂浆找平，防水处理，素水泥贴面，330mmx250mm瓷砖每片3.5元
3	地面铺贴瓷砖	m²	7.9	45	12	18	75	142.2	592.5	1:2水泥砂浆找平，防水处理，300mm×300mm瓷砖每片4.5元
4	玻璃梭门	m²	3.8	120	60	80	260	304	988	铝合金边框，压花玻璃，安装
5	卫生间包门	樘	1	240	80	150	470	150	470	15mm厚金秋板基层，黑胡桃饰面，局部硝基漆、磨砂玻璃
6	单面包门套	m	5	18	7	20	45	100	225	15mm厚金秋板、9mm板基层，黑胡桃饰面，60mm木线条收边
7	包落水管	根	1	50	20	40	110	40	110	煤灰砖砌筑，1:2水泥砂浆找平
8	浴缸地台砌筑	项	1	80	30	90	200	90	200	煤灰砖，1:2水泥砂浆砌筑找平

书房

- **总面积约：** 32.3m²
- **总 价 约：** 26464元

序号	项目名称	单位	数量	单价:元				人工费小计/元	合计/元	备注
				主材	辅材	人工	小计			
1	书柜	m²	11.7	220	80	180	480	2106	5616	15mm厚金秋木芯板基层，黑胡桃饰面，内贴家饰宝，优质铰链滑轨

（续）

序号	项目名称	单位	数量	单价:元				人工费小计/元	合计/元	备注
				主材	辅材	人工	小计			
2	综合装饰柜	m^2	9	220	80	180	480	1620	4320	15mm厚金秋木芯板基层，黑胡桃饰面，内贴家饰宝，优质铰链滑轨
3	地柜	m^2	4.3	220	80	180	480	774	2064	15mm厚金秋木芯板基层，黑胡桃饰面，内贴家饰宝，优质铰链滑轨
4	塑钢玻璃窗	m^2	8.6	180	20	20	220	172	1892	海螺塑钢型材，包运输安装
5	单面包窗套	m	14.6	18	7	20	45	292	657	15mm厚金秋板、9mm板基层，黑胡桃饰面，60mm木线条收边
6	台阶砌筑	项	1	80	30	90	200	90	200	煤灰砖，1:2水泥砂浆砌筑找平
7	双面包门套	m	6.4	30	10	30	70	192	448	15mm厚金秋板、9mm板基层，黑胡桃饰面，60mm木线条收边
8	叠级墙角线	m	21.8	8	6	10	24	218	523.2	15mm厚金秋木芯板，石膏板各叠一级，高100mm
9	墙顶面乳胶漆	m^2	58.4	8	4	8	20	467.2	1168	刮腻子两遍，打磨，华润简美漆两遍
10	复合木地板	m^2	32.3	120	0	0	120	0	3876	圣象12mm胡桃浮雕纹，包安装、运输
11	彩钢板封屋顶	项	1	3600	900	1200	5700	1200	5700	80mm圆钢/角钢骨架，彩钢板封顶，石膏板饰面

储藏室

- **总面积约：** 9.2m^2
- **总 价 约：** 13160元

序号	项目名称	单位	数量	单价:元				人工费小计/元	合计/元	备注
				主材	辅材	人工	小计			
1	储藏柜	m^2	19.2	220	80	180	480	3456	9216	15mm厚金秋木芯板基层，黑胡桃饰面，内贴家饰宝，优质铰链滑轨
2	单面包窗套	m	5.6	18	7	20	45	112	252	15mm厚金秋板、9mm板基层，黑胡桃饰面，60mm木线条收边
3	储藏室包门	樘	1	240	80	150	470	150	470	15mm厚金秋板基层，黑胡桃饰面，局部硝基漆、磨砂玻璃
4	双面包门套	m	5	30	10	30	70	150	350	15mm厚金秋板、9mm板基层，黑胡桃饰面，60mm木线条收边
5	墙顶面乳胶漆	m^2	26.3	8	4	8	20	210.4	526	刮腻子两遍，打磨，华润简美漆两遍
6	实木地板	m^2	9.2	185	45	25	255	230	2346	30mm×40mm木龙骨，木芯板基层，防火防潮防虫处理，大自然柚木烤漆板

露台

▶ 总面积约：63m²

▶ 总 价 约：26352元

序号	项目名称	单位	数量	单价：元				人工费小计/元	合计/元	备注
				主材	辅材	人工	小计			
1	地面铺贴仿古砖	m²	63	134	12	18	164	1134	10332	1:2水泥砂浆找平，防水处理，600mm×600mm马可波罗仿古砖每片48元
2	花坛造型	项	1	2800	500	800	4100	800	4100	假山石造型，煤灰砖砌筑，1:2水泥砂浆贴鹅卵石，防水处理
3	门廊造型	项	1	1600	400	800	2800	800	2800	60mm角钢骨架，木芯板基层，铝塑板饰面，不锈钢及广告钉配饰
4	不锈钢阳光板雨棚	m²	38	130	30	80	240	3040	9120	30mm不锈钢骨架，4mm阳光板，包运输安装

其他

▶ 总 价 约：20600元

序号	项目名称	单位	数量	单价：元				人工费小计/元	合计/元	备注
				主材	辅材	人工	小计			
1	水路改造，人工材料，洁具安装	项	1	1500	500	1200	3200	1200	3200	金德PPR冷热水管，弯头等，入墙安装，水泥修补，防水处理
2	电路改造，人工材料，灯具安装	项	1	3200	600	1500	5300	1500	5300	北京国运电线，2.5mm²约5卷，4mm²1卷
3	墙面拆除、改造，清理基层	项	1	600	300	1500	2400	1500	2400	墙面拆除边角水泥修补等
4	交通运输费	项	1	0	0	0	1000	0	1000	从材料市场至施工现场楼下汽车运输费
5	垃圾清运费	项	1	0	0	0	800	0	800	从现场至物业指定处
6	力资费	项	1	0	0	0	1200	0	1200	从材料市场搬运上车，从施工现场楼下搬运至施工现场
7	设计费	m²	268	0	0	0	25	0	6700	按建筑面积计算

（续）

序号	项目名称	单位	数量	单价:元				人工费小计/元	合计/元	备注
				主材	辅材	人工	小计			
8	工程直接费								222104	
9	工程管理费								22210	工程直接费×10%
10	税金								8196	工程直接费×3.69%
总价合计/元									252510	工程直接费+工程管理费+税金

预算说明

施工中项目和数量如有增加或减少，则按实际施工项目及数量据实结算。
水电工程数量为估算，以现场实际施工的数量为准结算。
本预算不包拉手、把手、门锁、抽屉锁、小五金、洁具、灯具、地板、开关、插座、空开及漏电保护开关等。

施工进度流程

	施工项目	施工时间	施工内容
1	施工准备	1～2天	物业审批手续，材料选购
2	材料进场	2～3天	材料选购运输至现场
3	墙体结构	3～8天	拆除墙体，修补整形墙体，楼梯安装，彩钢板顶棚
4	水电改造	5～12天	根据图样，改造厨房卫生间水电线路
5	泥工工程	10～20天	厨房卫生间阳台铺贴墙地砖，防水层处理
6	木工工程	15～55天	制作天花吊顶造型，木制柜体，客厅餐厅背景墙包门套，木门调整安装
7	油漆工程	56～78天	木制家具涂饰油漆，墙顶面基层处理，涂饰乳胶漆
8	收尾工程	78～85天	安装洁具、灯具、开关面板、五金配件、阳光板复合木地板
9	整体保洁	85～90天	保洁

案例2 Case<<

总面积约140m²，总价约10万元

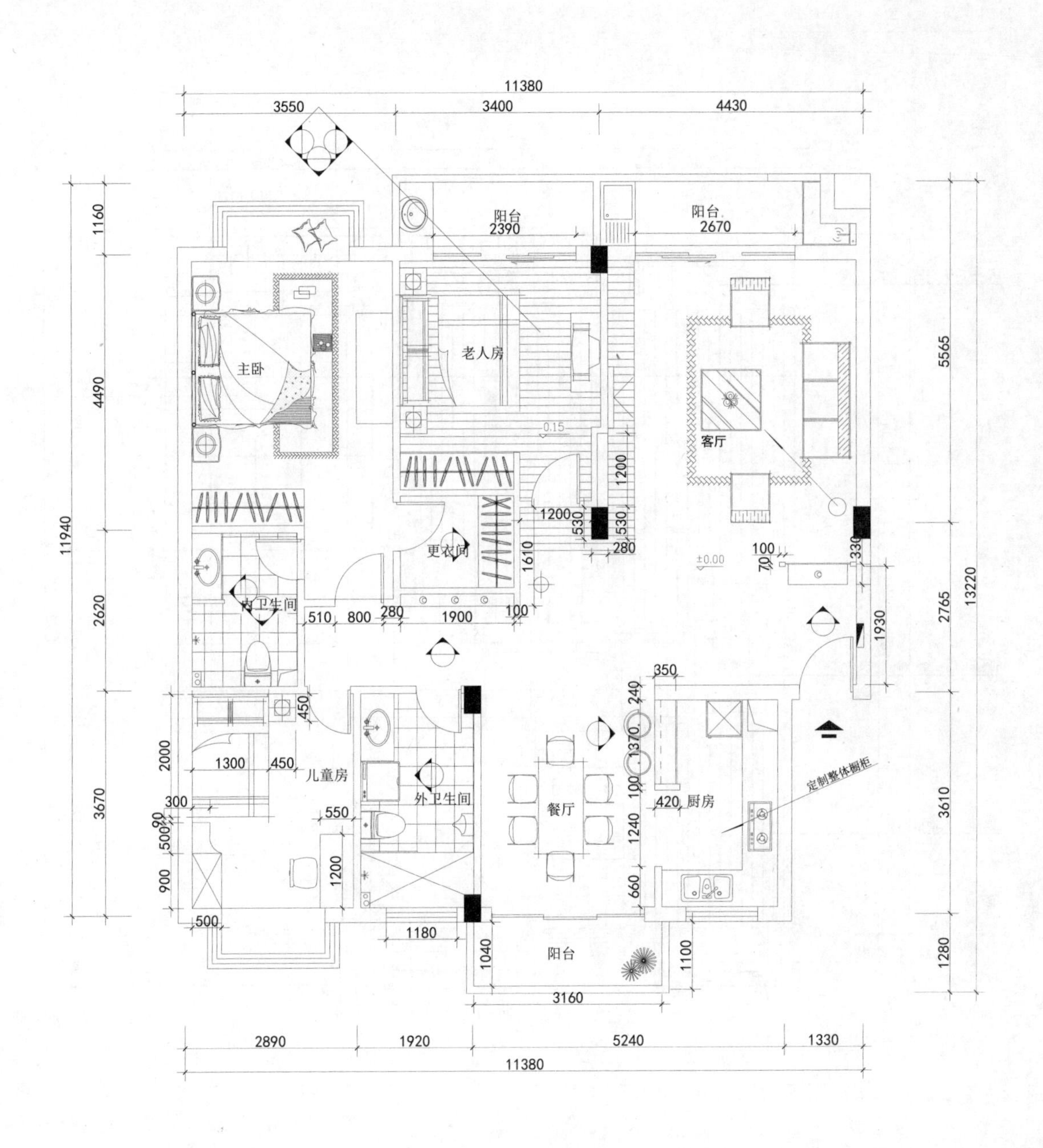

平面布置图

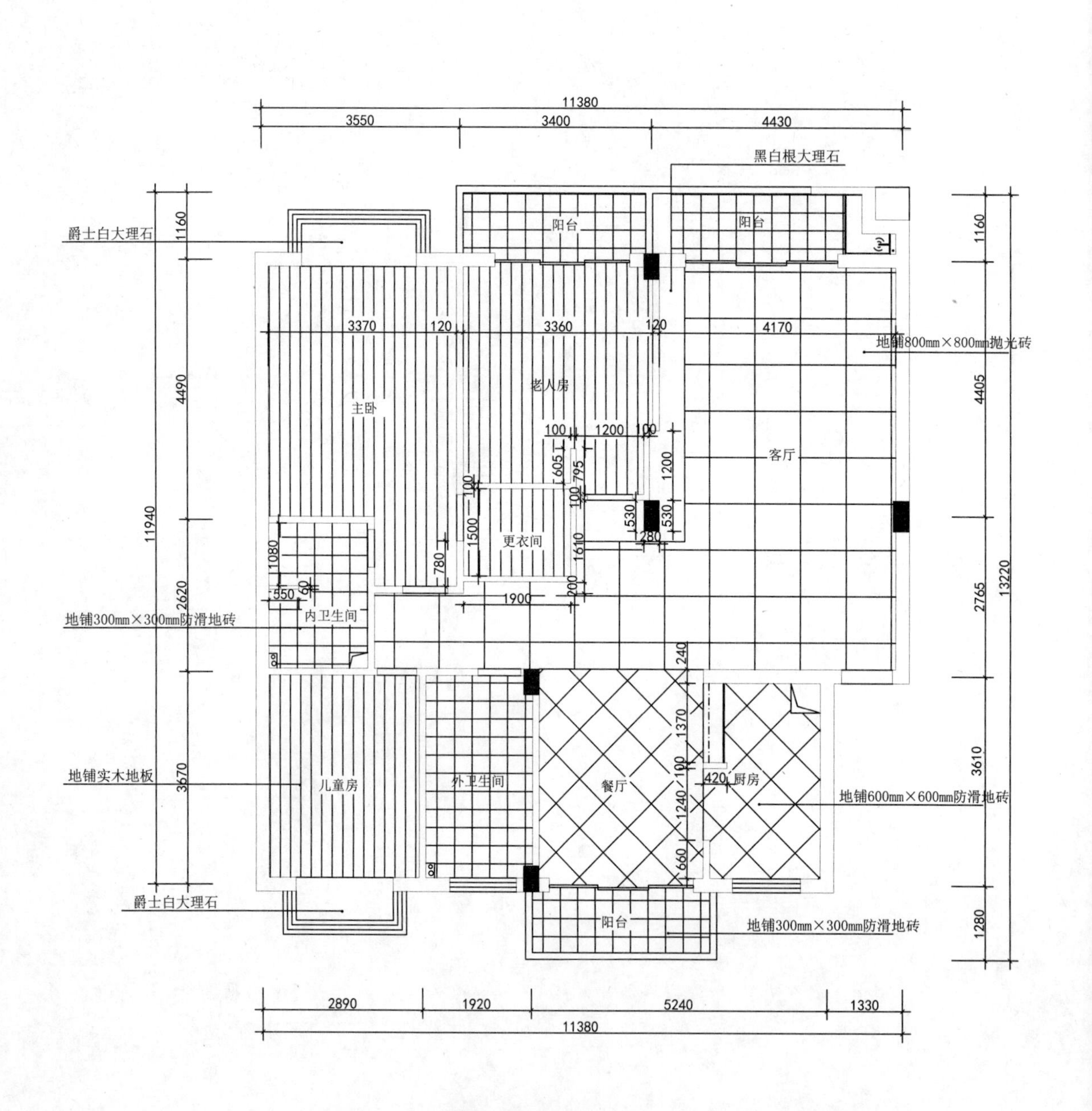
11380
3550
3400
4430
黑白根大理石
爵士白大理石
阳台
阳台
1160
3370
120
3360
120
4170
地铺800mm×800mm抛光砖
4490
老人房
主卧
4405
100
1200
100
客厅
605
795
1200
100
100
530
530
1500
更衣间
280
11940
1080
780
1610
13220
2620
550
60
200
1900
2765
地铺300mm×300mm防滑地砖
内卫生间
240
1370
3610
100
420
厨房
地铺实木地板
3670
儿童房
外卫生间
餐厅
地铺600mm×600mm防滑地砖
1240
660
爵士白大理石
阳台
地铺300mm×300mm防滑地砖
1280
2890
1920
5240
1330
11380

地面材料布置图

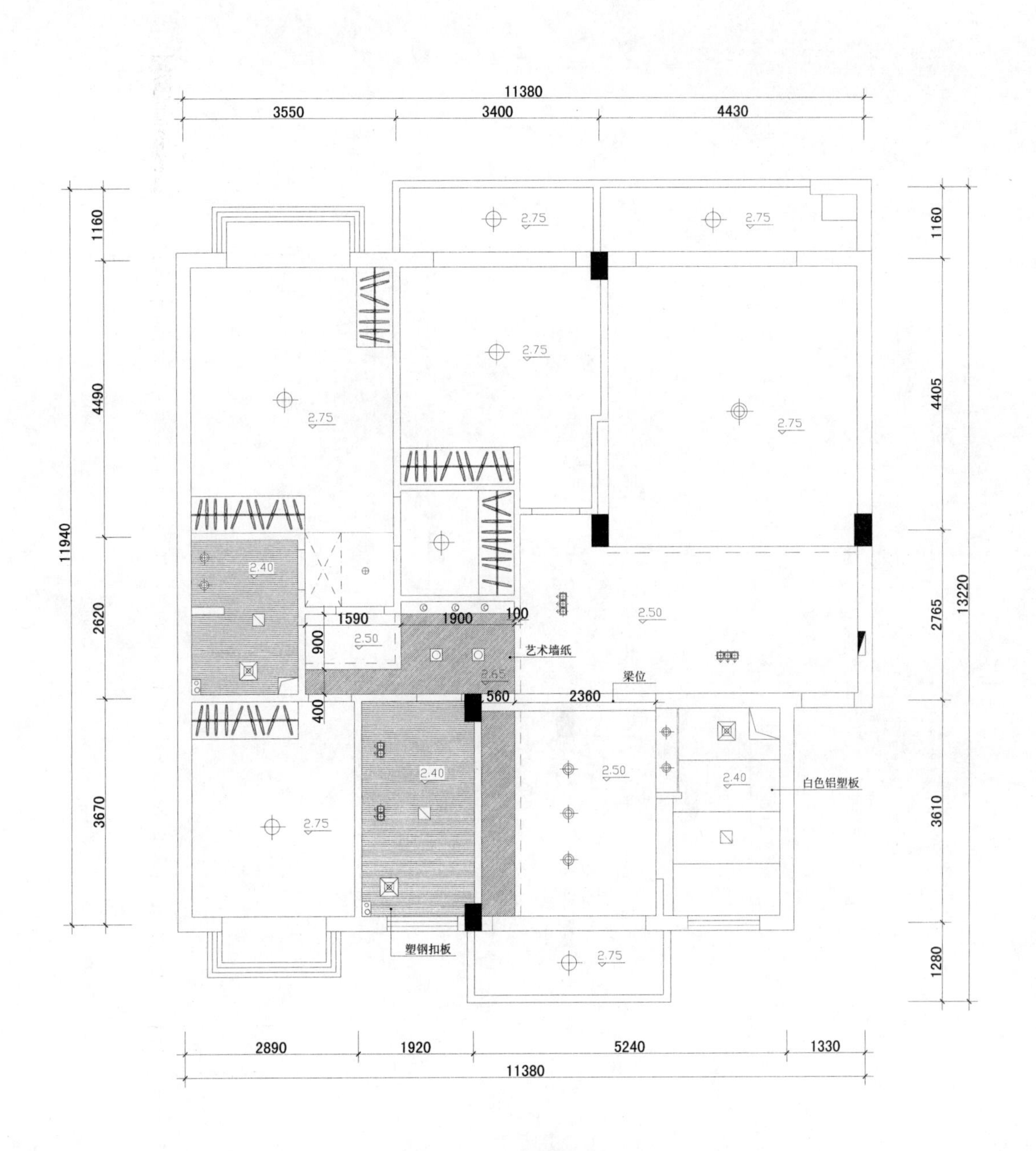
11380
3550
3400
4430
1160
4490
11940
2620
3670
2.75
2.40
2.50
2.65
1590
1900
100
900
400
560
2360
艺术墙纸
梁位
白色铝塑板
塑钢扣板
4405
2765
13220
3610
1280
2890
1920
5240
1330

顶面布置图

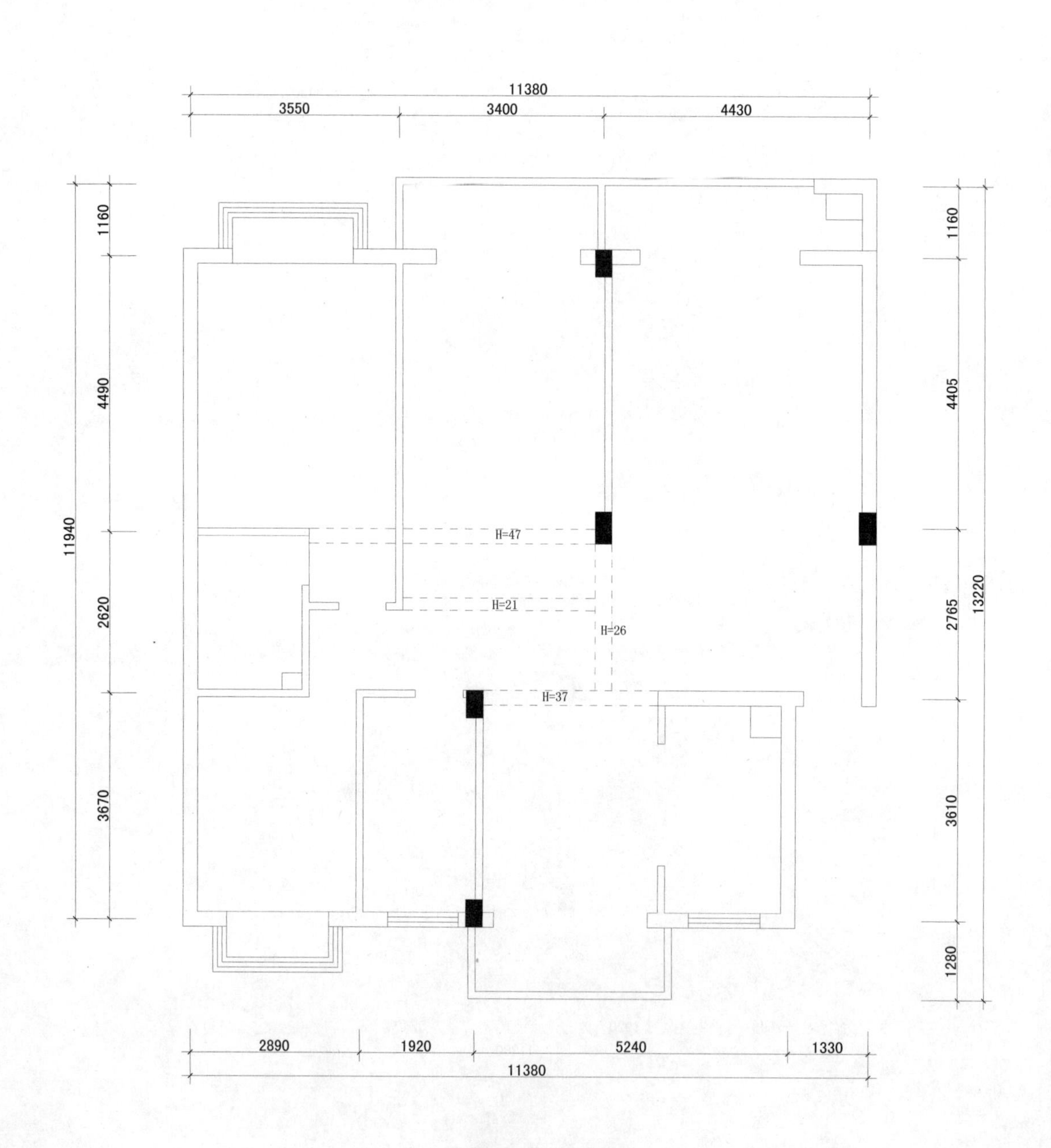
11380
3550
3400
4430
1160
4490
11940
2620
3670
1160
4405
13220
2765
3610
1280
H=47
H=21
H=26
H=37
2890
1920
5240
1330
11380

原结构图

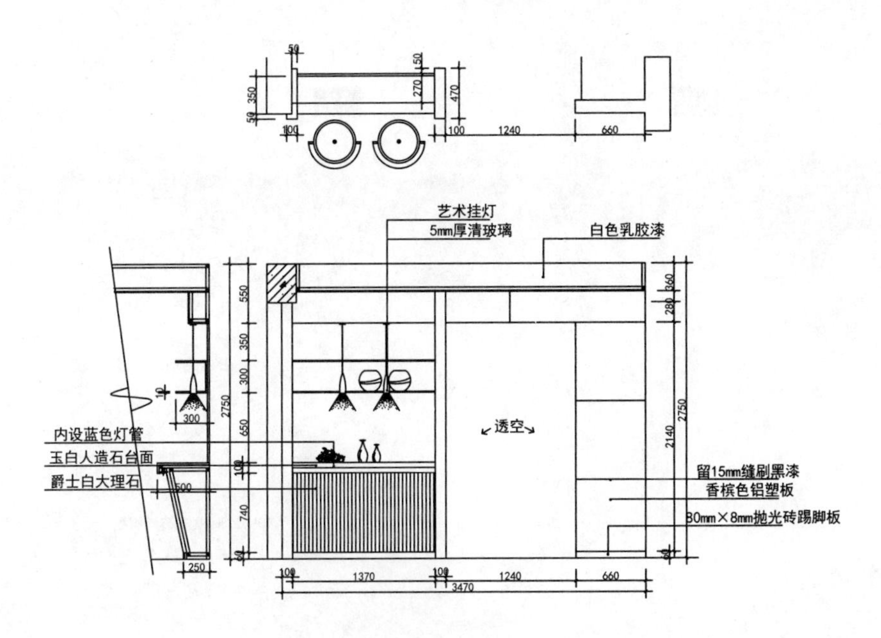
艺术挂灯
5mm厚清玻璃
白色乳胶漆
内设蓝色灯管
玉白人造石台面
爵士白大理石
透空
留15mm缝刷黑漆
香槟色铝塑板
80mm×8mm抛光砖踢脚板
1370
1240
660
3470
2750
2140

餐厅立面图

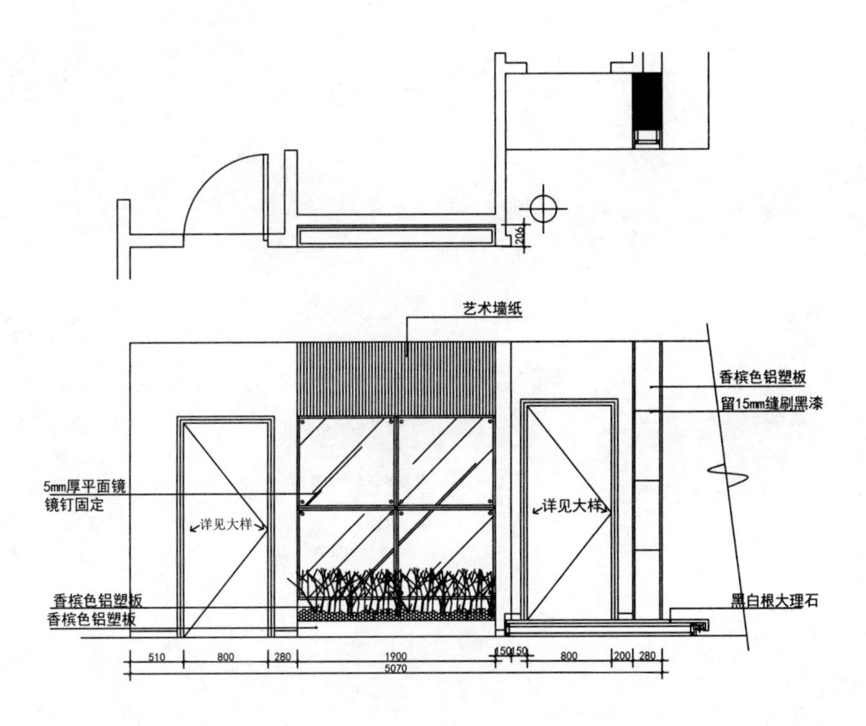
艺术墙纸
香槟色铝塑板
留15mm缝刷黑漆
5mm厚平面镜
镜钉固定
详见大样
详见大样
香槟色铝塑板
香槟色铝塑板
黑白根大理石
510
800
280
1900
150
150
800
200
280
5070

走道立面图

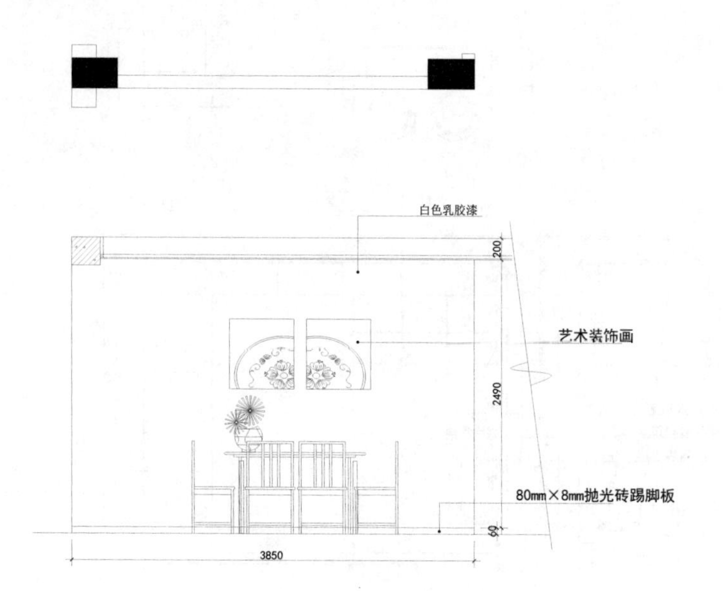

餐厅平面图、立面图

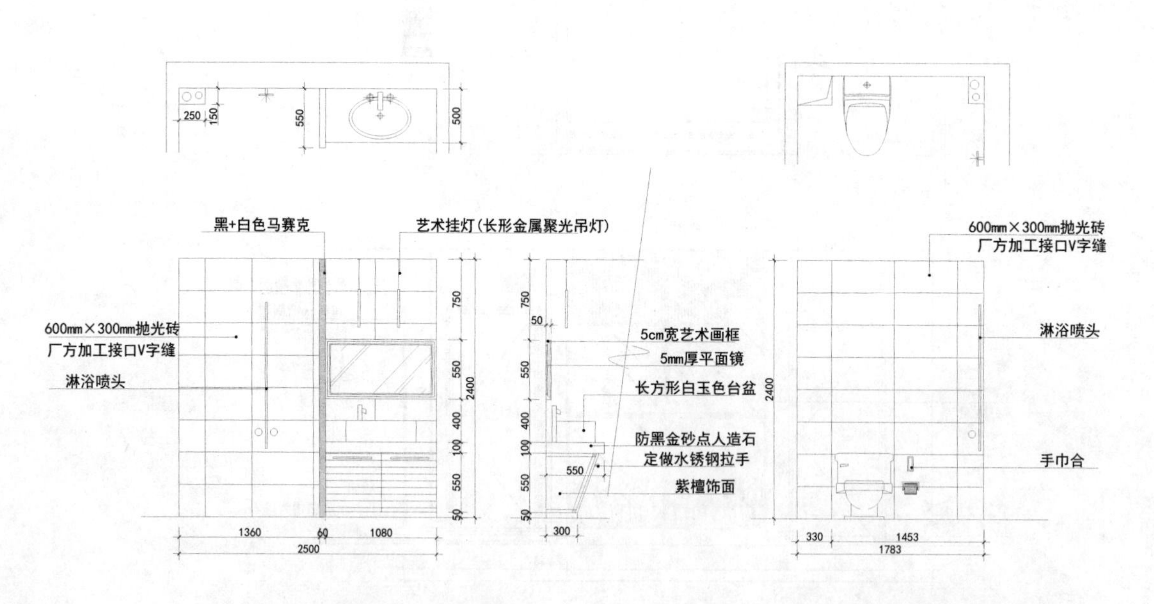

内卫生间平面图、立面图　　内卫生间平面图、立面图

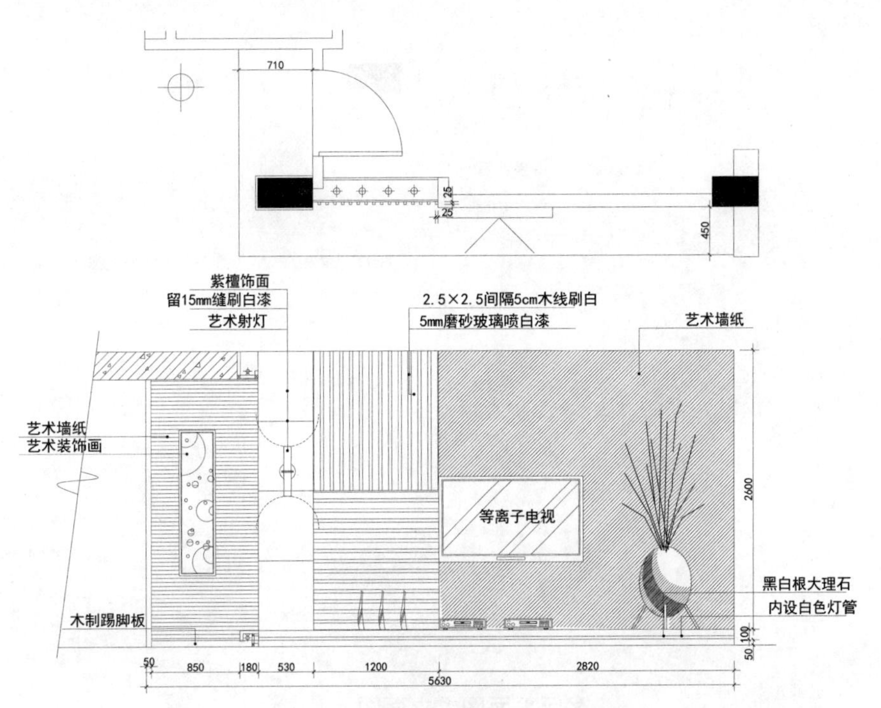

客厅平面图、立面图

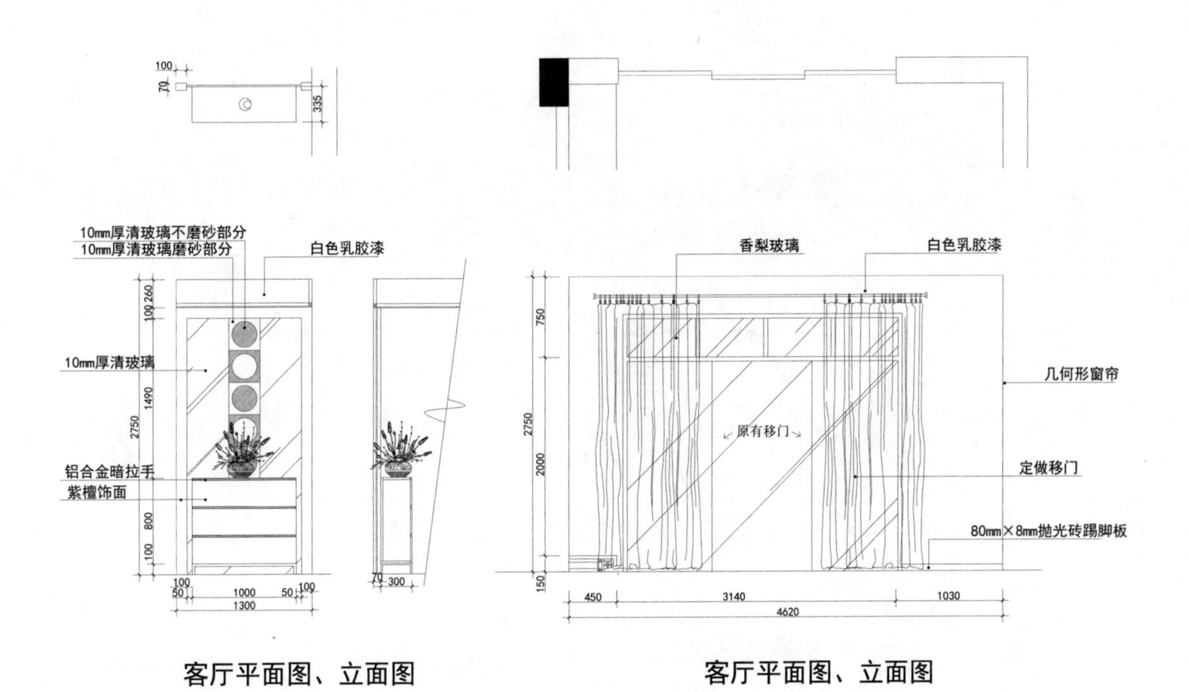

客厅平面图、立面图

客厅平面图、立面图

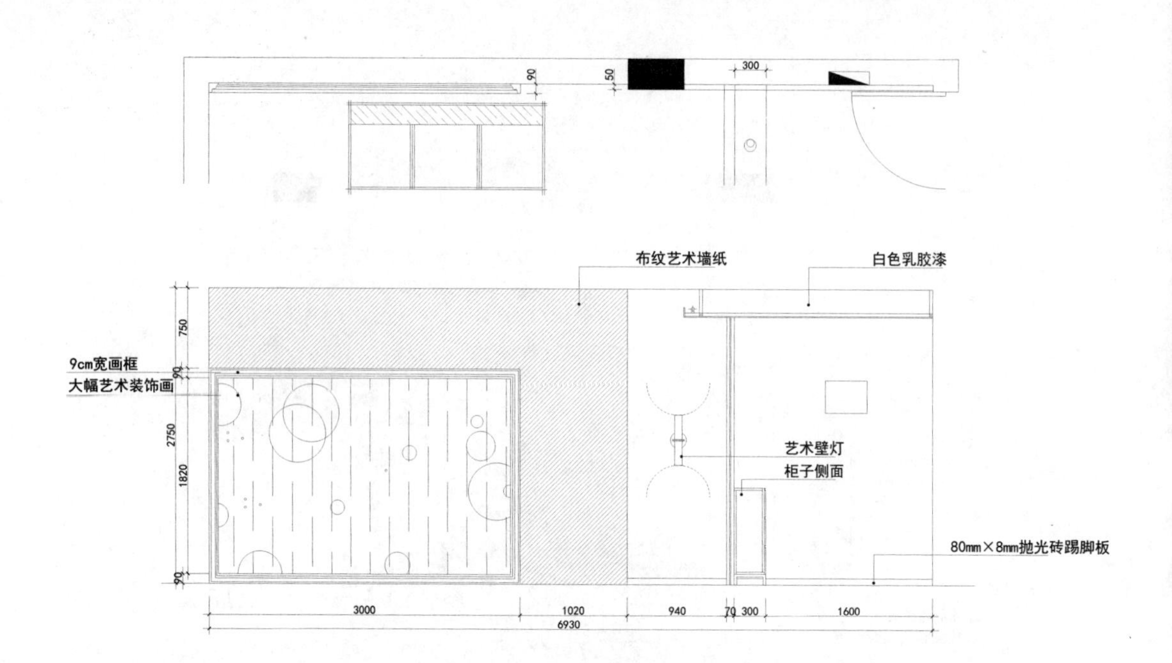

客厅平面图、立面图

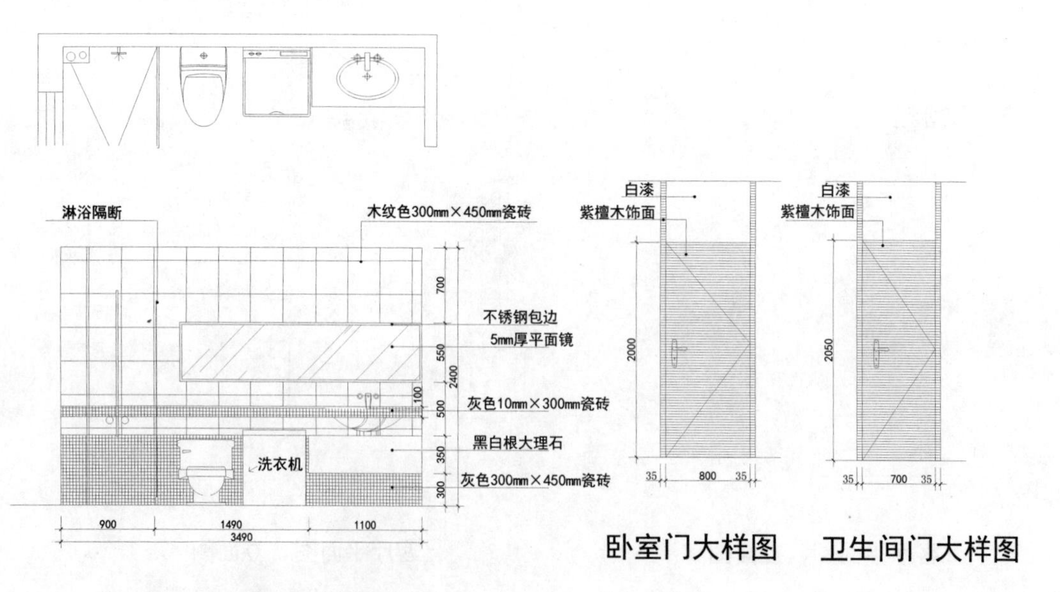

卧室门大样图　卫生间门大样图

外卫生间平面图、立面图

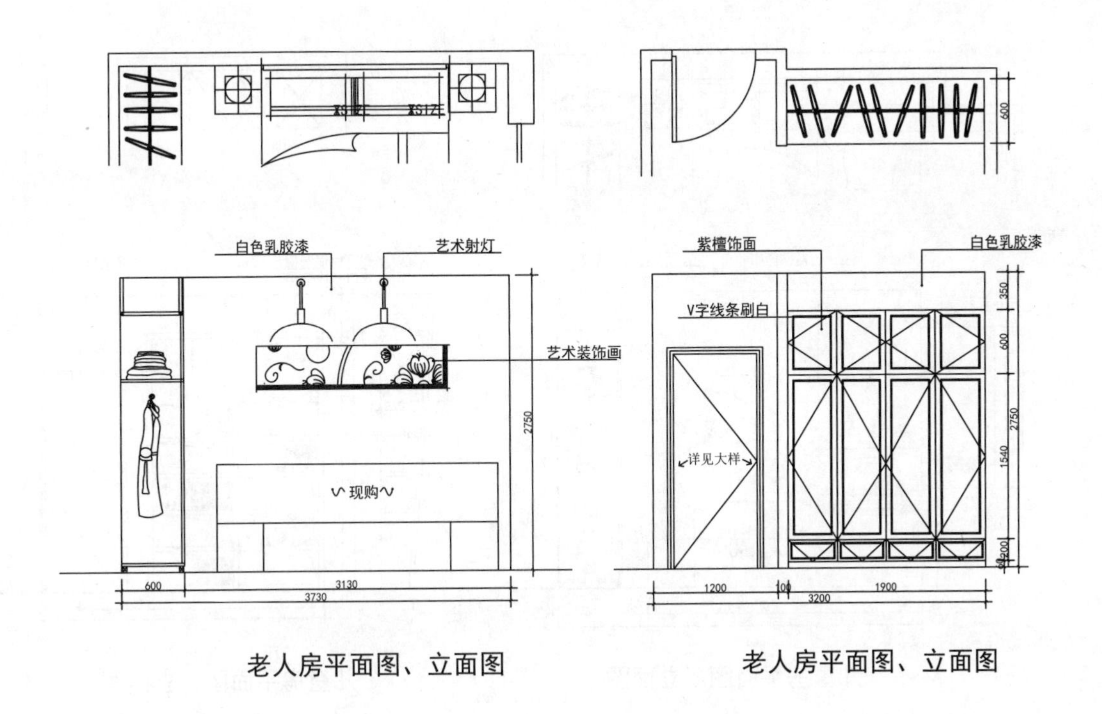

老人房平面图、立面图

老人房平面图、立面图

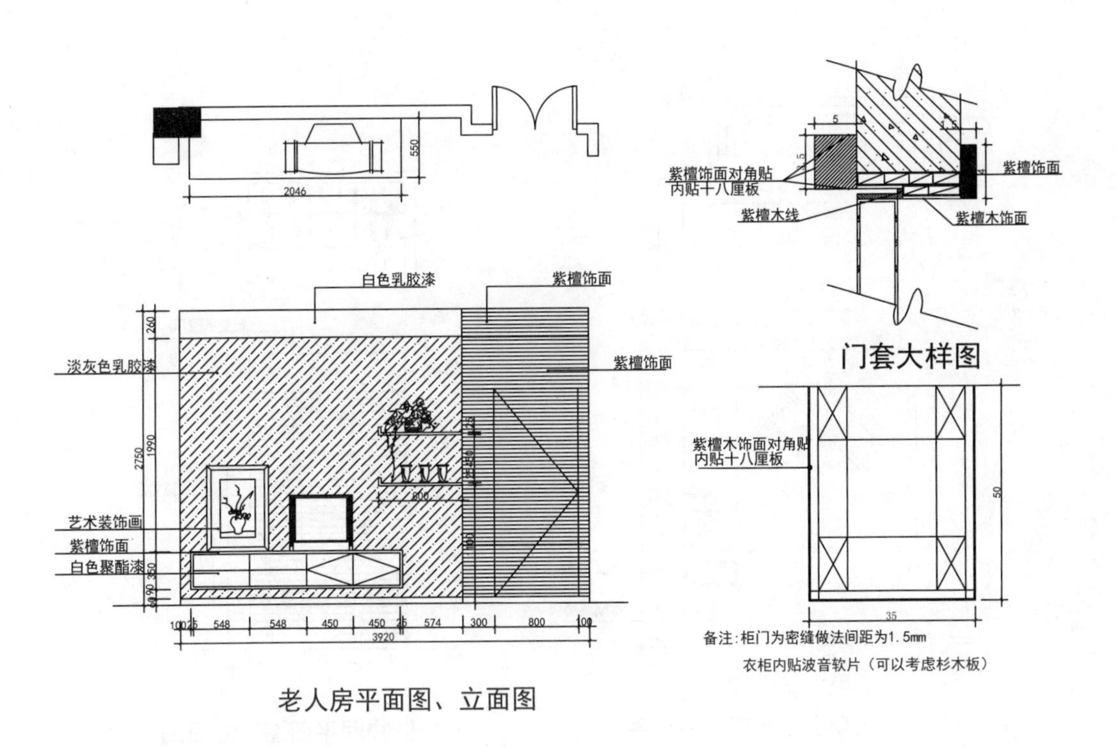

门套大样图

老人房平面图、立面图

备注：柜门为密缝做法间距为1.5mm

衣柜内贴波音软片（可以考虑杉木板）

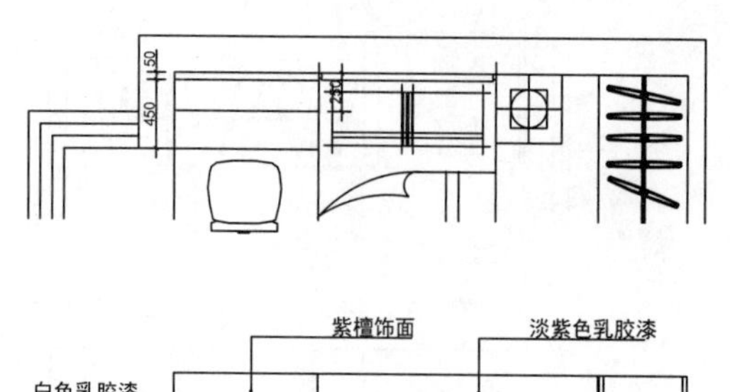

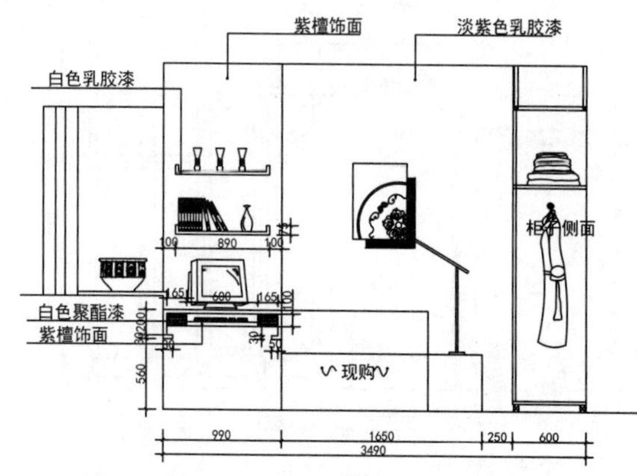

儿童房平面图、立面图

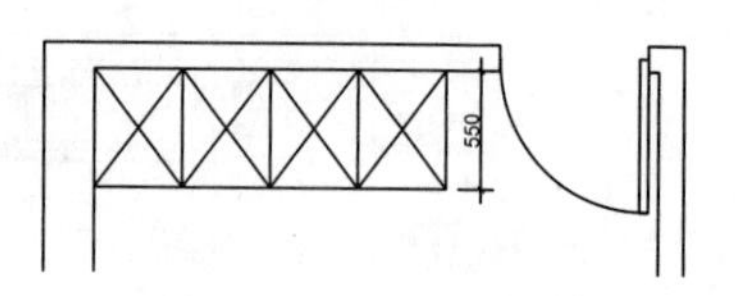

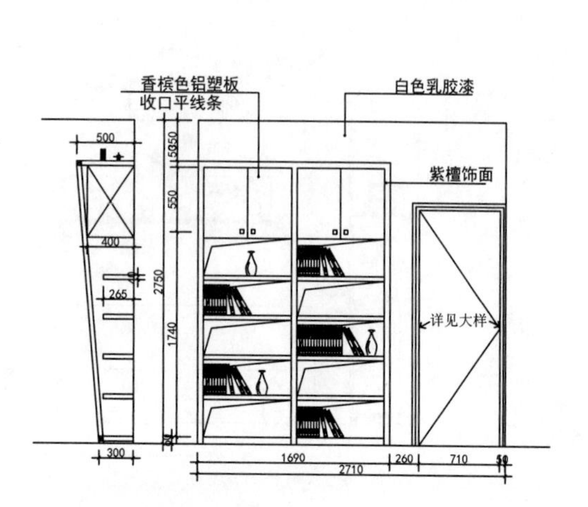

儿童房平面图、立面图

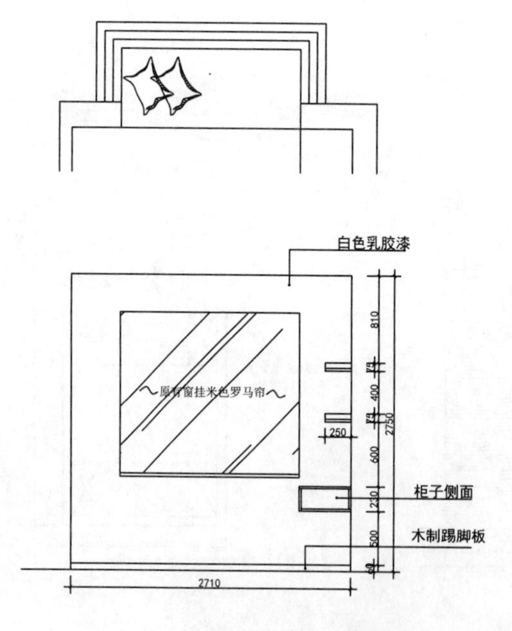

儿童房平面图、立面图

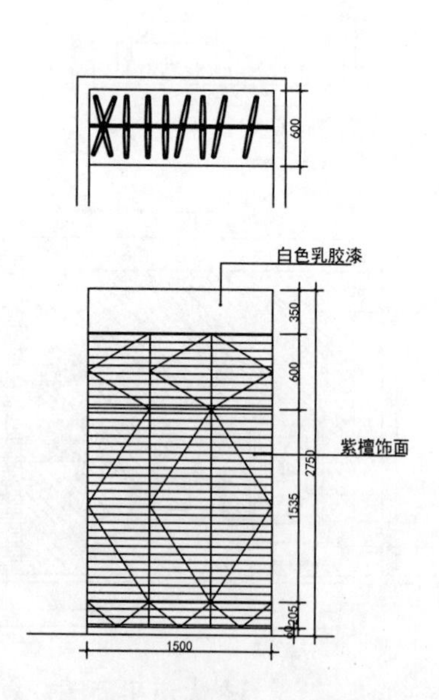

储物间平面图、立面图

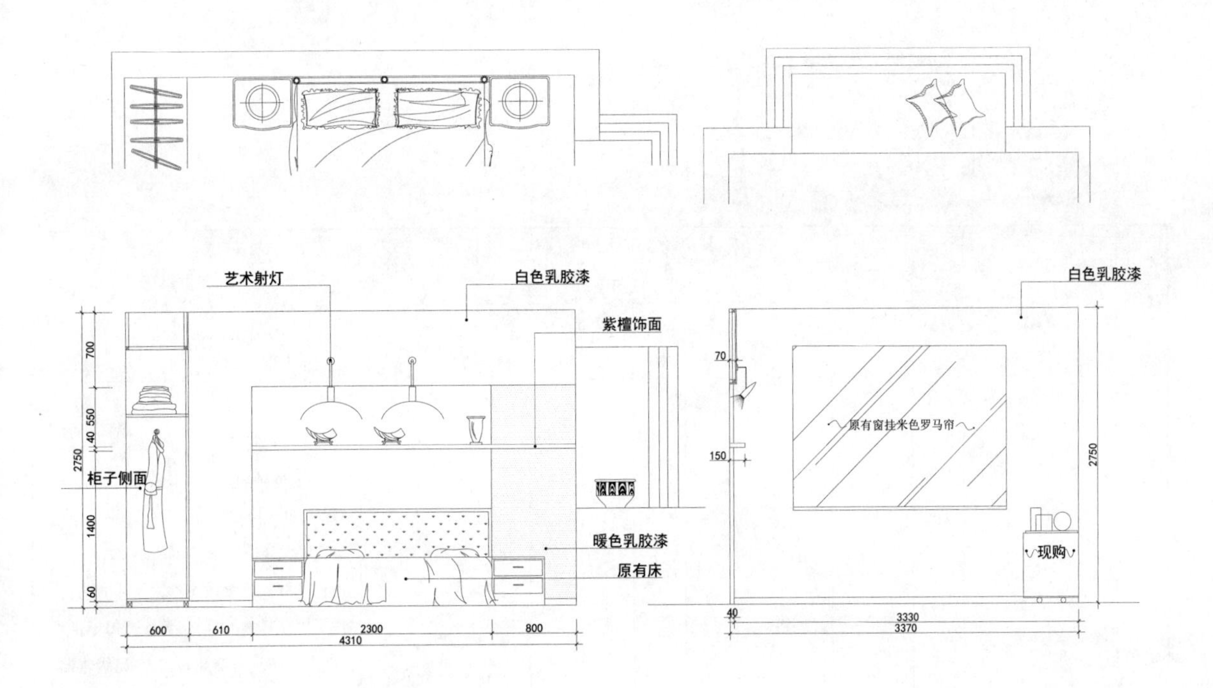

主卧平面图、立面图

主卧平面图、立面图

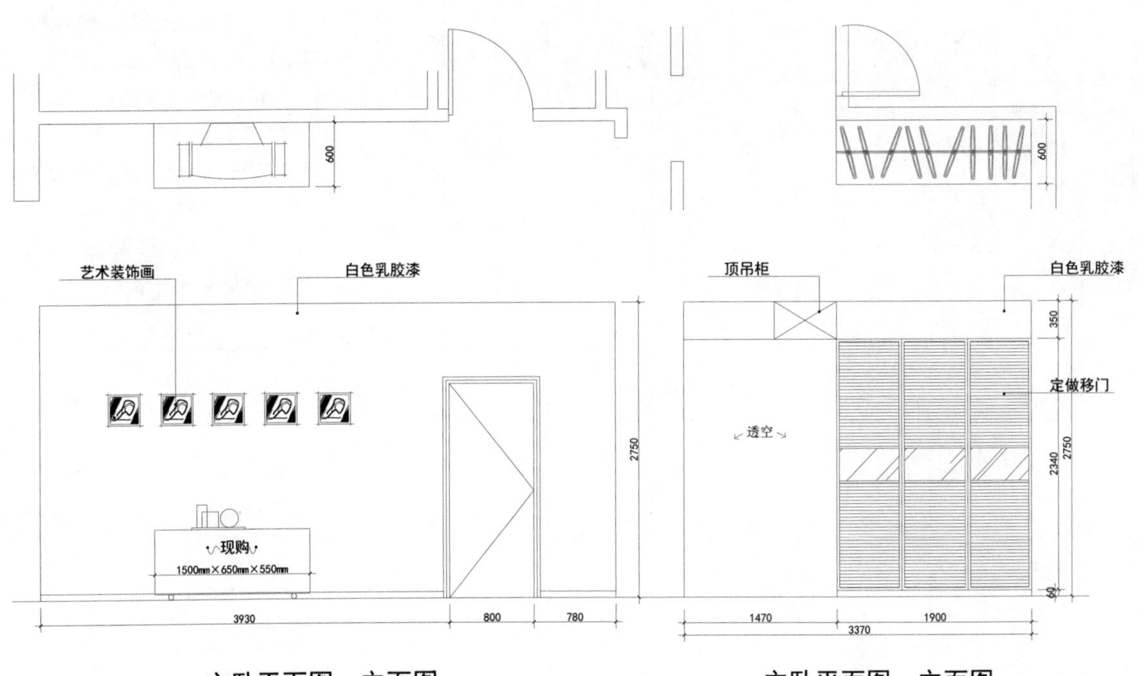

主卧平面图、立面图

主卧平面图、立面图

预算表

玄关、过道、客厅

- **总面积约**：40.91m²
- **总 价 约**：25504元

编号	工程项目	单位	工程量及单价		其中（为估算价格、单位：元）					复加合计	备注
			数量	单价/元	主材	辅材	机械	人工	损耗	金额/元	
1	单线单面门套	m	5.6	100	48	22	4	21	5	560	饰面板饰面，木工板立架，实木板线10mm×60mm。 1.大芯板衬底，饰面板饰面，实木门套线。门套线宽不大于60mm，厚不大于10mm。2.门套线宽每增加10mm，每米另增加6元。3.高级木器漆喷漆工艺二底四面处理。4.材料选用特级环保型大芯板；优质饰面板；立邦保得丽超级面漆；白塔牌白乳胶
2	地面60mm×60mm抛光砖	m²	40.91	75	0	25	4	40	6	3068.25	主材价格按购价计价，损耗按实计算。 1.水泥+砂子+108胶黏贴。对原基层进行处理另计。2.主材甲方供，拼花及高档瓷砖另计。3.普通白水泥勾缝，如采用专用勾缝剂，另加10元/m²。4.材料采用优质水泥；中砂；美巢牌环保型108胶
3	方形电视造型背景	项	1	3200	0	0	0	0	0	3200	具体见施工图
4	方形玄关造型隔断	项	1	1980	0	0	0	0	0	1980	具体见施工图
5	方形沙发造型背景	项	1	5500	0	0	0	0	0	5500	含艺术装饰画。具体见施工图
6	方形过道造型背景	项	1	2050	0	0	0	0	0	2050	具体见施工图

（续）

编号	工程项目	单位	工程量及单价		其中（为估算价格、单位：元）					复加合计	备注
			数量	单价/元	主材	辅材	机械	人工	损耗	金额/元	
7	紫荆花抗甲醛净味多功能墙面漆顶面乳胶漆	m^2	18.85	65	47	0	0	12	6	1225.25	乳胶漆一底二面。1.刷108胶一遍。墙衬找平，并打磨。2.辊刷三遍面漆或一遍底漆两遍面漆，单色，每增加一色另加200元/间。3.若遇保温墙、砂灰墙、隔墙，须满贴的确良布增加10元/m^2。顶墙空鼓须铲除后用水泥砂浆找平，增加30元/m^2。客户不做上述处理应书面说明。4.材料采用优质墙衬；美巢牌环保型108胶
8	紫荆花抗甲醛净味多功能墙面漆墙面乳胶漆	m^2	79.77	65	47	0	0	12	6	5185.05	乳胶漆一底二面。1.刷108胶一遍。墙衬找平，并打磨。2.辊刷三遍面漆或一遍底漆两遍面漆，单色，每增加一色另加200元/间。3.若遇保温墙、砂灰墙、隔墙，须满贴的确良布增加10元/m^2。顶墙空鼓须铲除后用水泥砂浆找平，增加30元/m^2。客户不做上述处理应书面说明。4.材料采用优质墙衬；美巢牌环保型108胶
9	石膏板二级平顶	m^2	22.06	124	45	38	3	35	3	2735.44	石膏板、胶合板饰面，木龙骨基层，开灯孔或灯座木框制作安装。1.木龙骨架，9mm厚纸面石膏板，饰面另计。2.材料采用普通松木龙骨，白塔牌白乳胶；龙牌石膏板。3.工程量按投影面积×1.3计算，30mm×40mm木龙骨，9mm厚纸面石膏板面，石膏灰填缝、细布条封缝(不含批灰、涂料、布线)，间距350mm×350mm

客厅阳台

- **总面积约：**3.94m²
- **总 价 约：**5327元

编号	工程项目	单位	工程量及单价		其中（为估算价格、单位：元）					复加合计	备注
			数量	单价/元	主材	辅材	机械	人工	损耗	金额/元	
1	铺地砖 300mm×300mm以内	m²	3.94	55	0	21	2	30	2	216.7	主材价格按购价计价，损耗按实计算。 1.水泥+砂子+108胶黏贴。对原基层进行处理另计。2.主材甲方供，拼花及高档瓷砖另计。3.普通白水泥勾缝，如采用专用勾缝剂，另加10元/m²。4.材料采用优质水泥；中砂；美巢牌环保型108胶
2	紫荆花抗甲醛净味多功能墙面漆顶面乳胶漆	m²	3.94	65	47	0	0	12	6	256.1	乳胶漆一底二面。 1.刷108胶一遍。墙衬找平，并打磨。2.辊刷三遍面漆或一遍底漆两遍面漆，单色，每增加一色另加200元/间。3.若遇保温墙、砂灰墙、隔墙，须满贴的确良布增加10元/m²。顶墙空鼓须铲除后用水泥砂浆找平，增加30元/m²。客户不做上述处理应书面说明。4.材料采用优质墙衬；美巢牌环保型108胶
3	紫荆花抗甲醛净味多功能墙面漆墙面乳胶漆	m²	10.95	65	47	0	0	12	6	711.75	乳胶漆一底二面。 1.刷108胶一遍。墙衬找平，并打磨。2.辊刷三遍面漆或一遍底漆两遍面漆，单色，每增加一色另加200元/间。3.若遇保温墙、砂灰墙、隔墙，须满贴的确良布增加10元/m²。顶墙空鼓须铲除后用水泥砂浆找平，增加30元/m²。客户不做上述处理应书面说明。4.材料采用优质墙衬；美巢牌环保型108胶
4	工厂化双面凹凸造型推拉门（紫檀）	扇	2	1560	0	0	0	0	0	3120	自动高温热压贴皮，内实心杉木指接板，再用双面5mm厚密度板找平
5	地面防漏处理	m²	3.94	32	16	8	1	6	1	126.08	水泥砂浆修补，防水涂料刷两遍

（续）

编号	工程项目	单位	工程量及单价		其中（为估算价格、单位：元）					复加合计	备注
			数量	单价/元	主材	辅材	机械	人工	损耗	金额/元	
6	单线双面门套	m	7.47	120	70	21	3	21	5	896.4	饰面板饰面，木工板立架，实木板线10mm×60mm。 1.大芯板衬底，饰面板饰面，实木门套线。门套线宽不大于60mm，厚不大于10mm。2.门套线宽每增加10mm，每米另增加6元。3.高级木器漆喷漆工艺二底四面处理。4.材料选用特级环保型大芯板；优质饰面板；立邦保得丽超级面漆；白塔牌白乳胶

老人房

- **总面积约：**11.19m²
- **总 价 约：**9904元

编号	工程项目	单位	工程量及单价		其中（为估算价格、单位：元）					复加合计	备注
			数量	单价/元	主材	辅材	机械	人工	损耗	金额/元	
1	单线双面门套	m	5.05	120	70	21	3	21	5	606	饰面板饰面，木工板立架，实木板线10mm×60mm。 1.大芯板衬底，饰面板饰面，实木门套线。门套线宽不大于60mm，厚不大于10mm。2.门套线宽每增加10mm，每米另增加6元。3.高级木器漆喷漆工艺二底四面处理。4.材料选用特级环保型大芯板；优质饰面板；立邦保得丽超级面漆；白塔牌白乳胶
2	工厂化双面凹凸造型门（紫檀）	扇	1	1950	0	0	0	0	0	1950	自动高温热压贴皮，内实心杉木指接板，再用双面5mm厚密度板找平

（续）

编号	工程项目	单位	工程量及单价		其中（为估算价格、单位：元）					复加合计	备注
			数量	单价/元	主材	辅材	机械	人工	损耗	金额/元	
3	紫荆花抗甲醛净味多功能墙面漆顶面乳胶漆	m^2	11.19	65	47	0	0	12	6	727.35	乳胶漆一底二面。1.刷108胶一遍。墙衬找平，并打磨。2.辊刷三遍面漆或一遍底漆两遍面漆，单色，每增加一色另加200元/间。3.若遇保温墙、砂灰墙、隔墙，须满贴的确良布增加10元/m^2。顶墙空鼓须铲除后用水泥砂浆找平，增加30元/m^2。客户不做上述处理应书面说明。4.材料采用优质墙衬；美巢牌环保型108胶
4	紫荆花抗甲醛净味多功能墙面漆墙面乳胶漆	m^2	32.11	65	47	0	0	12	6	2087.15	乳胶漆一底二面。1.刷108胶一遍。墙衬找平，并打磨。2.辊刷三遍面漆或一遍底漆两遍面漆，单色，每增加一色另加200元/间。3.若遇保温墙、砂灰墙、隔墙，须满贴的确良布增加10元/m^2。顶墙空鼓须铲除后用水泥砂浆找平，增加30元/m^2。客户不做上述处理应书面说明。4.材料采用优质墙衬；美巢牌环保型108胶
5	平板开门顶(吊)柜	m^2	4.56	765	355	133	2	260	15	3488.4	饰面板饰面，木工板立架，5mm板封后背，实木封边
6	直式二门四屉电视矮柜高600mm内	m	2.05	510	260	28	3	205	14	1045.5	饰面板饰面，木工板立架，抽屉墙板杉木板，实木封边

老人房阳台

- **总面积约：** 3.36m^2
- **总 价 约：** 5080元

编号	工程项目	单位	工程量及单价		其中（为估算价格、单位：元）					复加合计	备注
			数量	单价/元	主材	辅材	机械	人工	损耗	金额/元	
1	铺地砖300mm×300mm以内	m^2	3.36	55	0	21	2	30	2	184.8	主材价格按购价计价，损耗按实计算。1.水泥+砂子+108胶黏贴。对原基层进行处理另计。2.主材甲方供，拼花及高档瓷砖另计。3.普通白水泥勾缝，如采用专用勾缝剂，另加10元/m^2。4.材料采用优质水泥；中砂；美巢牌环保型108胶

（续）

编号	工程项目	单位	工程量及单价		其中（为估算价格、单位：元）					复加合计	备注
			数量	单价/元	主材	辅材	机械	人工	损耗	金额/元	
2	紫荆花抗甲醛净味多功能墙面漆顶面乳胶漆	m^2	3.36	65	47	0	0	12	6	218.4	乳胶漆一底二面。 1.刷108胶一遍。墙衬找平，并打磨。2.辊刷三遍面漆或一遍底漆两遍面漆，单色，每增加一色另加200元/间。3.若遇保温墙、砂灰墙、隔墙，须满贴的确良布增加10元/m^2。顶墙空鼓须铲除后用水泥砂浆找平，增加30元/m^2。客户不做上述处理应书面说明。4、材料采用优质墙衬；美巢牌环保型108胶
3	紫荆花抗甲醛净味多功能墙面漆墙面乳胶漆	m^2	9.02	65	47	0	0	12	6	586.3	乳胶漆一底二面。 1.刷108胶一遍。墙衬找平，并打磨。2.辊刷三遍面漆或一遍底漆两遍面漆，单色，每增加一色另加200元/间。3.若遇保温墙、砂灰墙、隔墙，须满贴的确良布增加10元/m^2。顶墙空鼓须铲除后用水泥砂浆找平，增加30元/m^2。客户不做上述处理应书面说明。4.材料采用优质墙衬；美巢牌环保型108胶
4	单线双面门套	m	7.19	120	70	21	3	21	5	862.8	饰面板饰面，木工板立架，实木板线10mm×60mm。 1.大芯板衬底，饰面板饰面，实木门套线。门套线宽不大于60mm，厚不大于10mm。2.门套线宽每增加10mm，每米另增加6元。3.高级木器漆喷漆工艺二底四面处理。4.材料选用特级环保型大芯板；优质饰面板；立邦保得丽超级面漆；白塔牌白乳胶
5	工厂化双面凹凸造型推拉门（紫檀）	扇	2	1560	0	0	0	0	0	3120	自动高温热压贴皮，内实心杉木指接板，再用双面5mm厚密度板找平
6	地面防漏处理	m^2	3.36	32	16	8	1	6	1	107.52	水泥砂浆修补，防水涂料刷两遍

主卧

- **总面积约：** 16.39m^2
- **总 价 约：** 9301元

编号	工程项目	单位	工程量及单价		其中（为估算价格、单位：元）					复加合计	备注
			数量	单价/元	主材	辅材	机械	人工	损耗	金额/元	
1	工厂化双面凹凸造型门（紫檀）	扇	1	1950	0	0	0	0	0	1950	自动高温热压贴皮，内实心杉木指接板，再用双面5mm厚密度板找平
2	单线双面门套	m	5.05	120	70	21	3	21	5	606	饰面板饰面，木工板立架，实木板线10mm×60mm。 1.大芯板衬底，饰面板饰面，实木门套线。门套线宽不大于60mm，厚不大于10mm。2.门套线宽每增加10mm，每米另增加6元。3.高级木器漆喷漆工艺二底四面处理。4.材料选用特级环保型大芯板；优质饰面板；立邦保得丽超级面漆；白塔牌白乳胶
3	紫荆花抗甲醛净味多功能墙面漆顶面乳胶漆	m^2	16.39	65	47	0	0	12	6	1065.35	乳胶漆一底二面。 1.刷108胶一遍。墙衬找平，并打磨。2.辊刷三遍面漆或一遍底漆两遍面漆，单色，每增加一色另加200元/间。3.若遇保温墙、砂灰墙、隔墙，须满贴的确良布增加10元/m^2。顶墙空鼓须铲除后用水泥砂浆找平，增加30元/m^2。客户不做上述处理应书面说明。4.材料采用优质墙衬；美巢牌环保型108胶
4	紫荆花抗甲醛净味多功能墙面漆墙面乳胶漆	m^2	43.76	65	47	0	0	12	6	2844.4	乳胶漆一底二面。 1.刷108胶一遍。墙衬找平，并打磨。2.辊刷三遍面漆或一遍底漆两遍面漆，单色，每增加一色另加200元/间。3.若遇保温墙、砂灰墙、隔墙，须满贴的确良布增加10元/m^2。顶墙空鼓须铲除后用水泥砂浆找平，增加30元/m^2。客户不做上述处理应书面说明。4.材料采用优质墙衬；美巢牌环保型108胶

（续）

编号	工程项目	单位	工程量及单价		其中（为估算价格、单位：元）					复加合计	备注
			数量	单价/元	主材	辅材	机械	人工	损耗	金额/元	
5	无屉无门内饰面走入式衣柜	m^2	4.56	525	270	36	3	200	16	2394	内饰面板饰面，木工板立架，无抽屉，5mm板封后背
6	窗台大理石台板安装(30cm以外)	m^2	1.28	345	280	15	5	35	10	441.6	磨双边，嵌铜条，开洞，主材按半成品实购价计

主卧更衣间

- **总面积约：** 3.27m^2
- **总 价 约：** 6542元

编号	工程项目	单位	工程量及单价		其中（为估算价格、单位：元）					复加合计	备注
			数量	单价/元	主材	辅材	机械	人工	损耗	金额/元	
1	单线双面门套	m	5.05	120	70	21	3	21	5	606	饰面板饰面，木工板立架，实木板线10mm×60mm。 1.大芯板衬底，饰面板饰面，实木门套线。门套线宽不大于60mm，厚不大于10mm。2.门套线宽每增加10mm，每米另增加6元。3.高级木器漆喷漆工艺二底四面处理。4.材料选用特级环保型大芯板；优质饰面板；立邦保得丽超级面漆；白塔牌白乳胶
2	工厂化双面凹凸造型门（紫檀）	扇	1	1950	0	0	0	0	0	1950	自动高温热压贴皮，内实心杉木指接板，再用双面5mm厚密度板找平
3	紫荆花抗甲醛净味多功能墙面漆顶面乳胶漆	m^2	3.27	65	47	0	0	12	6	212.55	乳胶漆一底二面。 1.刷108胶一遍。墙衬找平，并打磨。2.辊刷三遍面漆或一遍底漆两遍面漆，单色，每增加一色另加200元/间。3.若遇保温墙、砂灰墙、隔墙，须满贴的确良布增加10元/m^2。顶墙空鼓须铲除后用水泥砂浆找平，增加30元/m^2。客户不做上述处理应书面说明。4.材料采用优质墙衬；美巢牌环保型108胶

（续）

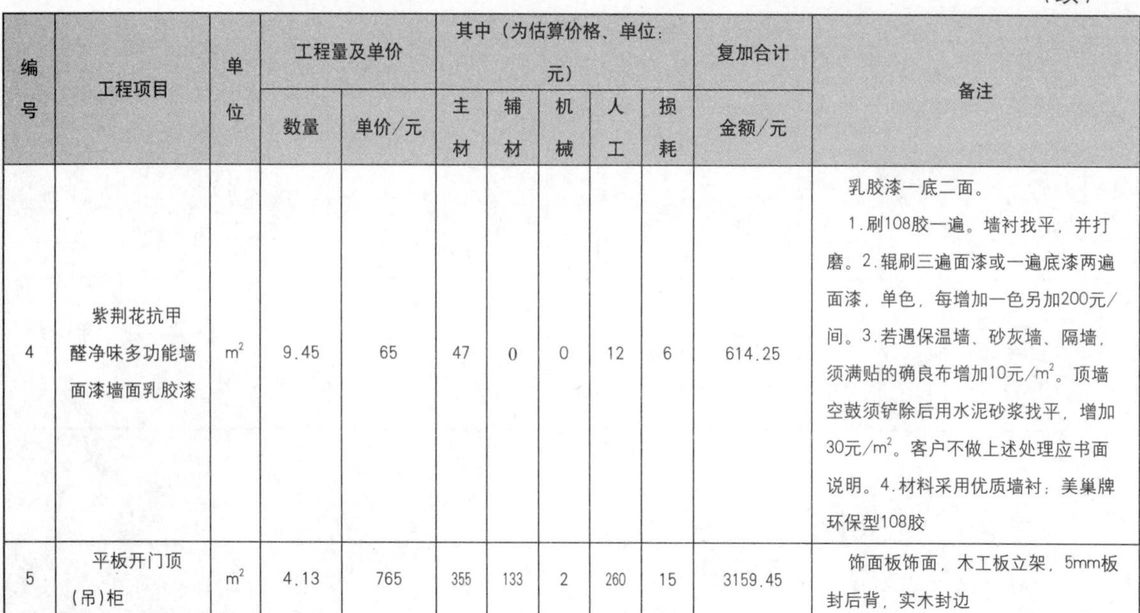

编号	工程项目	单位	工程量及单价		其中（为估算价格、单位：元）					复加合计	备注
			数量	单价/元	主材	辅材	机械	人工	损耗	金额/元	
4	紫荆花抗甲醛净味多功能墙面漆墙面乳胶漆	m²	9.45	65	47	0	0	12	6	614.25	乳胶漆一底二面。 1.刷108胶一遍。墙衬找平，并打磨。2.辊刷三遍面漆或一遍底漆两遍面漆，单色，每增加一色另加200元/间。3.若遇保温墙、砂灰墙、隔墙，须满贴的确良布增加10元/m²。顶墙空鼓须铲除后用水泥砂浆找平，增加30元/m²。客户不做上述处理应书面说明。4.材料采用优质墙衬：美巢牌环保型108胶
5	平板开门顶（吊）柜	m²	4.13	765	355	133	2	260	15	3159.45	饰面板饰面，木工板立架，5mm板封后背，实木封边

内卫生间

- **总面积约：** 4.45m²
- **总 价 约：** 4165元

编号	工程项目	单位	工程量及单价		其中（为估算价格、单位：元）					复加合计	备注
			数量	单价/元	主材	辅材	机械	人工	损耗	金额/元	
1	单线双面门套	m	5.05	120	70	21	3	21	5	606	饰面板饰面，木工板立架，实木板线10mm×60mm。 1.大芯板衬底，饰面板饰面，实木门套线。门套线宽不大于60mm，厚不大于10mm。2.门套线宽每增加10mm，每米另增加6元。3.高级木器漆喷漆工艺二底四面处理。4.材料选用特级环保型大芯板；优质饰面板；立邦保得丽超级面漆；白塔牌白乳胶
2	工厂化双面凹凸造型半玻门（紫檀）	扇	1	1800	0	0	0	0	0	1800	自动高温热压贴皮，内实心杉木指接板，再用双面5mm厚密度板找平
3	包上/下水管道	根	1	200	75	50	5	65	5	200	水泥砂浆或木工板包管柱
4	地面防漏处理	m²	4.45	32	16	8	1	6	1	142.4	水泥砂浆修补，防水涂料刷两遍

（续）

编号	工程项目	单位	工程量及单价		其中（为估算价格、单位：元）					复加合计	备注
			数量	单价/元	主材	辅材	机械	人工	损耗	金额/元	
5	铺地砖300mm×300mm以内	m^2	4.45	55	0	21	2	30	2	244.75	主材价格按购价计价，损耗按实计算。1.水泥+砂子+108胶黏贴。对原基层进行处理另计。2.主材甲方供，拼花及高档瓷砖另计。3.普通白水泥勾缝，如采用专用勾缝剂，另加10元/m^2。4.材料采用优质水泥；中砂；美巢牌环保型108胶
6	墙面铺墙面砖	m^2	12.32	50		21	2	25	2	616	主材价格按购价计价，损耗按实计算。1.水泥+砂子+108胶黏贴。对原基层进行处理另计。2.主材甲方供，拼花及高档瓷砖另计。3.普通白水泥勾缝，如采用专用勾缝剂，另加10元/m^2。4.材料采用优质水泥；中砂；美巢牌环保型108胶
7	长条铝扣板吊顶	m^2	4.45	125	75	20	2	25	3	556.25	平板式或微孔板，钢龙骨、木龙骨安装，换气扇、灯座木框制作安装

儿童房

- **总面积约：**9.45m^2
- **总 价 约：**7007元

编号	工程项目	单位	工程量及单价		其中（为估算价格、单位：元）					复加合计	备注
			数量	单价/元	主材	辅材	机械	人工	损耗	金额/元	
1	单线双面门套	m	5.05	120	70	21	3	21	5	606	饰面板饰面，木工板立架，实木板线10mm×60mm。1.大芯板衬底，饰面板饰面，实木门套线。门套线宽不大于60mm，厚不大于10mm。2.门套线宽每增加10mm，每米另增加6元。3.高级木器漆喷漆工艺二底四面处理。4.材料选用特级环保型大芯板；优质饰面板；立邦保得丽超级面漆；白塔牌白乳胶

（续）

编号	工程项目	单位	工程量及单价		其中（为估算价格、单位：元）					复加合计	备注
			数量	单价/元	主材	辅材	机械	人工	损耗	金额/元	
2	工厂化双面凹凸造型门（紫檀）	扇	1	1950	0	0	0	0	0	1950	自动高温热压贴皮，内实心杉木指接板，再用双面5mm厚密度板找平
3	紫荆花抗甲醛净味多功能墙面漆顶面乳胶漆	m²	9.45	65	47	0	0	12	6	614.25	乳胶漆一底二面。 1.刷108胶一遍。墙衬找平，并打磨。2.辊刷三遍面漆或一遍底漆两遍面漆，单色，每增加一色另加200元/间。3.若遇保温墙、砂灰墙、隔墙，须满贴的确良布增加10元/m²。顶墙空鼓须铲除后用水泥砂浆找平，增加30元/m²。客户不做上述处理应书面说明。4.材料采用优质墙衬；美巢牌环保型108胶
4	紫荆花抗甲醛净味多功能墙面漆墙面乳胶漆	m²	25.06	65	47	0	0	12	6	1628.9	乳胶漆一底二面。 1.刷108胶一遍。墙衬找平，并打磨。2.辊刷三遍面漆或一遍底漆两遍面漆，单色，每增加一色另加200元/间。3.若遇保温墙、砂灰墙、隔墙，须满贴的确良布增加10元/m²。顶墙空鼓须铲除后用水泥砂浆找平，增加30元/m²。客户不做上述处理应书面说明。4.材料采用优质墙衬；美巢牌环保型108胶
5	半敞开上平板门博古架	m²	4.05	436	220	35	7	160	14	1765.8	饰面板饰面，木工板立架，五厘板封后背，无抽屉，实木封边
6	窗台大理石台板安装(30cm以外)	m²	1.28	345	280	15	5	35	10	441.6	磨双边，嵌铜条，开洞，主材按半成品实购价计

外卫生间

- **总面积约：**6.48m²
- **总 价 约：**4841元

编号	工程项目	单位	工程量及单价		其中（为估算价格、单位：元）					复加合计	备注
			数量	单价/元	主材	辅材	机械	人工	损耗	金额/元	
1	单线双面门套	m	5.05	120	70	21	3	21	5	606	饰面板饰面，木工板立架，实木板线10mm×60mm。 1.大芯板衬底，饰面板饰面，实木门套线。门套线宽不大于60mm，厚不大于10mm。2.门套线宽每增加10mm，每米另增加6元。3.高级木器漆喷漆工艺二底四面处理。4.材料选用特级环保型大芯板；优质饰面板；立邦保得丽超级面漆；白塔牌白乳胶
2	工厂化双面凹凸造型半玻门（紫檀）	扇	1	1800	0	0	0	0	0	1800	自动高温热压贴皮，内实心杉木指接板，再用双面5mm厚密度板找平
3	铺地砖300mm×300mm以内	m²	6.48	55	0	21	2	30	2	356.4	主材价格按购价计价，损耗按实计算。 1.水泥+砂子+108胶黏贴。对原基层进行处理另计。2.主材甲方供，拼花及高档瓷砖另计。3.普通白水泥勾缝，如采用专用勾缝剂，另加10元/m²。4.材料采用优质水泥；中砂；美巢牌环保型108胶
4	墙面铺墙面砖	m²	17.23	50		21	2	25	2	861.5	主材价格按购价计价，损耗按实计算。 1.水泥+砂子+108胶黏贴。对原基层进行处理另计。2.主材甲方供，拼花及高档瓷砖另计。3.普通白水泥勾缝，如采用专用勾缝剂，另加10元/m²。4.材料采用优质水泥；中砂；美巢牌环保型108胶
5	长条铝扣板吊顶	m²	6.48	125	75	20	2	25	3	810	平板式或微孔板，钢龙骨、木龙骨安装，换气扇、灯座木框制作安装
6	包上/下水管道	根	1	200	75	50	5	65	5	200	水泥砂浆或木工板包管柱
7	地面防漏处理	m²	6.48	32	16	8	1	6	1	207.36	水泥砂浆修补，防水涂料刷两遍

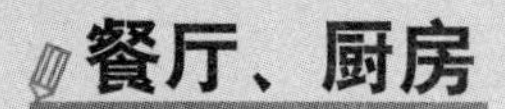

餐厅、厨房

- **总面积约：**16.78m^2
- **总 价 约：**7441元

编号	工程项目	单位	工程量及单价		其中（为估算价格、单位：元）					复加合计	备注
			数量	单价/元	主材	辅材	机械	人工	损耗	金额/元	
1	地面60mm×60mm抛光砖	m^2	16.78	75	0	25	4	40	6	1258.5	主材价格按购价计价，损耗按实计算。1.水泥+砂子+108胶黏贴。对原基层进行处理另计。2.主材甲方供，拼花及高档瓷砖另计。3.普通白水泥勾缝，如采用专用勾缝剂，另加10元/m^2。4.材料采用优质水泥；中砂；美巢牌环保型108胶
2	铝塑板吊顶	m^2	6.24	143	55	45	5	35	3	892.32	铝塑板饰面，9mm板、木龙骨基层，开灯孔或灯座制作安装
3	紫荆花抗甲醛净味多功能墙面漆顶面乳胶漆	m^2	10.54	65	47	0	0	12	6	685.1	乳胶漆一底二面。1.刷108胶一遍。墙衬找平，并打磨。2.辊刷三遍面漆或一遍底漆两遍面漆，单色，每增加一色另加200元/间。3.若遇保温墙、砂灰墙、隔墙，须满贴的确良布增加10元/m^2。顶墙空鼓须铲除后用水泥砂浆找平，增加30元/m^2。客户不做上述处理应书面说明。4、材料采用优质墙衬；美巢牌环保型108胶
4	紫荆花抗甲醛净味多功能墙面漆墙面乳胶漆	m^2	24.16	65	47	0	0	12	6	1570.4	乳胶漆一底二面。1.刷108胶一遍。墙衬找平，并打磨。2.辊刷三遍面漆或一遍底漆两遍面漆，单色，每增加一色另加200元/间。3.若遇保温墙、砂灰墙、隔墙，须满贴的确良布增加10元/m^2。顶墙空鼓须铲除后用水泥砂浆找平，增加30元/m^2。客户不做上述处理应书面说明。4.材料采用优质墙衬；美巢牌环保型108胶
5	直方正低柜吧台	m^2	5.78	525	315	29	3	160	18	3034.5	饰面板饰面，木工板立架，5mm板封后背，无抽屉，实木封边

餐厅、阳台

- **总面积约：** 3.28m^2
- **总 价 约：** 4984元

编号	工程项目	单位	工程量及单价		其中（为估算价格、单位：元）					复加合计	备注
			数量	单价/元	主材	辅材	机械	人工	损耗	金额/元	
1	铺地砖300mm×300mm以内	m^2	3.28	55	0	21	2	30	2	180.4	主材价格按购价计价，损耗按实计算。1.水泥+砂子+108胶黏贴。对原基层进行处理另计。2.主材甲方供，拼花及高档瓷砖另计。3.普通白水泥勾缝，如采用专用勾缝剂，另加10元/m^2。4.材料采用优质水泥；中砂；美巢牌环保型108胶
2	紫荆花抗甲醛净味多功能墙面漆顶面乳胶漆	m^2	3.28	65	47	0	0	12	6	213.2	乳胶漆一底二面。1.刷108胶一遍。墙衬找平，并打磨。2.辊刷三遍面漆或一遍底漆两遍面漆，单色，每增加一色另加200元/间。3.若遇保温墙、砂灰墙、隔墙，须满贴的确良布增加10元/m^2。顶墙空鼓须铲除后用水泥砂浆找平，增加30元/m^2。客户不做上述处理应书面说明。4.材料采用优质墙衬；美巢牌环保型108胶
3	紫荆花抗甲醛净味多功能墙面漆墙面乳胶漆	m^2	9.02	65	47	0	0	12	6	586.3	乳胶漆一底二面。1.刷108胶一遍。墙衬找平，并打磨。2.辊刷三遍面漆或一遍底漆两遍面漆，单色，每增加一色另加200元/间。3.若遇保温墙、砂灰墙、隔墙，须满贴的确良布增加10元/m^2。顶墙空鼓须铲除后用水泥砂浆找平，增加30元/m^2。客户不做上述处理应书面说明。4.材料采用优质墙衬；美巢牌环保型108胶

（续）

编号	工程项目	单位	工程量及单价		其中（为估算价格、单位：元）					复加合计	备注
			数量	单价/元	主材	辅材	机械	人工	损耗	金额/元	
4	单线双面门套	m	7.37	120	70	21	3	21	5	884.4	饰面板饰面，木工板立架，实木板线10mm×60mm。1.大芯板衬底，饰面板饰面，实木门套线。门套线宽不大于60mm，厚不大于10mm。2.门套线宽每增加10mm，每米另增加6元。3.高级木器漆喷漆工艺二底四面处理。4.材料选用特级环保型大芯板；优质饰面板；立邦保得丽超级面漆；白塔牌白乳胶
5	工厂化双面凹凸造型推拉门（紫檀）	扇	2	1560	0	0	0	0	0	3120	自动高温热压贴皮，内实心杉木指接板，再用双面5mm厚密度板找平

水电部分

总 价 约：9075元

编号	工程项目	单位	工程量及单价		其中（为估算价格、单位：元）					复加合计	备注
			数量	单价/元	主材	辅材	机械	人工	损耗	金额/元	
1	水表移位PPR管连接	只	1	235	110	23	4	92	6	235	皮尔萨PPR管，开槽、定位
2	一厨一卫PPR管连接	套	1	1535	460	640	30	365	40	1535	皮尔萨PPR管，开槽、定位
3	增加一卫PPR管连接	间	1	1055	300	493	15	220	27	1055	皮尔萨PPR管，开槽、定位
4	玄关（过道）铺管穿线	项	1	100	30	18	5	45	2	100	优质电线穿PVC管铺设，含插座、开关、照明安装人工费
5	厨房铺管穿线	间	1	300	75	45	10	137	8	300	优质电线穿PVC管铺设，含插座、开关、照明安装人工费
6	卫生间铺管穿线	间	2	370	125	65	10	160	10	740	优质电线穿PVC管铺设，含插座、开关、照明安装人工费
7	阳台铺管穿线	只	3	115	36	35	5	35	4	345	优质电线穿PVC管铺设，含插座、开关、照明安装人工费
8	客厅铺管穿线	间	1	385	170	75	20	110	10	385	优质电线穿PVC管铺设，含插座、开关、照明安装人工费

（续）

编号	工程项目	单位	工程量及单价		其中（为估算价格、单位：元）					复加合计	备注
			数量	单价/元	主材	辅材	机械	人工	损耗	金额/元	
9	餐厅铺管穿线	间	1	325	125	70	15	105	10	325	优质电线穿PVC管铺设，含插座、开关、照明安装人工费
10	房间铺管穿线	间	3	365	140	75	20	120	10	1095	优质电线穿PVC管铺设，含插座、开关、照明安装人工费
11	坐便器安装	套	2	80	自购					160	人工费及辅料费
12	水池（槽、洗脸盆）安装	套	2	50	自购					100	人工费及辅料费
13	常规型智能布线	套	1	2700	1120	1050	40	435	55	2700	按单层标准布线计算，有二层时除主材箱外增加1.5～2的系数

运输与保洁

总 价 约：2200元

编号	工程项目	单位	工程量及单价		其中（为估算价格、单位：元）					复加合计	备注
			数量	单价/元	主材	辅材	机械	人工	损耗	金额/元	
1	装潢垃圾清理	项	1	600						600	施工过程产生垃圾，按建筑面积计算，二层以内，最少基数为100m²
2	材料二次搬运费	项	1	600						600	材料搬上楼，按建筑面积计，二层以内。最少基数为100m²
3	家政卫生服务费	项	1	1000						1000	按建筑面积计算，包括辅料费

其他

编号	工程项目	单位	工程量及单价		其中（为估算价格、单位：元）					复加合计	备注
			数量	单价/元	主材	辅材	机械	人工	损耗	金额/元	
1	方案设计	项	1	0						0	平面方案、预算。与业主商议而定
2	施工图制作	项	1	0						0	平面图、顶面图、各立面图及节点剖面图、水电施工图等。与业主商议而定
3	效果图制作	项	1	0						0	单个空间费用。与业主商议而定
总价合计/元										**101371**	

案例3 Case

总面积约132m²，总价约12万元

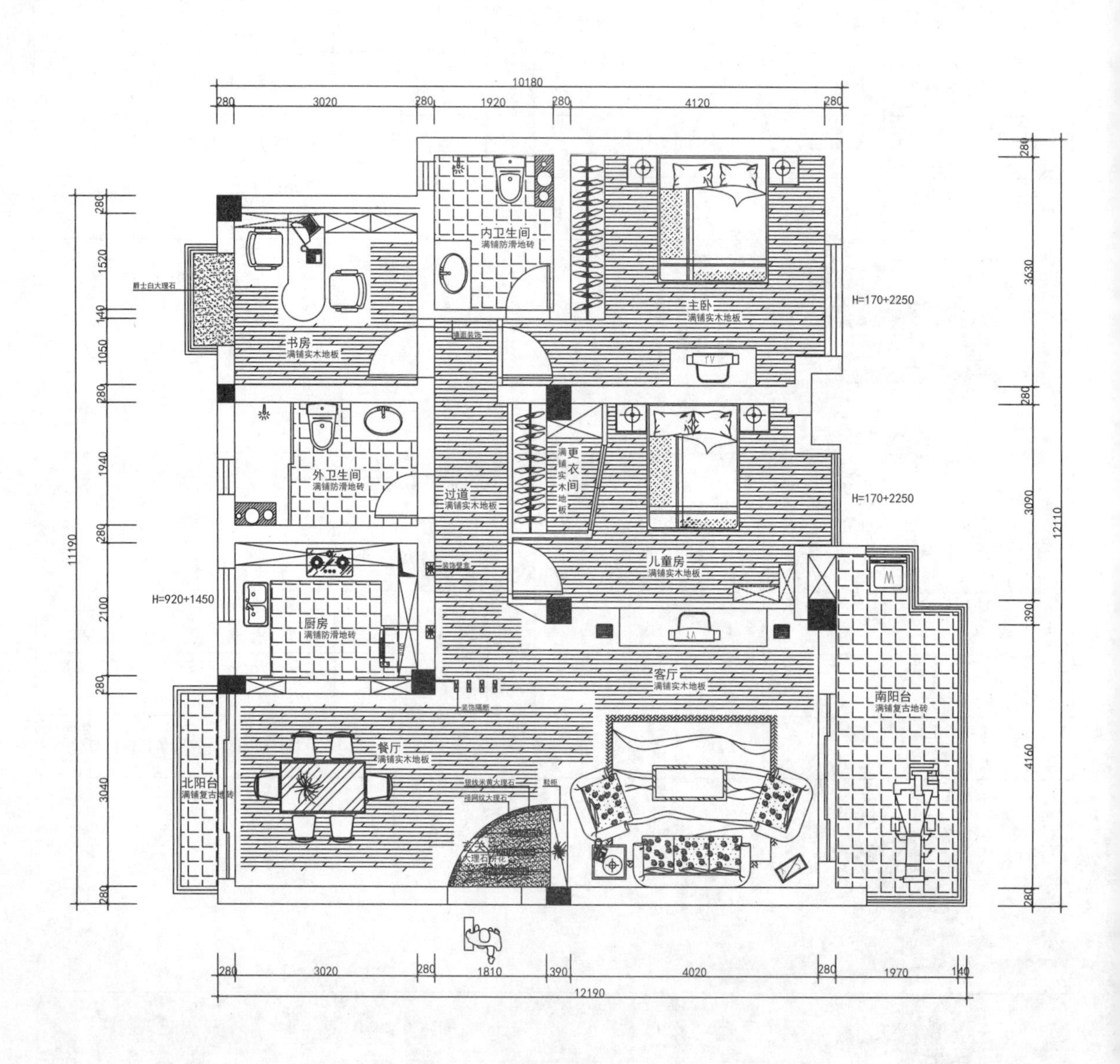

平面布置图

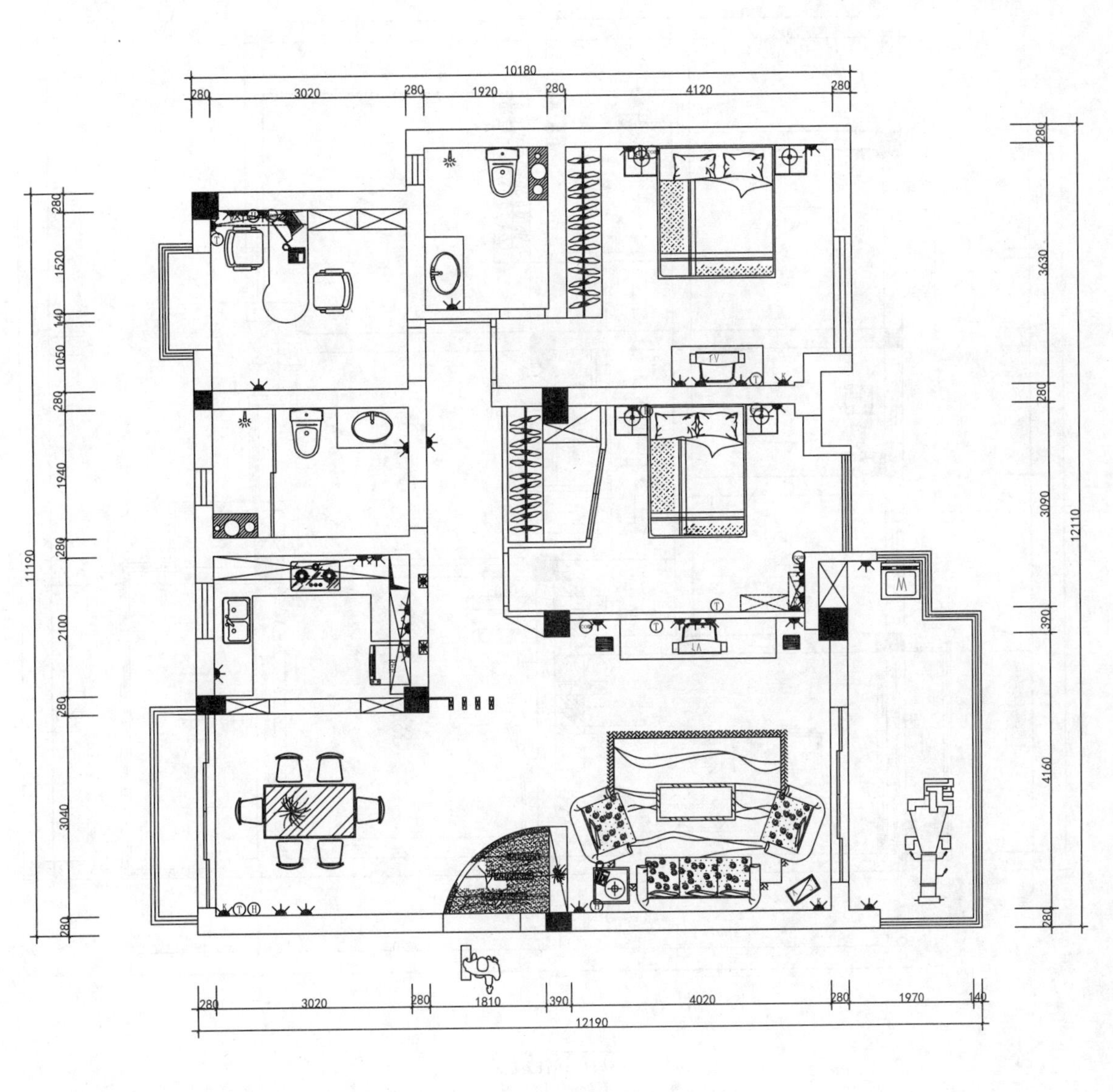

插座布置图

网络插座

Ⓣ 电视插座

Ⓗ 电话插座

普通三极两极插座

空调插座

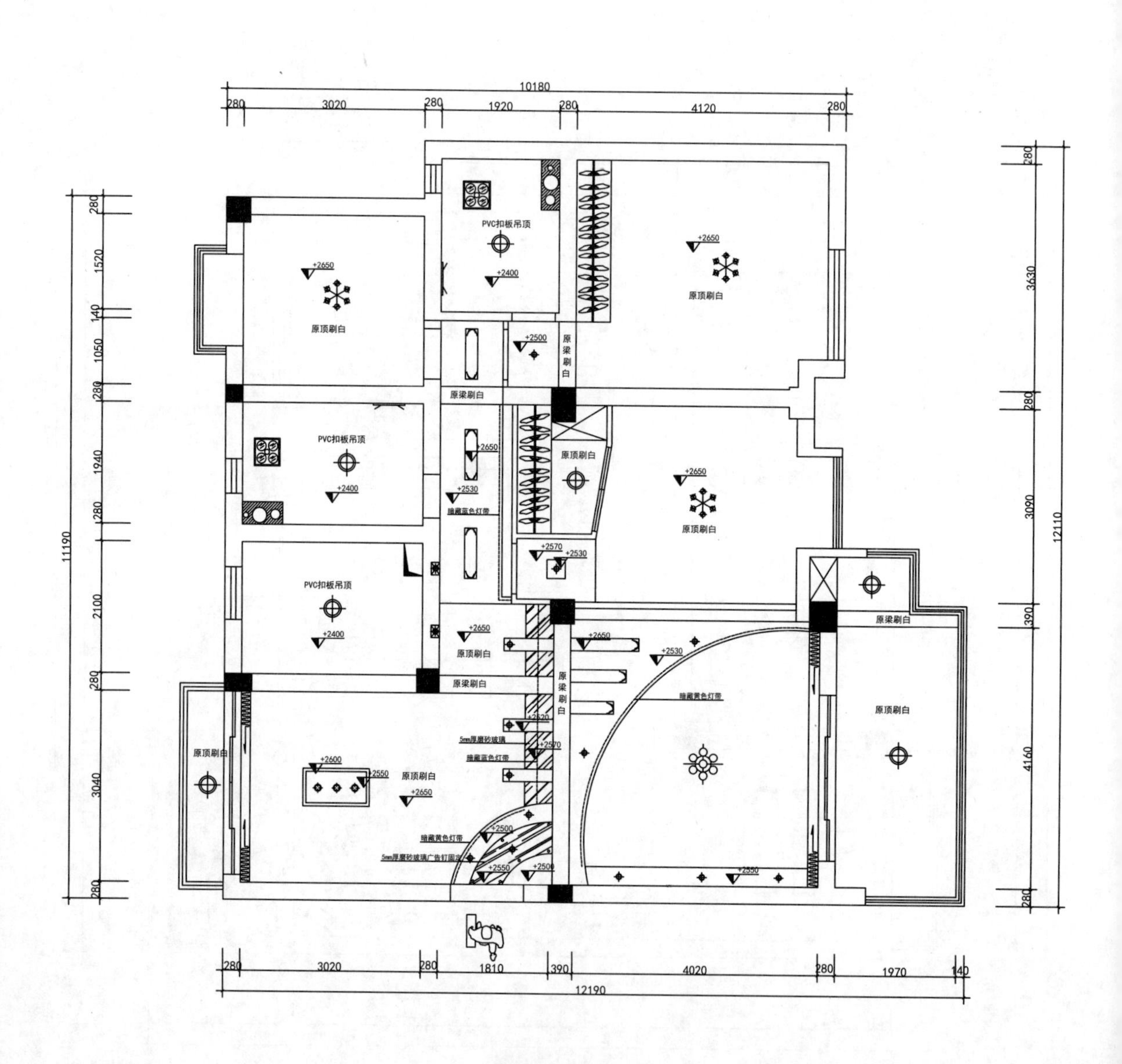
10180
280
3020
280
1920
280
4120
280
PVC扣板吊顶
+2400
+2650
原顶刷白
+2500
原梁刷白
原梁刷白
+2650
+2530
暗藏蓝色灯带
+2570
+2530
+2650
+2530
暗藏黄色灯带
5mm厚磨砂玻璃
暗藏蓝色灯带
+2600
+2550
+2500
+2550
280
1520
140
1050
280
1940
280
2100
280
3040
280
11190
3630
3090
390
4160
12110
3020
1810
390
4020
1970
140
12190
顶面布置图

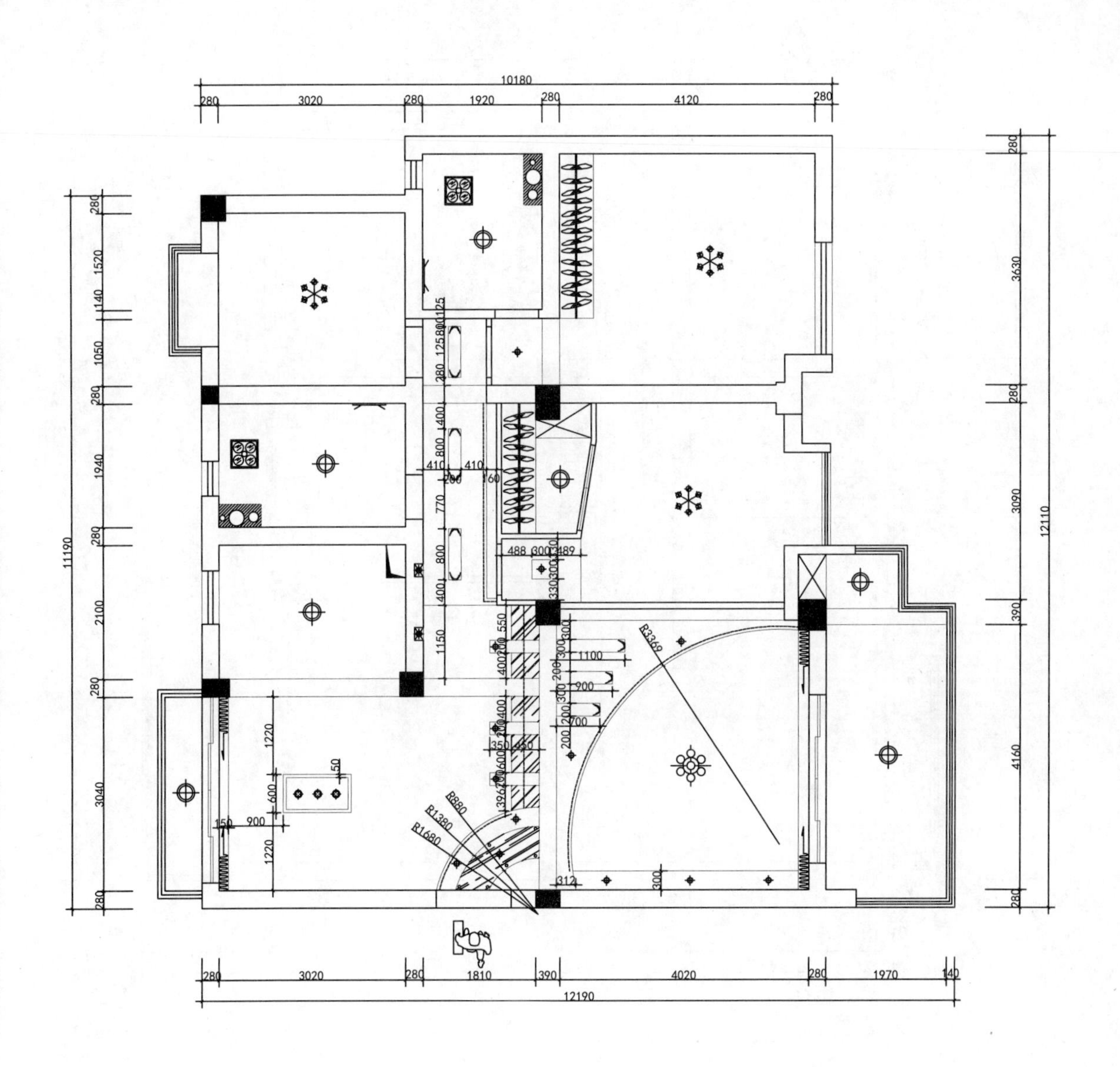

顶面尺寸图

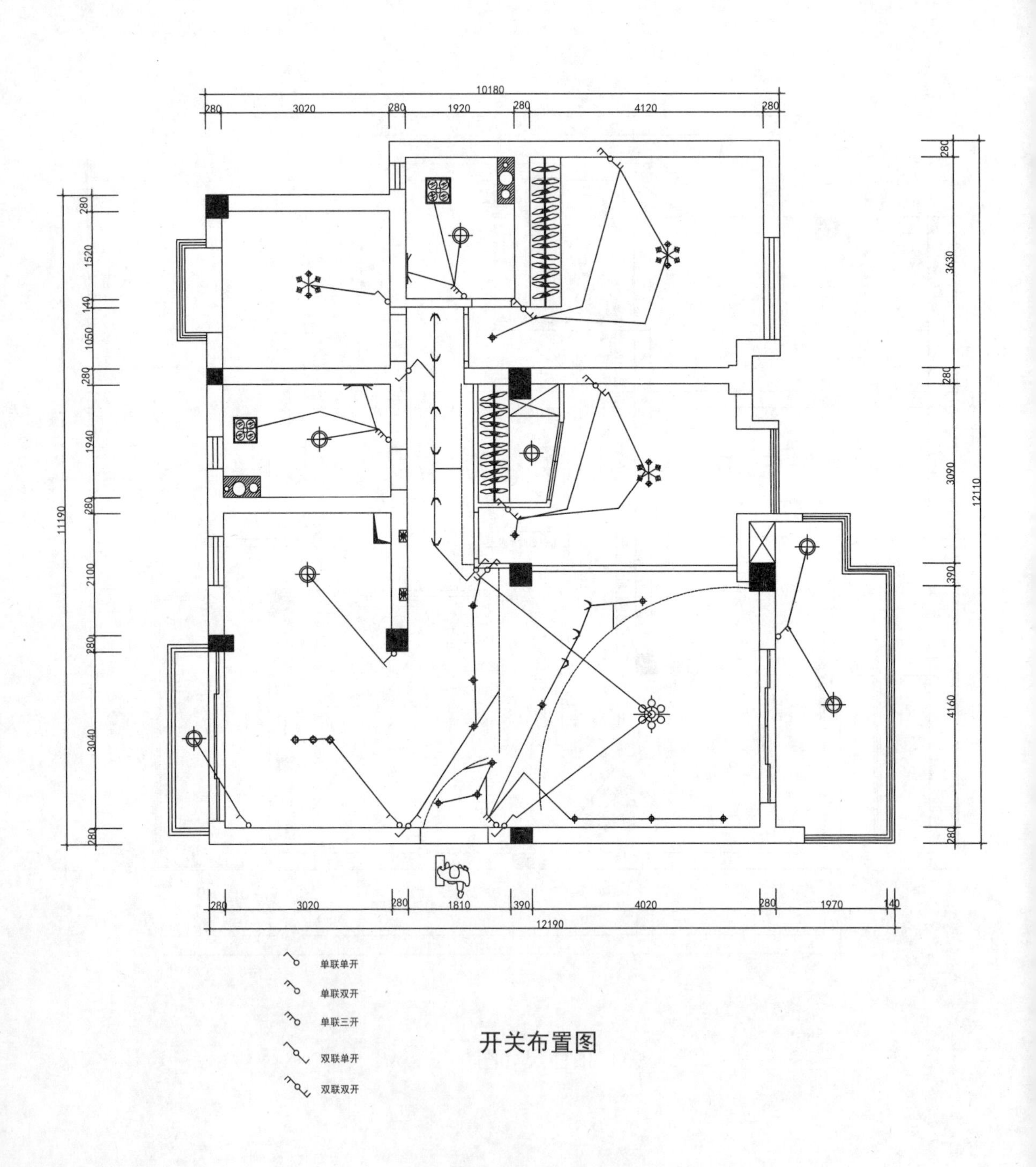
10180
280
3020
280
1920
280
4120
280
11190
1520
140
1050
1940
2100
3040
12110
3630
3090
390
4160
1810
390
4020
1970
140
12190
单联单开
单联双开
单联三开
双联单开
双联双开

开关布置图

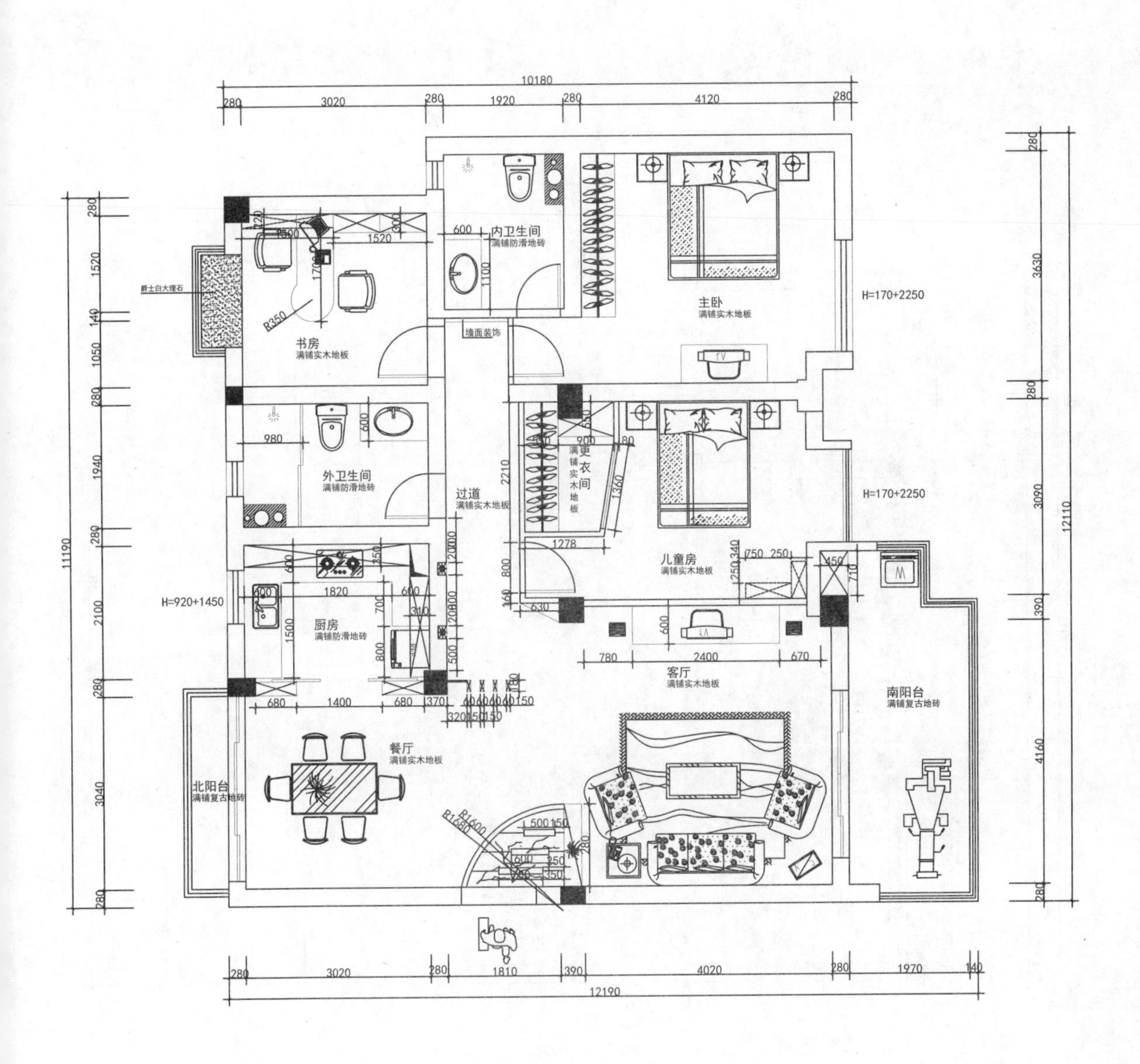
10180
12190
11190
12110
书房
满铺实木地板
内卫生间
满铺防滑地砖
主卧
满铺实木地板
外卫生间
满铺防滑地砖
过道
满铺实木地板
儿童房
满铺实木地板
厨房
满铺防滑地砖
客厅
满铺实木地板
南阳台
满铺复古地砖
餐厅
满铺实木地板
北阳台
满铺复古地砖
墙面装饰
爵士白大理石
H=170+2250
H=920+1450

平面尺寸图

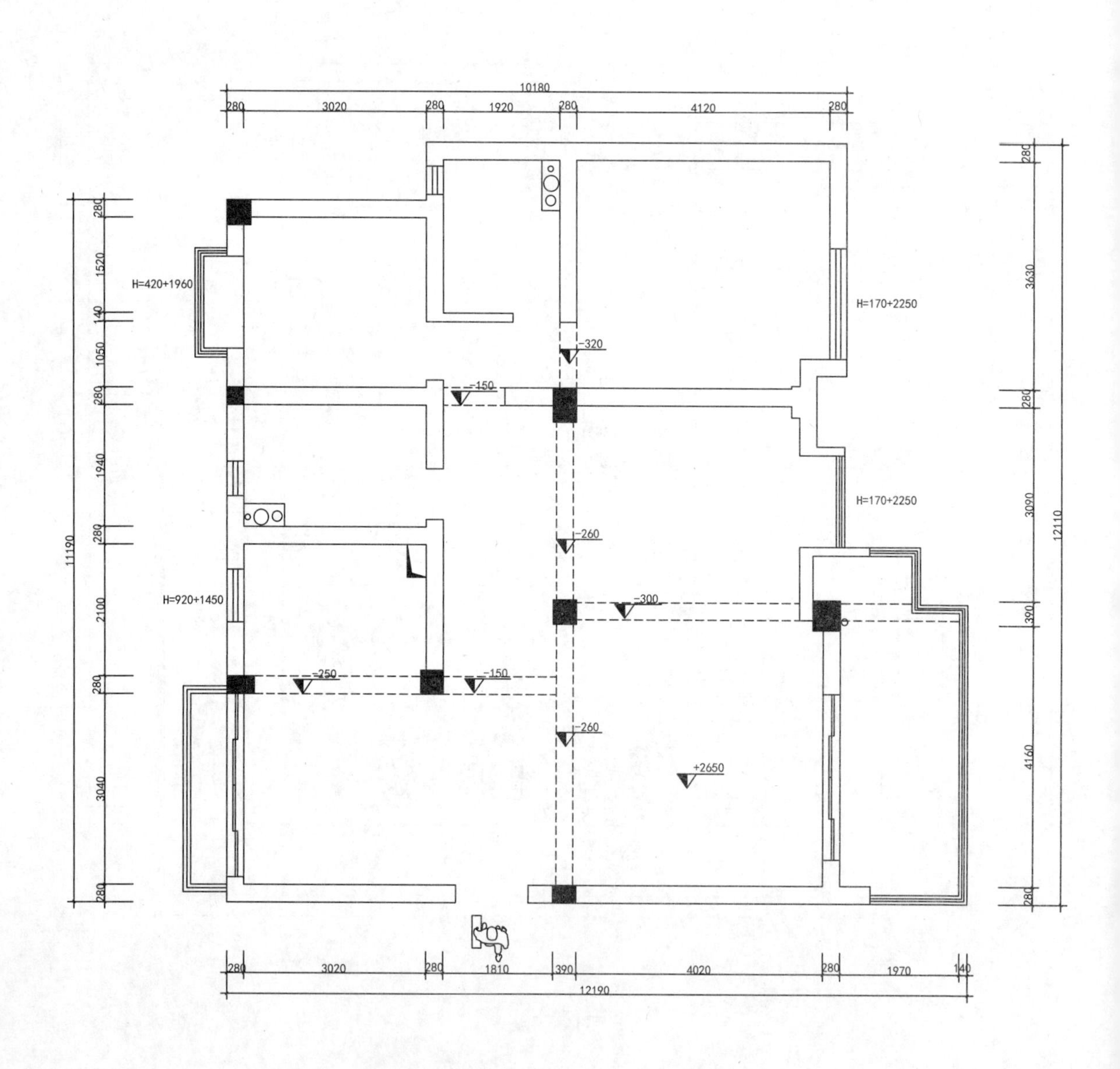
10180
280
3020
280
1920
280
4120
280
H=420+1960
H=170+2250
H=170+2250
H=920+1450
-320
-150
-260
-300
-250
-150
-260
+2650
11190
12110
12190
1520
1050
1940
2100
3040
3630
3090
390
4160
1810
390
4020
1970
140

原始结构图

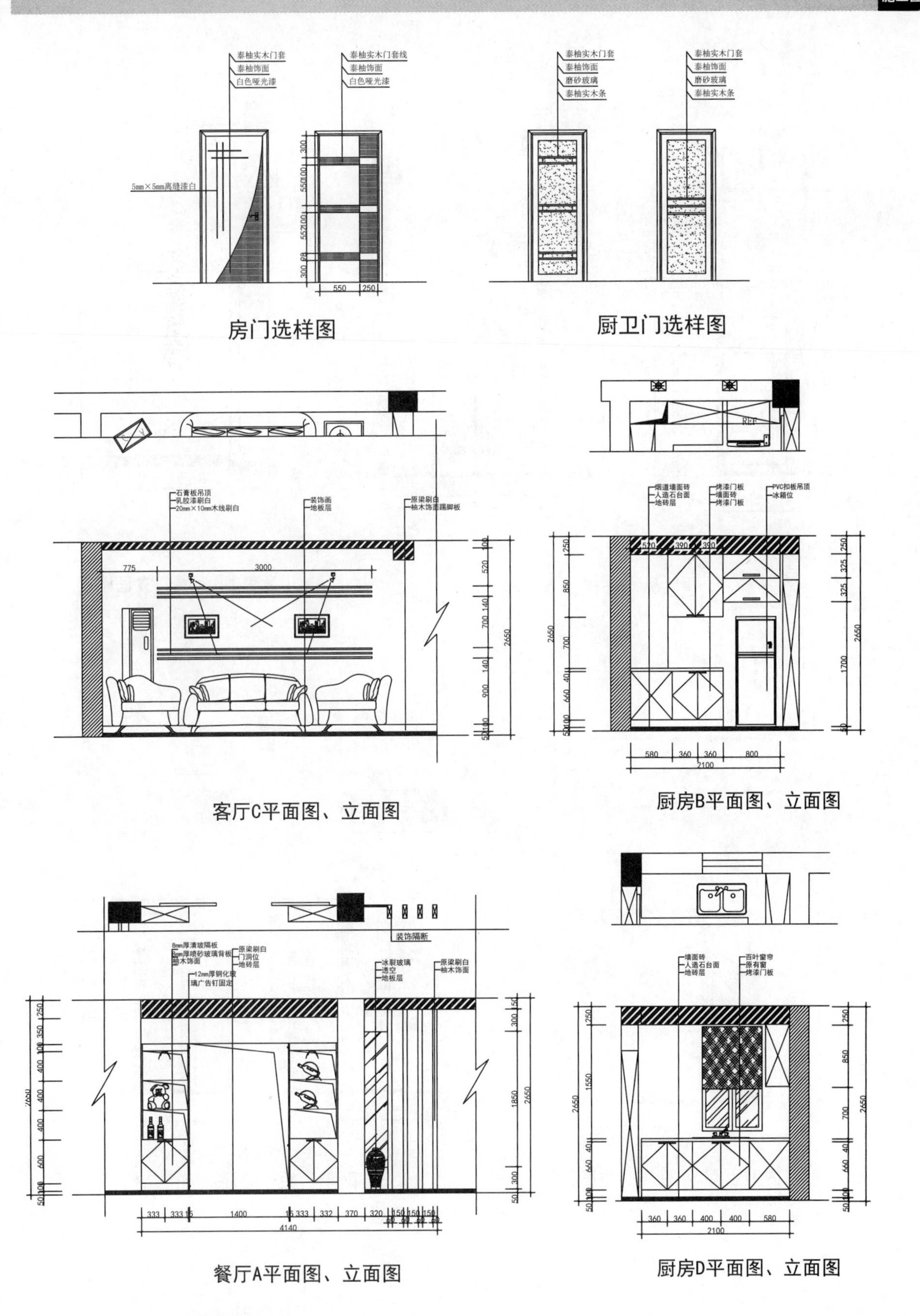

房门选样图

厨卫门选样图

客厅C平面图、立面图

厨房B平面图、立面图

餐厅A平面图、立面图

厨房D平面图、立面图

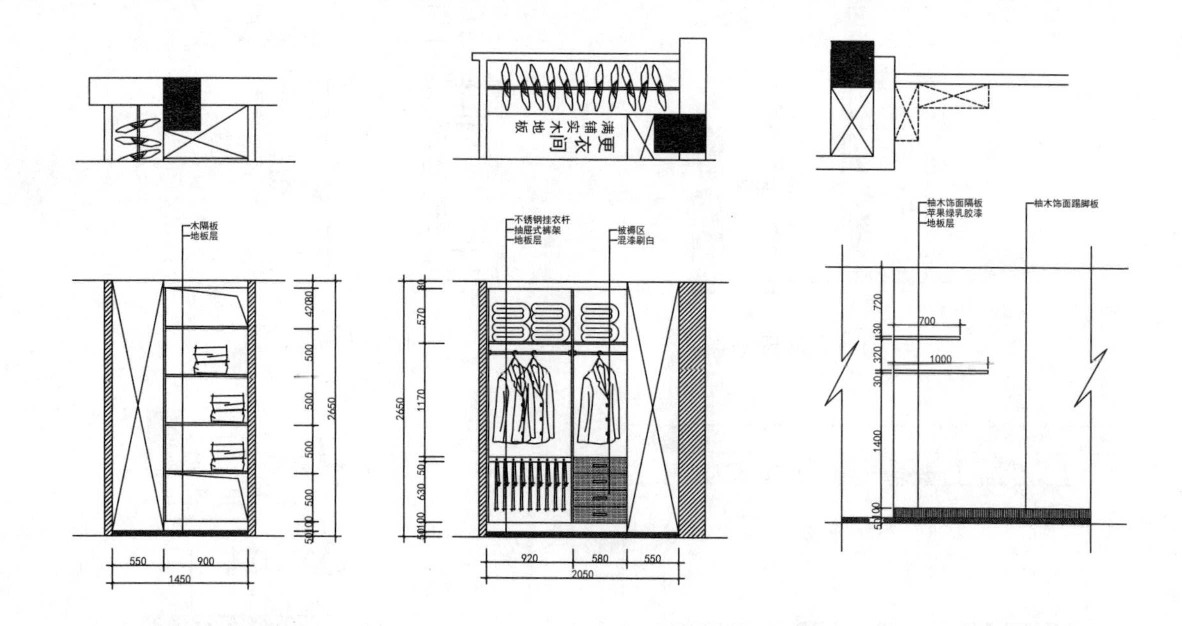

更衣室平面图、立面图

儿童房C平面图、立面图

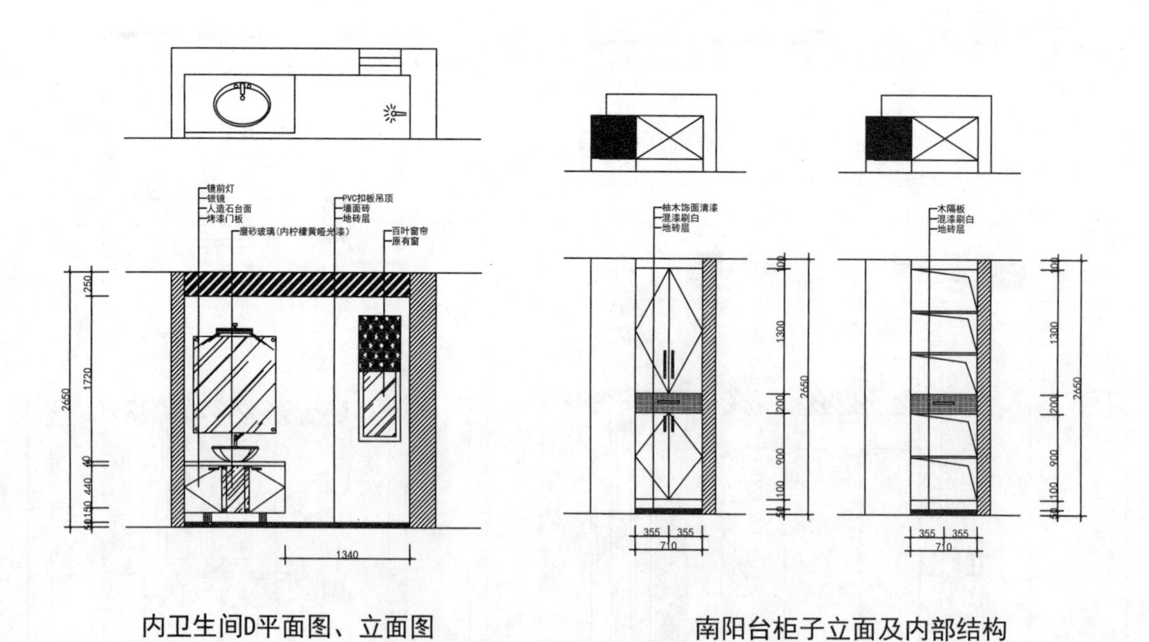

内卫生间D平面图、立面图

南阳台柜子立面及内部结构

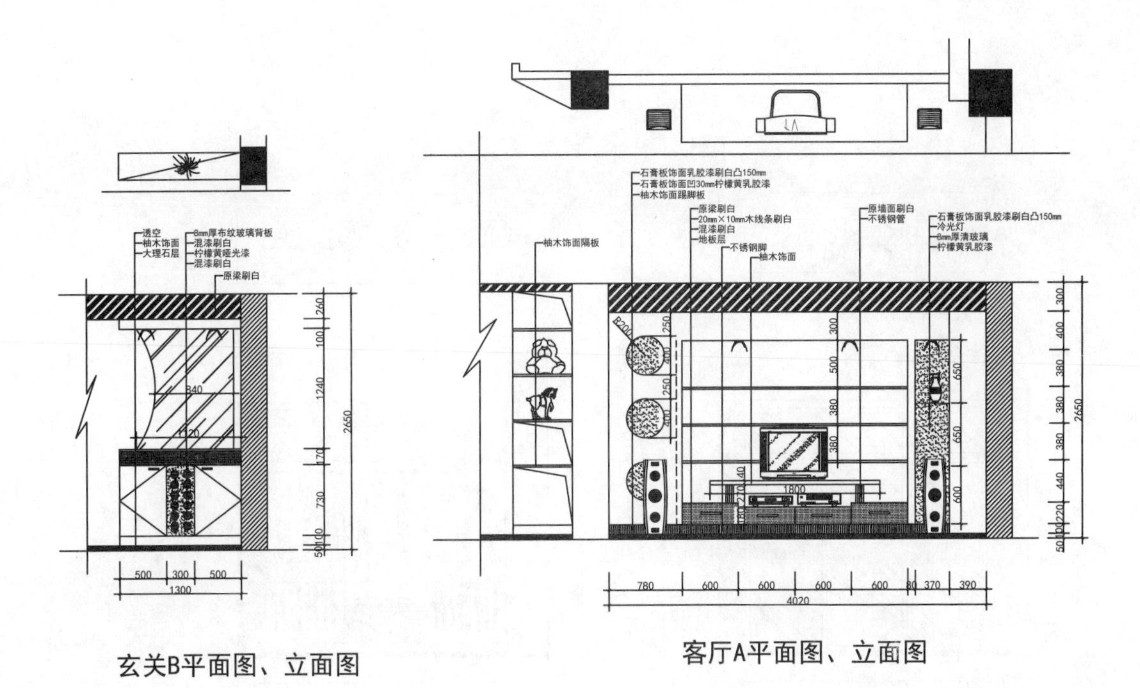

玄关B平面图、立面图

客厅A平面图、立面图

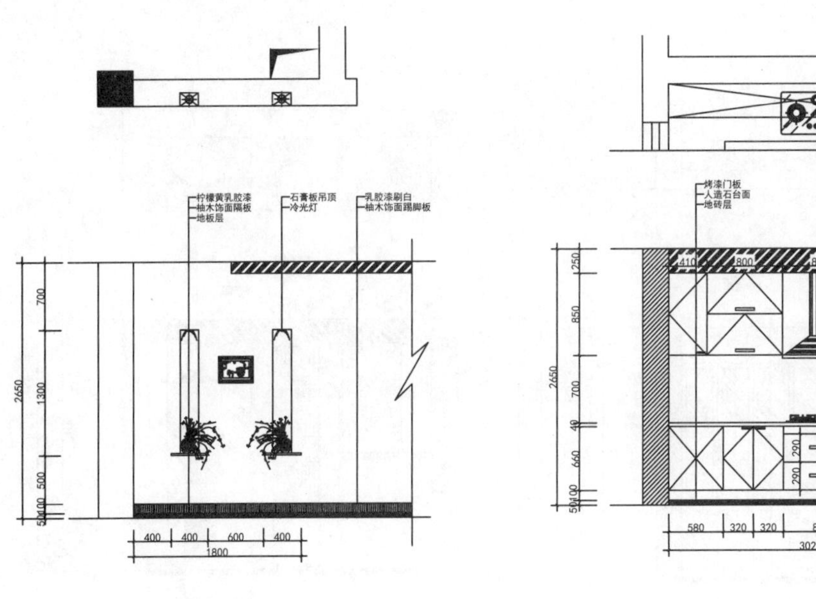

过道D平面图、立面图

厨房A平面图、立面图

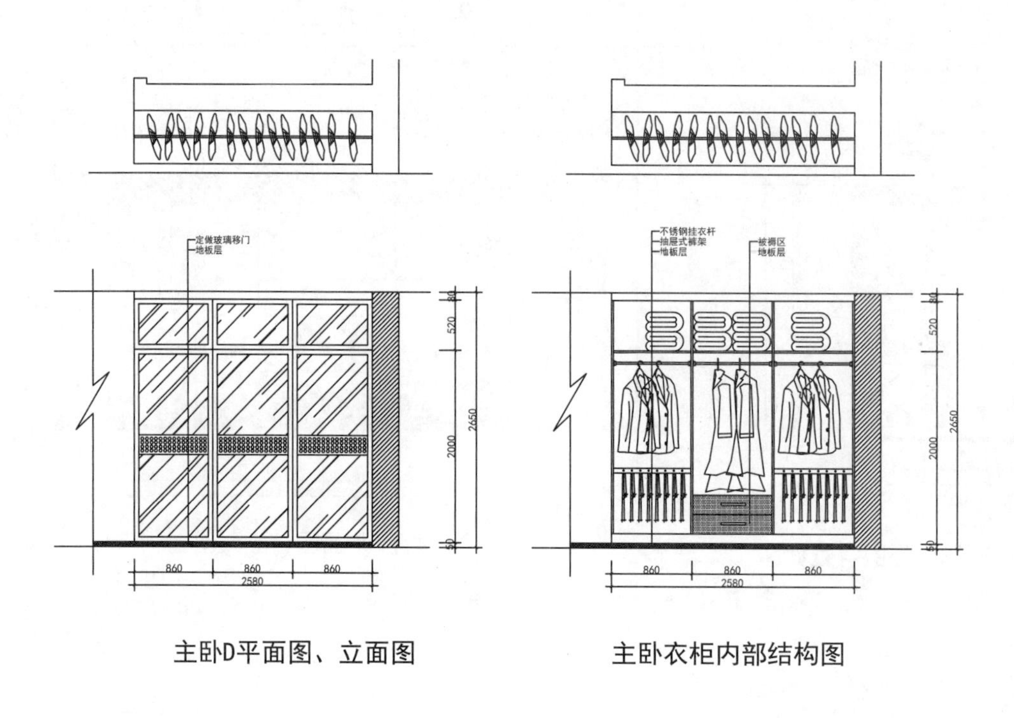

主卧D平面图、立面图

主卧衣柜内部结构图

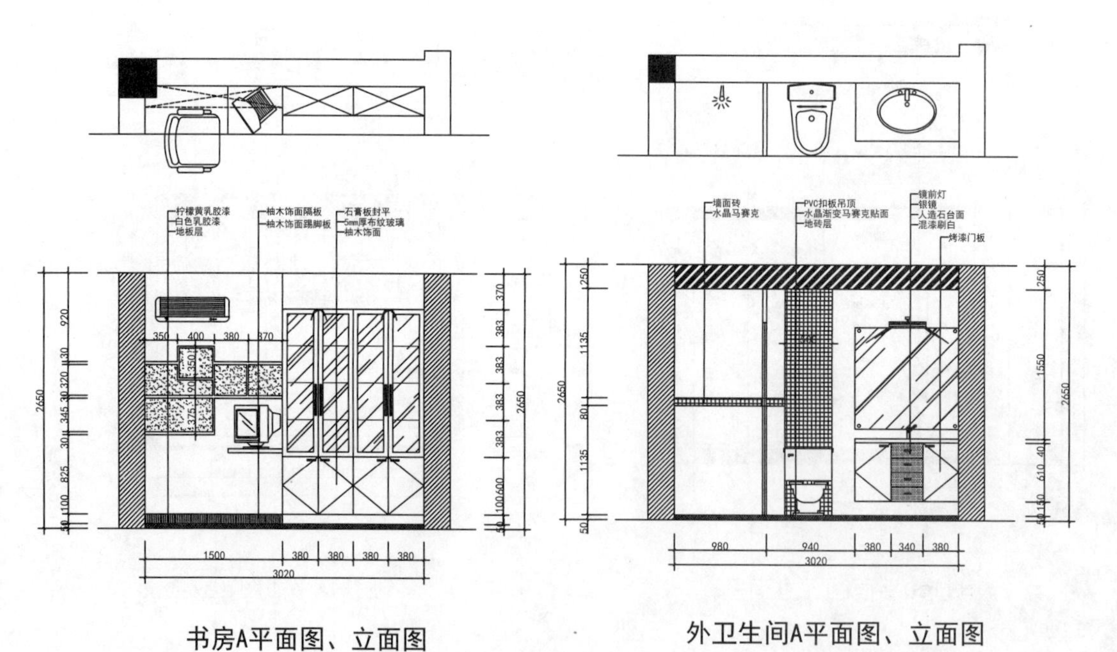

书房A平面图、立面图

外卫生间A平面图、立面图

预算表

玄关、客厅
餐厅、过道

- 总面积约：26.23m²
- 总 价 约：27368元

编号	工程项目	单位	工程量及单价		其中（为估算价格、单位：元）					复加合计	备注
			数量	单价/元	主材	辅材	机械	人工	损耗	金额/元	
1	单面双线门套	m	5.6	110	60	20	4	21	5	616	饰面板饰面，木工板立架，外9mm贴墙，实木阴角压顶，内板线
2	玄关拼花整块铺贴	m²	1.86	455	330	35	5	65	20	846.3	主材价格按购价计价，损耗按实计算
3	方形电视造型背景	项	1	4270	0	0	0	0	0	4270	具体见施工图
4	玄关鞋柜	项	1	2160	0	0	0	0	0	2160	具体见施工图
5	沙发造型背景	项	1	520	0	0	0	0	0	520	具体见施工图
6	过道造型背景	项	1	820	0	0	0	0	0	820	具体见施工图
7	过道造型端景	项	1	2820	0	0	0	0	0	2820	具体见施工图
8	餐厅全敞开式博古架	m²	3.74	545	280	37	7	205	16	2038.3	饰面板饰面，木工板立架，五厘板封后背，无抽屉，实木封边
9	石膏板二级平顶	m²	18.4	124	45	38	3	35	3	2281.6	石膏板饰面，木龙骨基层，开灯孔或灯座木框制作安装
10	都芳丽家双效内墙漆顶面乳胶漆	m²	26.23	85	67	0	0	12	6	2229.55	乳胶漆一底二面。 1.刷108胶一遍。墙衬找平，并打磨。2.辊刷三遍面漆或一遍底漆两遍面漆，单色，每增加一色另加200元/间。3.若遇保温墙、砂灰墙、隔墙，须满贴的确良布增加10元/m²。顶墙空鼓须铲除后用水泥砂浆找平，增加30元/m²。客户不做上述处理应书面说明。4.材料采用优质墙衬；美巢牌环保型108胶
11	都芳丽家双效内墙漆墙面乳胶漆	m²	92.54	85	67	0	0	12	6	7865.9	乳胶漆一底二面。 1.刷108胶一遍。墙衬找平，并打磨。2.辊刷三遍面漆或一遍底漆两遍面漆，单色，每增加一色另加200元/间。3.若遇保温墙、砂灰墙、隔墙，须满贴的确良布增加10元/m²。顶墙空鼓须铲除后用水泥砂浆找平，增加30元/m²。客户不做上述处理应书面说明。4.材料采用优质墙衬；美巢牌环保型108胶

（续）

编号	工程项目	单位	工程量及单价		其中（为估算价格、单位：元）					复加合计	备注
			数量	单价/元	主材	辅材	机械	人工	损耗	金额/元	
12	餐厅装饰隔断	项	1	900	0	0	0	0	0	900	具体见施工图

北阳台

- **总面积约**：1.82m²
- **总 价 约**：8270元

编号	工程项目	单位	工程量及单价		其中（为估算价格、单位：元）					复加合计	备注
			数量	单价/元	主材	辅材	机械	人工	损耗	金额/元	
1	都芳丽家双效内墙漆顶面乳胶漆	m^2	1.82	85	67	0	0	12	6	154.7	乳胶漆一底二面。 1.刷108胶一遍。墙衬找平，并打磨。2.辊刷三遍面漆或一遍底漆两遍面漆，单色，每增加一色另加200元/间。3.若遇保温墙、砂灰墙、隔墙，须满贴的确良布增加10元/m^2。顶墙空鼓须铲除后用水泥砂浆找平，增加30元/m^2。客户不做上述处理应书面说明。4.材料采用优质墙衬；美巢牌环保型108胶
2	都芳丽家双效内墙漆墙面乳胶漆	m^2	3.87	85	67	0	0	12	6	328.95	乳胶漆一底二面。 1.刷108胶一遍。墙衬找平，并打磨。2.辊刷三遍面漆或一遍底漆两遍面漆，单色，每增加一色另加200元/间。3.若遇保温墙、砂灰墙、隔墙，须满贴的确良布增加10元/m^2。顶墙空鼓须铲除后用水泥砂浆找平，增加30元/m^2。客户不做上述处理应书面说明。4.材料采用优质墙衬；美巢牌环保型108胶
3	铺地砖300mm×300mm以内	m^2	1.82	55	0	21	2	30	2	100.1	主材价格按购价计价，损耗按实计算。 1.水泥+砂子+108胶黏贴。对原基层进行处理另计。2.主材甲方供，拼花及高档瓷砖另计。3.普通白水泥勾缝，如采用专用勾缝剂，另加10元/m^2。4.材料采用优质水泥；中砂；美巢牌环保型108胶

（续）

编号	工程项目	单位	工程量及单价		其中（为估算价格、单位：元）					复加合计	备注
			数量	单价/元	主材	辅材	机械	人工	损耗	金额/元	
4	单线双面门套	m	7.72	120	70	21	3	21	5	926.4	饰面板饰面，木工板立架，实木板线10mm×60mm。 1.大芯板衬底，饰面板饰面，实木门套线。门套线宽不大于60mm，厚不大于10mm。2.门套线宽每增加10mm，每米另增加6元。3.高级木器漆喷漆工艺二底四面处理。4.材料选用特级环保型大芯板；优质饰面板；立邦保得丽超级面漆；白塔牌白乳胶
5	工厂化双面凹凸造型推拉门	扇	4	1690	0	0	0	0	0	6760	自动高温热压贴皮，内实心杉木指接板，再用双面5mm厚密度板找平

南阳台

- **总面积约：** 9.85m^2
- **总 价 约：** 12493元

编号	工程项目	单位	工程量及单价		其中（为估算价格、单位：元）					复加合计	备注
			数量	单价/元	主材	辅材	机械	人工	损耗	金额/元	
1	都芳丽家双效内墙漆顶面乳胶漆	m^2	9.85	85	67	0	0	12	6	837.25	乳胶漆一底二面。 1.刷108胶一遍。墙衬找平，并打磨。2.辊刷三遍面漆或一遍底漆两遍面漆，单色，每增加一色另加200元/间。3.若遇保温墙、砂灰墙、隔墙，须满贴的确良布增加10元/m^2。顶墙空鼓须铲除后用水泥砂浆找平，增加30元/m^2。客户不做上述处理应书面说明。4.材料采用优质墙衬；美巢牌环保型108胶
2	都芳丽家双效内墙漆墙面乳胶漆	m^2	20.09	85	67	0	0	12	6	1707.65	乳胶漆一底二面。 1.刷108胶一遍。墙衬找平，并打磨。2.辊刷三遍面漆或一遍底漆两遍面漆，单色，每增加一色另加200元/间。3.若遇保温墙、砂灰墙、隔墙，须满贴的确良布增加10元/m^2。顶墙空鼓须铲除后用水泥砂浆找平，增加30元/m^2。客户不做上述处理应书面说明。4、材料采用优质墙衬；美巢牌环保型108胶

（续）

编号	工程项目	单位	工程量及单价		其中（为估算价格、单位：元）					复加合计	备注
			数量	单价/元	主材	辅材	机械	人工	损耗	金额/元	
3	铺地砖 300mm×300mm以内	m^2	9.85	55	0	21	2	30	2	541.75	主材价格按购价计价，损耗按实计算。1.水泥+砂子+108胶黏贴。对原基层进行处理另计。2.主材甲方供，拼花及高档瓷砖另计。3.普通白水泥勾缝，如采用专用勾缝剂，另加10元/m^2。4.材料采用优质水泥；中砂；美巢牌环保型108胶
4	单线双面门套	m	7.44	120	70	21	3	21	5	892.8	饰面板饰面，木工板立架，实木板线10mm×60mm。1.大芯板衬底，饰面板饰面，实木门套线。门套线宽不大于60mm，厚不大于10mm。2.门套线宽每增加10mm，每米另增加6元。3.高级木器漆喷漆工艺二底四面处理。4.材料选用特级环保型大芯板；优质饰面板；立邦保得丽超级面漆；白塔牌白乳胶
5	工厂化双面凹凸造型推拉门	扇	4	1690	0	0	0	0	0	6760	自动高温热压贴皮，内实心杉木指接板，再用双面5mm厚密度板找平
6	地面防漏处理	m^2	9.85	32	16	8	1	6	1	315.2	水泥砂浆修补，防水涂料刷两遍
7	平板开门顶(吊)柜	m^2	1.88	765	355	133	2	260	15	1438.2	饰面板饰面，木工板立架，5mm板封后背，实木封边

厨房

- **总面积约：** 6.33m^2
- **总 价 约：** 21716元

编号	工程项目	单位	工程量及单价		其中（为估算价格、单位：元）					复加合计	备注
			数量	单价/元	主材	辅材	机械	人工	损耗	金额/元	
1	工厂化双面凹凸造型推拉门	扇	2	1690	0	0	0	0	0	3380	自动高温热压贴皮，内实心杉木指接板，再用双面5mm厚密度板找平

（续）

编号	工程项目	单位	工程量及单价		其中（为估算价格、单位：元）					复加合计	备注
			数量	单价/元	主材	辅材	机械	人工	损耗	金额/元	
2	单线双面门套	m	6.2	120	70	21	3	21	5	744	饰面板饰面，木工板立架，实木板线10mm×60mm。1.大芯板衬底，饰面板饰面，实木门套线。门套线宽不大于60mm，厚不大于10mm。2.门套线宽每增加10mm，每米另增加6元。3.高级木器漆喷漆工艺二底四面处理。4.材料选用特级环保型大芯板；优质饰面板；立邦保得丽超级面漆；白塔牌白乳胶
3	铺地砖300mm×300mm以内	m^2	6.33	55	0	21	2	30	2	348.15	主材价格按购价计价，损耗按实计算。1.水泥+砂子+108胶黏贴。对原基层进行处理另计。2.主材甲方供，拼花及高档瓷砖另计。3.普通白水泥勾缝，如采用专用勾缝剂，另加10元/m^2。4.材料采用优质水泥；中砂；美巢牌环保型108胶
4	墙面铺墙面砖	m^2	16.33	50		21	2	25	2	816.5	主材价格按购价计价，损耗按实计算。1.水泥+砂子+108胶黏贴。对原基层进行处理另计。2.主材甲方供，拼花及高档瓷砖另计。3.普通白水泥勾缝，如采用专用勾缝剂，另加10元/m^2。4.材料采用优质水泥；中砂；美巢牌环保型108胶
5	PVC扣板平顶	m^2	6.33	128	80	30	2	15	1	810.24	PVC空腹板，木龙骨安装，换气扇、灯座木框制作安装
6	地面防漏处理	m^2	6.33	32	16	8	1	6	1	202.56	水泥砂浆修补，防水涂料刷两遍
7	德国顶级模压下柜	m	4.05	1950						7897.5	白色三聚氰胺板立架，门板芯材为密度板
8	德国顶级模压上柜	m	4.85	1550						7517.5	白色三聚氰胺板立架，门板芯材为密度板

外卫生间

- **总面积约：** 5.85m²
- **总 价 约：** 4682元

编号	工程项目	单位	工程量及单价		其中（为估算价格、单位：元）					复加合计	备注
			数量	单价/元	主材	辅材	机械	人工	损耗	金额/元	
1	单线双面门套	m	5.1	120	70	21	3	21	5	612	饰面板饰面，木工板立架，实木板线10mm×60mm。 1.大芯板衬底，饰面板饰面，实木门套线。门套线宽不大于60mm，厚不大于10mm。2.门套线宽每增加10mm，每米另增加6元。3.高级木器漆喷漆工艺二底四面处理。4.材料选用特级环保型大芯板；优质饰面板；立邦保得丽超级面漆；白塔牌白乳胶
2	工厂化双面木格子半玻门	扇	1	1840	0	0	0	0	0	1840	自动高温热压贴皮，内实心杉木指接板，再用双面6mm密度板找平，不含玻璃
3	铺地砖300mm×300mm以内	m^2	5.85	55	0	21	2	30	2	321.75	主材价格按购价计价，损耗按实计算。 1.水泥+砂子+108胶黏贴。对原基层进行处理另计。2.主材甲方供，拼花及高档瓷砖另计。3.普通白水泥勾缝，如采用专用勾缝剂，另加10元/m^2。4.材料采用优质水泥；中砂；美巢牌环保型108胶
4	墙面铺墙面砖	m^2	15.44	50		21	2	25	2	772	主材价格按购价计价，损耗按实计算。 1.水泥+砂子+108胶黏贴。对原基层进行处理另计。2.主材甲方供，拼花及高档瓷砖另计。3.普通白水泥勾缝，如采用专用勾缝剂，另加10元/m^2。4.材料采用优质水泥；中砂；美巢牌环保型108胶
5	PVC扣板平顶	m^2	5.85	128	80	30	2	15	1	748.8	PVC空腹板，木龙骨安装，换气扇、灯座木框制作安装
6	地面防漏处理	m^2	5.85	32	16	8	1	6	1	187.2	水泥砂浆修补，防水涂料刷两遍
7	包上/下水管道	根	1	200	75	50	5	65	5	200	水泥砂浆或木工板包管柱

书房

- **总面积约：** 8.16m^2
- **总 价 约：** 7199元

编号	工程项目	单位	工程量及单价		其中（为估算价格、单位：元）					复加合计	备注
			数量	单价/元	主材	辅材	机械	人工	损耗	金额/元	
1	单线双面门套	m	5.1	120	70	21	3	21	5	612	饰面板饰面，木工板立架，实木板线10mm×60mm。 1.大芯板衬底，饰面板饰面，实木门套线。门套线宽不大于60mm，厚不大于10mm。2.门套线宽每增加10mm，每米另增加6元。3.高级木器漆喷漆工艺二底四面处理。4.材料选用特级环保型大芯板；优质饰面板；立邦保得丽超级面漆；白塔牌白乳胶
2	工厂化双面凹凸造型门	扇	1	1800	0	0	0	0	0	1800	自动高温热压贴皮，内实心杉木指接板，再用双面5mm厚密度板找平
3	都芳丽家双效内墙漆顶面乳胶漆	m^2	8.16	85	67	0	0	12	6	693.6	乳胶漆一底二面。 1.刷108胶一遍。墙衬找平，并打磨。2.辊刷三遍面漆或一遍底漆两遍面漆，单色，每增加一色另加200元/间。3.若遇保温墙、砂灰墙、隔墙，须满贴的确良布增加10元/m^2。顶墙空鼓须铲除后用水泥砂浆找平，增加30元/m^2。客户不做上述处理应书面说明。4.材料采用优质墙衬；美巢牌环保型108胶
4	都芳丽家双效内墙漆墙面乳胶漆	m^2	22.6	85	67	0	0	12	6	1921	乳胶漆一底二面。 1.刷108胶一遍。墙衬找平，并打磨。2.辊刷三遍面漆或一遍底漆两遍面漆，单色，每增加一色另加200元/间。3.若遇保温墙、砂灰墙、隔墙，须满贴的确良布增加10元/m^2。顶墙空鼓须铲除后用水泥砂浆找平，增加30元/m^2。客户不做上述处理应书面说明。4.材料采用优质墙衬；美巢牌环保型108胶
5	上木框玻门下平板门书柜	m^2	3.95	550	355	29	4	148	14	2172.5	饰面板饰面，木工板立架，无抽屉，实木封边，不含玻璃

主卧

- **总面积约：** 14.7m²
- **总 价 约：** 12122元

编号	工程项目	单位	工程量及单价		其中（为估算价格、单位：元）					复加合计	备注
			数量	单价/元	主材	辅材	机械	人工	损耗	金额/元	
1	单线双面门套	m	5.1	120	70	21	3	21	5	612	饰面板饰面，木工板立架，实木板线10mm×60mm。 1.大芯板衬底，饰面板饰面，实木门套线。门套线宽不大于60mm，厚不大于10mm。2.门套线宽每增加10mm，每米另增加6元。3.高级木器漆喷漆工艺二底四面处理。4.材料选用特级环保型大芯板；优质饰面板；立邦保得丽超级面漆；白塔牌白乳胶
2	工厂化双面凹凸造型门	扇	1	1800	0	0	0	0	0	1800	自动高温热压贴皮，内实心杉木指接板，再用双面5mm厚密度板找平
3	都芳丽家双效内墙漆顶面乳胶漆	m²	14.7	85	67	0	0	12	6	1249.5	乳胶漆一底二面。 1.刷108胶一遍。墙衬找平，并打磨。2.辊刷三遍面漆或一遍底漆两遍面漆，单色，每增加一色另加200元/间。3.若遇保温墙、砂灰墙、隔墙，须满贴的确良布增加10元/m²。顶墙空鼓须铲除后用水泥砂浆找平，增加30元/m²。客户不做上述处理应书面说明。4.材料采用优质墙衬；美巢牌环保型108胶
4	都芳丽家双效内墙漆墙面乳胶漆	m²	39.24	85	67	0	0	12	6	3335.4	乳胶漆一底二面。 1.刷108胶一遍。墙衬找平，并打磨。2.辊刷三遍面漆或一遍底漆两遍面漆，单色，每增加一色另加200元/间。3.若遇保温墙、砂灰墙、隔墙，须满贴的确良布增加10元/m²。顶墙空鼓须铲除后用水泥砂浆找平，增加30元/m²。客户不做上述处理应书面说明。4.材料采用优质墙衬；美巢牌环保型108胶
5	平板开门顶(吊)柜	m²	6.7	765	355	133	2	260	15	5125.5	饰面板饰面，木工板立架，5mm板封后背，实木封边

内卫生间

- **总面积约：**4.81m²
- **总 价 约：**4352元

编号	工程项目	单位	工程量及单价		其中（为估算价格、单位：元）					复加合计	备注
			数量	单价/元	主材	辅材	机械	人工	损耗	金额/元	
1	单线双面门套	m	5.1	120	70	21	3	21	5	612	饰面板饰面，木工板立架，实木板线10mm×60mm。1.大芯板衬底，饰面板饰面，实木门套线。门套线宽不大于60mm，厚不大于10mm。2.门套线宽每增加10mm，每米另增加6元。3.高级木器漆喷漆工艺二底四面处理。4.材料选用特级环保型大芯板；优质饰面板；立邦保得丽超级面漆；白塔牌白乳胶
2	工厂化双面木格子半玻门	扇	1	1840	0	0	0	0	0	1840	自动高温热压贴皮，内实心杉木指接板，再用双面6mm厚密度板找平，不含玻璃
3	铺地砖300mm×300mm以内	m²	4.81	55	0	21	2	30	2	264.55	主材价格按购价计价，损耗按实计算。1.水泥+砂子+108胶黏贴。对原基层进行处理另计。2.主材甲方供，拼花及高档瓷砖另计。3.普通白水泥勾缝，如采用专用勾缝剂，另加10元/m²。4.材料采用优质水泥；中砂；美巢牌环保型108胶
4	墙面铺墙面砖	m²	13.32	50		21	2	25	2	666	主材价格按购价计价，损耗按实计算。1.水泥+砂子+108胶黏贴。对原基层进行处理另计。2.主材甲方供，拼花及高档瓷砖另计。3.普通白水泥勾缝，如采用专用勾缝剂，另加10元/m²。4.材料采用优质水泥；中砂；美巢牌环保型108胶

（续）

编号	工程项目	单位	工程量及单价		其中（为估算价格、单位：元）					复加合计	备注
			数量	单价/元	主材	辅材	机械	人工	损耗	金额/元	
5	PVC扣板平顶	m^2	4.81	128	80	30	2	15	1	615.68	PVC空腹板，木龙骨安装，换气扇、灯座木框制作安装
6	地面防漏处理	m^2	4.81	32	16	8	1	6	1	153.92	水泥砂浆修补，防水涂料刷两遍
7	包上/下水管道	根	1	200	75	50	5	65	5	200	水泥砂浆或木工板包管柱

儿童房、更衣间

- **总面积约：**13.33m^2
- **总 价 约：**19284元

编号	工程项目	单位	工程量及单价		其中（为估算价格、单位：元）					复加合计	备注
			数量	单价/元	主材	辅材	机械	人工	损耗	金额/元	
1	单线双面门套1	m	5.1	120	70	21	3	21	5	612	饰面板饰面，木工板立架，实木板线10mm×60mm。1.大芯板衬底，饰面板饰面，实木门套线。门套线宽不大于60mm，厚不大于10mm。2.门套线宽每增加10mm，每米另增加6元。3.高级木器漆喷漆工艺二底四面处理。4.材料选用特级环保型大芯板；优质饰面板；立邦保得丽超级面漆；白塔牌白乳胶
2	工厂化双面凹凸造型门	扇	1	1800	0	0	0	0	0	1800	自动高温热压贴皮，内实心杉木指接板，再用双面5mm厚密度板找平
3	都芳丽家双效内墙漆顶面乳胶漆	m^2	13.33	85	67	0	0	12	6	1133.05	乳胶漆一底二面。1.刷108胶一遍。墙衬找平，并打磨。2.辊刷三遍面漆或一遍底漆两遍面漆，单色，每增加一色另加200元/间。3.若遇保温墙、砂灰墙、隔墙，须满贴的确良布增加10元/m^2。顶墙空鼓须铲除后用水泥砂浆找平，增加30元/m^2。客户不做上述处理应书面说明。4.材料采用优质墙衬；美巢牌环保型108胶

（续）

编号	工程项目	单位	工程量及单价		其中（为估算价格、单位：元）					复加合计	备注
			数量	单价/元	主材	辅材	机械	人工	损耗	金额/元	
4	都芳丽家双效内墙漆墙面乳胶漆	m^2	35.45	85	67	0	0	12	6	3013.25	乳胶漆一底二面。 1.刷108胶一遍。墙衬找平，并打磨。2.辊刷三遍面漆或一遍底漆两遍面漆，单色，每增加一色另加200元/间。3.若遇保温墙、砂灰墙、隔墙，须满贴的确良布增加10元/m^2。顶墙空鼓须铲除后用水泥砂浆找平，增加30元/m^2。客户不做上述处理应书面说明。4.材料采用优质墙衬；美巢牌环保型108胶
5	平板开门顶(吊)柜	m^2	5.33	765	355	133	2	260	15	4077.45	饰面板饰面，木工板立架，5mm板封后背，实木封边
6	砌轻型砖隔墙	m^2	25.55	68	35	12	1	18	2	1737.4	加气块或多孔砖，水泥砂浆砌筑
7	墙壁防潮处理	m^2	25.55	41	20	10	2	8	1	1047.55	水泥砂浆修补，刷防水涂料两遍
8	单线双面门套2	m	5.76	120	70	21	3	21	5	691.2	饰面板饰面，木工板立架，实木板线10mm×60mm。 1.大芯板衬底，饰面板饰面，实木门套线。门套线宽不大于60mm，厚不大于10mm。2.门套线宽每增加10mm，每米另增加6元。3.高级木器漆喷漆工艺二底四面处理。4.材料选用特级环保型大芯板；优质饰面板；立邦保得丽超级面漆；白塔牌白乳胶
9	工厂化双面凹凸造型推拉门	扇	2	1380	0	0	0	0	0	2760	自动高温热压贴皮，内实心杉木指接板，再用双面5mm厚密度板找平

水电部分

▶ **总 价 约：**10385元

编号	工程项目	单位	工程量及单价		其中（为估算价格、单位：元）					复加合计	备注
			数量	单价/元	主材	辅材	机械	人工	损耗	金额/元	
1	水表移位PPR管连接	只	1	235	110	23	4	92	6	235	皮尔萨PPR管，开槽、定位
2	一厨一卫PPR管连接	套	1	1535	460	640	30	365	40	1535	皮尔萨PPR管，开槽、定位
3	增加一卫PPR管连接	间	1	1055	300	493	15	220	27	1055	皮尔萨PPR管，开槽、定位
4	玄关(过道)铺管穿线	项	1	100	30	18	5	45	2	100	优质电线穿PVC管铺设，含插座、开关、照明安装人工费
5	厨房铺管穿线	间	1	300	100	45	10	137	8	300	优质电线穿PVC管铺设，含插座、开关、照明安装人工费
6	卫生间铺管穿线	间	2	370	125	65	10	160	10	740	优质电线穿PVC管铺设，含插座、开关、照明安装人工费
7	阳台铺管穿线	只	2	115	36	35	5	35	4	230	优质电线穿PVC管铺设，含插座、开关、照明安装人工费
8	客厅铺管穿线	间	1	385	170	75	20	110	10	385	优质电线穿PVC管铺设，含插座、开关、照明安装人工费

（续）

编号	工程项目	单位	工程量及单价		其中（为估算价格、单位：元）					复加合计	备注
			数量	单价/元	主材	辅材	机械	人工	损耗	金额/元	
9	餐厅铺管穿线	间	1	325	125	70	15	105	10	325	优质电线穿PVC管铺设，含插座、开关、照明安装人工费
10	房间铺管穿线	间	3	365	140	75	20	120	10	1095	优质电线穿PVC管铺设，含插座、开关、照明安装人工费
11	坐便器安装	套	2	80	自购					160	人工费及辅料费
12	水池(槽、洗脸盆)安装	套	2	50	自购					100	人工费及辅料费
13	豪华型智能布线	套	1	4125	1860	1550	80	560	75	4125	按单层标准布线计算，有二层时除主材箱外增加1.5～2的系数

运输、保洁

总 价 约：2200元

编号	工程项目	单位	工程量及单价		其中（为估算价格、单位：元）					复加合计	备注
			数量	单价/元	主材	辅材	机械	人工	损耗	金额/元	
1	装潢垃圾清理	项	1	600						600	施工过程产生垃圾，按建筑面积计算，二层以内，最少基数为100m^2
2	材料二次搬运费	项	1	600						600	材料搬上楼，按建筑面积计，二层以内。最少基数为100m^2
3	家政卫生服务费	项	1	1000						1000	按建筑面积计算，包括辅料费

其他

编号	工程项目	单位	工程量及单价		其中（为估算价格、单位：元）					复加合计	备注
			数量	单价/元	主材	辅材	机械	人工	损耗	金额/元	
1	方案设计	项	1	0						0	平面方案、预算。与业主商议而定
2	施工图制作	项	1	0						0	平面图、顶面图、各立面图及节点剖面图、水电施工图等。与业主商议而定
3	效果图制作	项	1	0						0	单个空间费用。与业主商议而定
总价合计/元										**130071**	

案例4 Case<<

总面积约120m²，总价约9万元

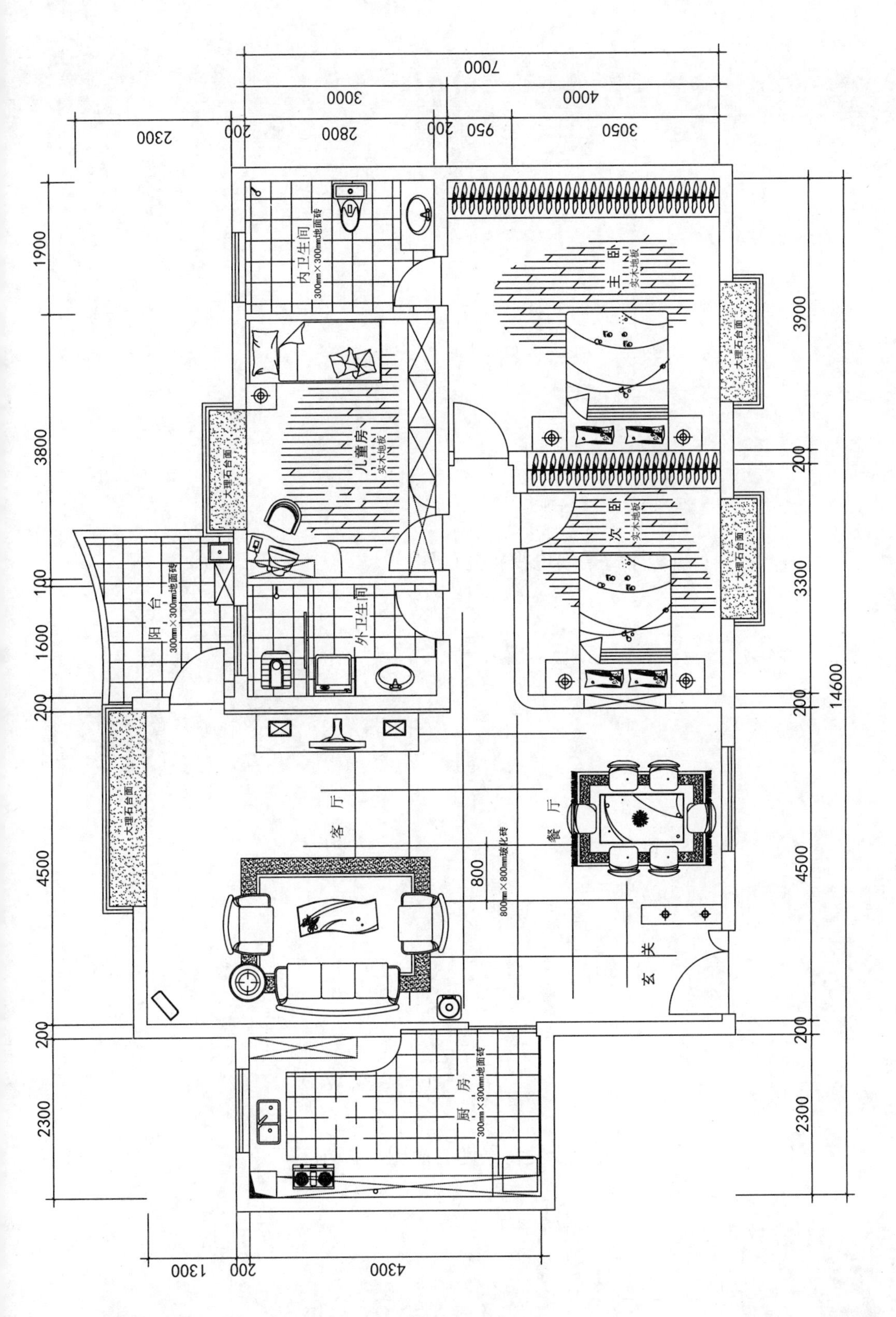

平面布置图

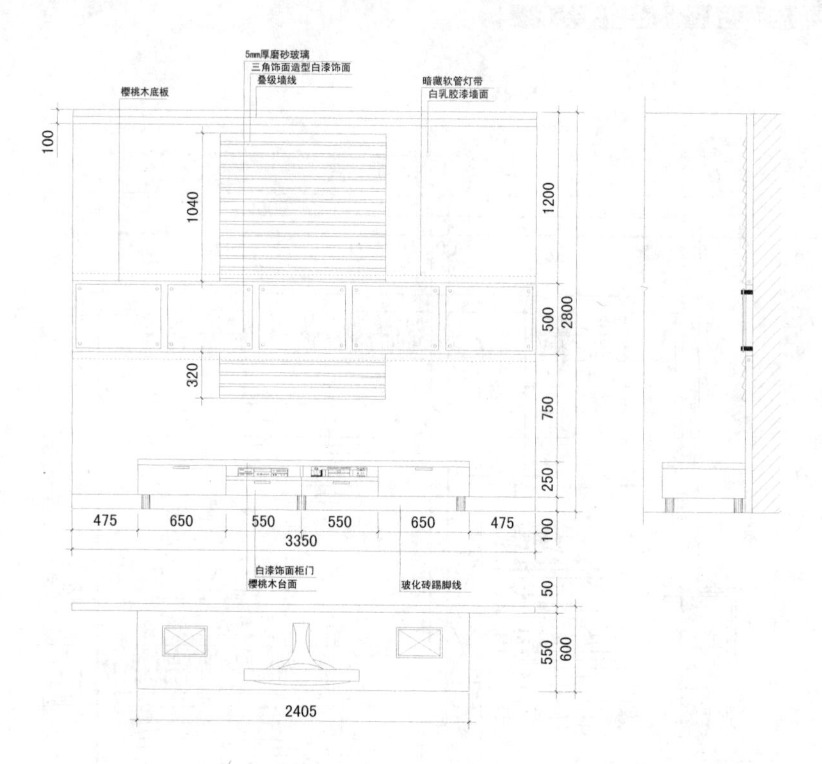

A客厅背景墙电视柜立面图

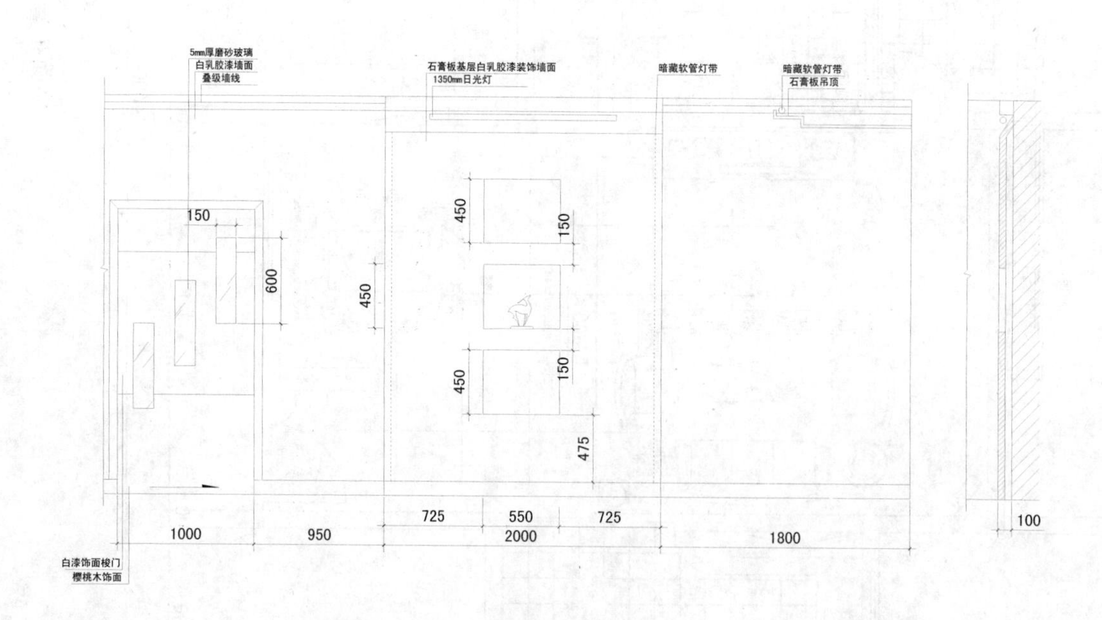

B客厅沙发背景墙立面图

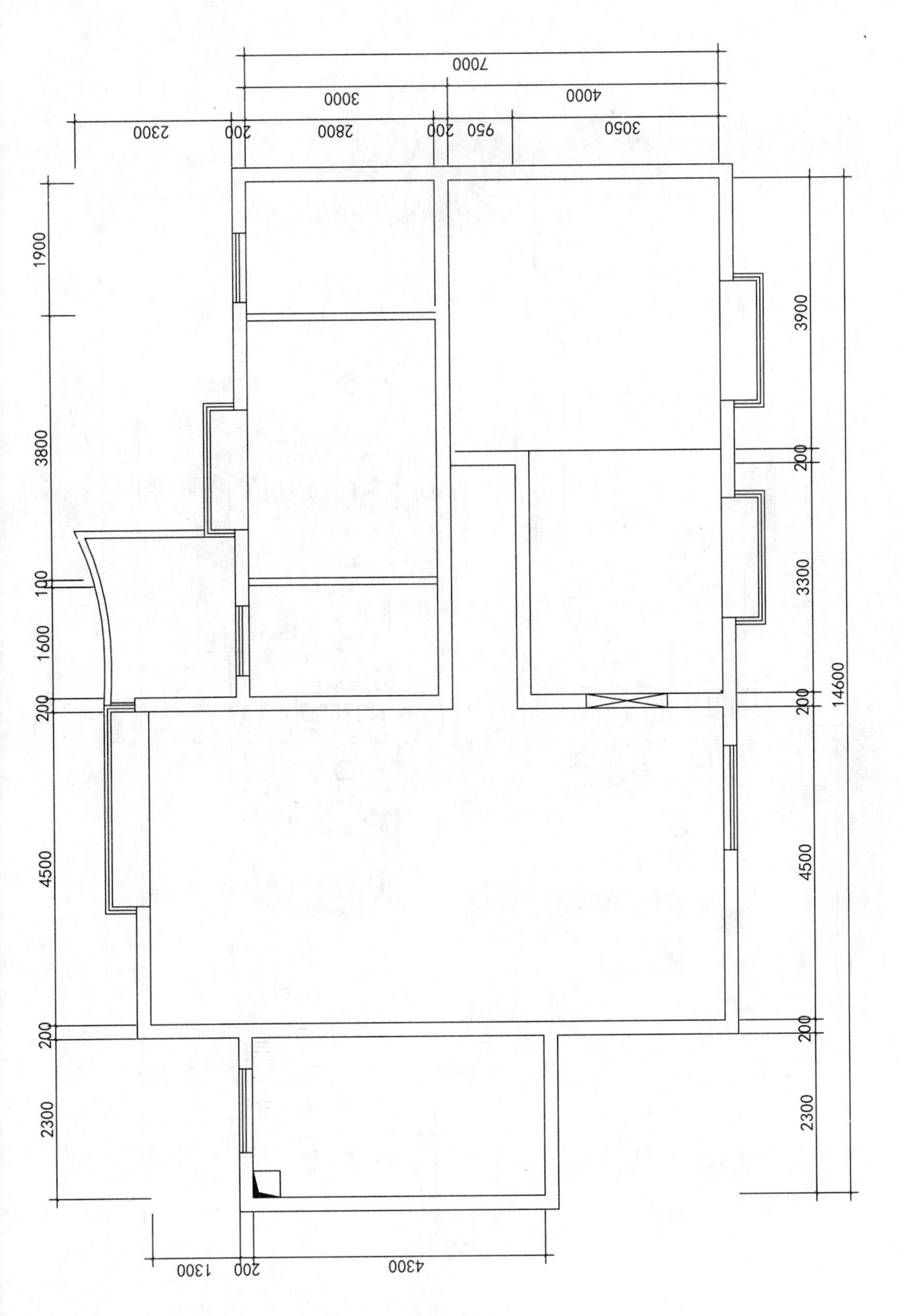
7000
3000
4000
2300
200
2800
200
950
3050
1900
3800
100
1600
200
4500
200
2300
3900
200
3300
200
14600
4500
200
2300
1300
200
4300

原始结构图

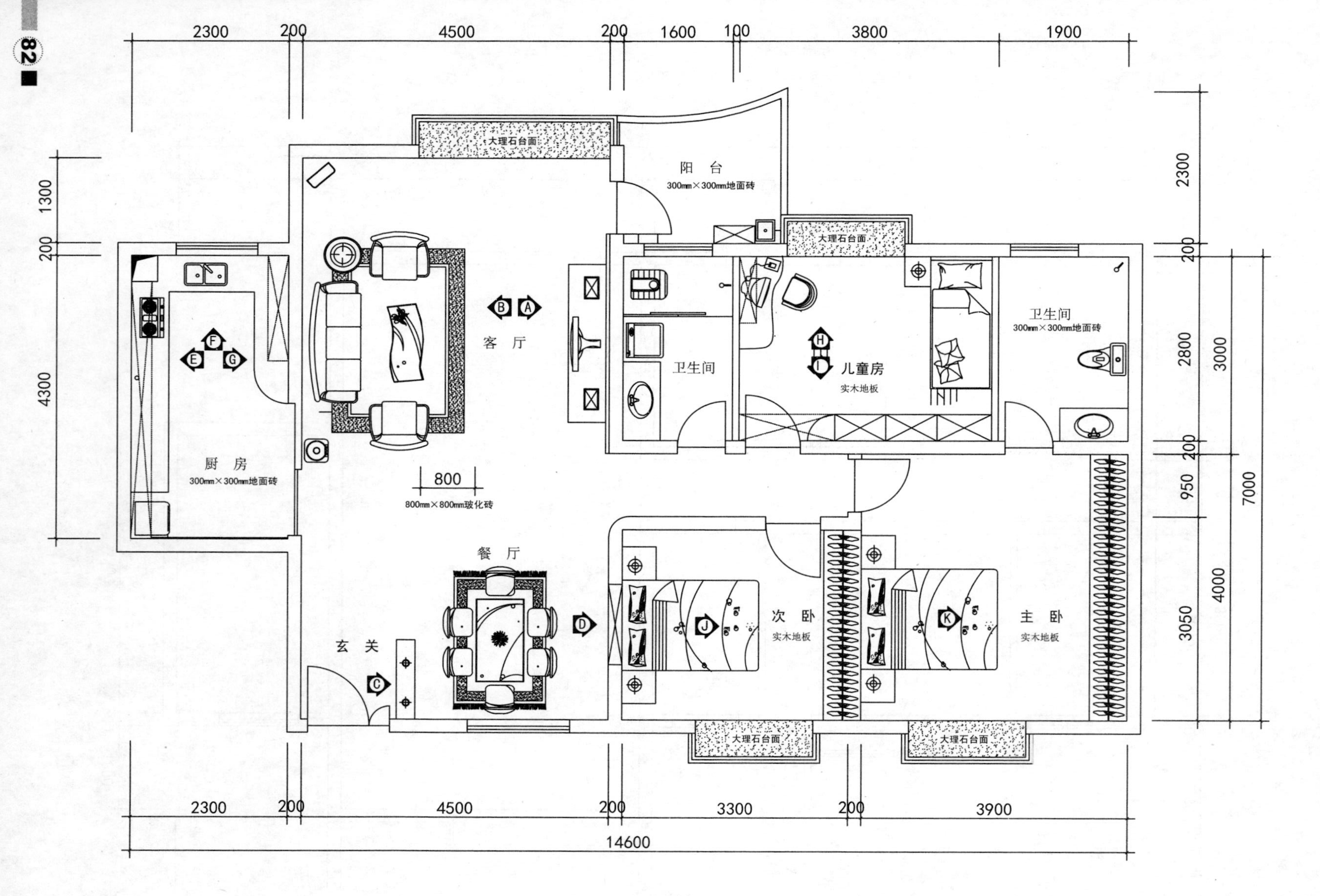

2300
200
4500
200
1600
100
3800
1900
1300
200
4300
2300
200
2800
3000
200
950
7000
4000
3050
2300
200
4500
200
3300
200
3900
14600
800
大理石台面
阳台
300mm×300mm地面砖
大理石台面
卫生间
300mm×300mm地面砖
客厅
卫生间
儿童房
实木地板
厨房
300mm×300mm地面砖
800mm×800mm玻化砖
餐厅
玄关
次卧
实木地板
主卧
实木地板
大理石台面
大理石台面

立面索引图

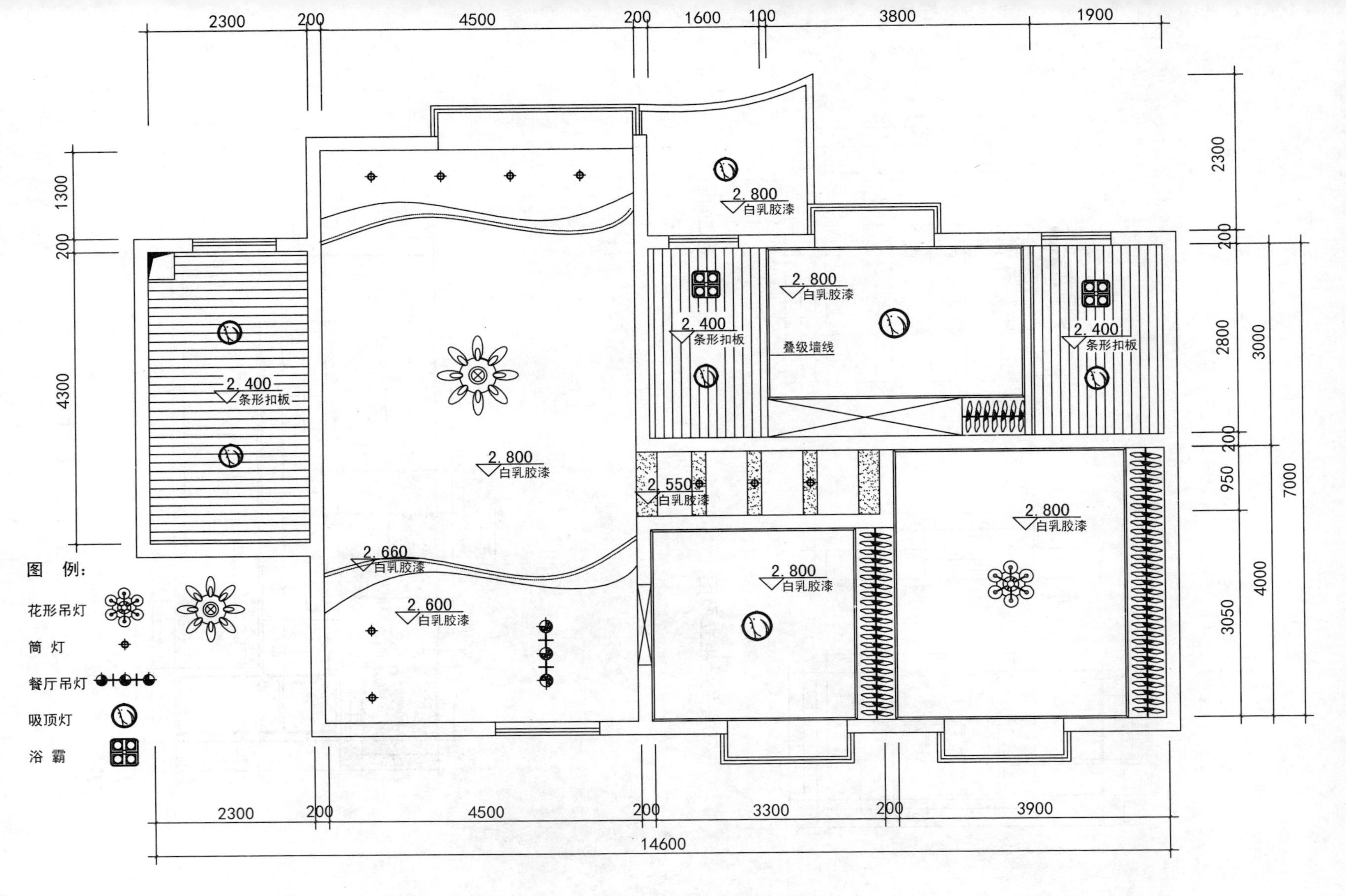
2300
200
4500
200
1600
100
3800
1900
1300
200
4300
2300
200
2800
3000
200
950
7000
4000
3050
2.800
白乳胶漆
2.400
条形扣板
叠级墙线
2.550
白乳胶漆
2.660
白乳胶漆
2.600
白乳胶漆
图　例:
花形吊灯
筒　灯
餐厅吊灯
吸顶灯
浴　霸
2300
200
4500
200
3300
200
3900
14600

顶面布置图

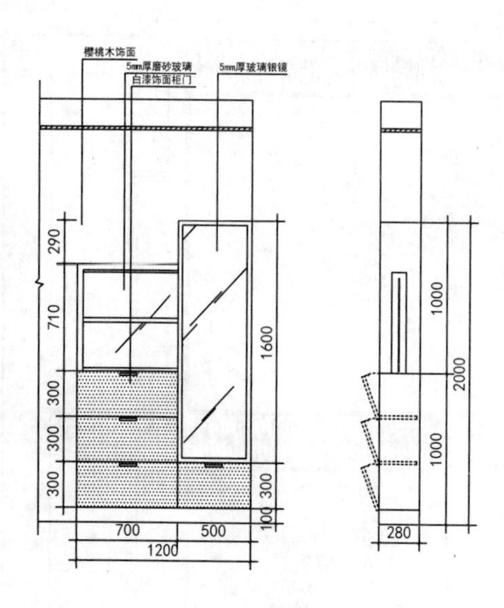

C玄关鞋柜立面图

20mm广告钉
5mm清玻柜门
铝合金包柜门
5mm厚玻璃银镜背板
310
320
320
350
150
450
100
2000
450
300
450
1200
白漆饰面抽屉门
60mm筒灯
2000
250

D餐厅酒柜立面图

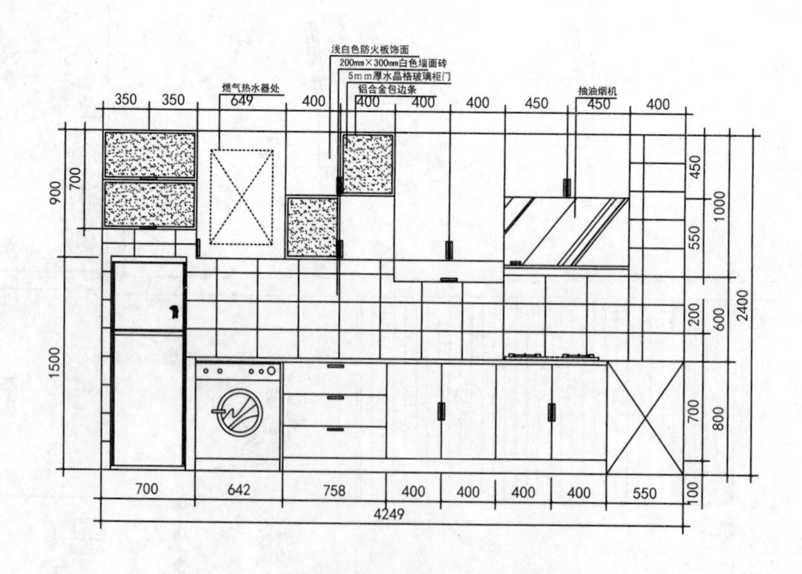

E厨房橱柜立面图

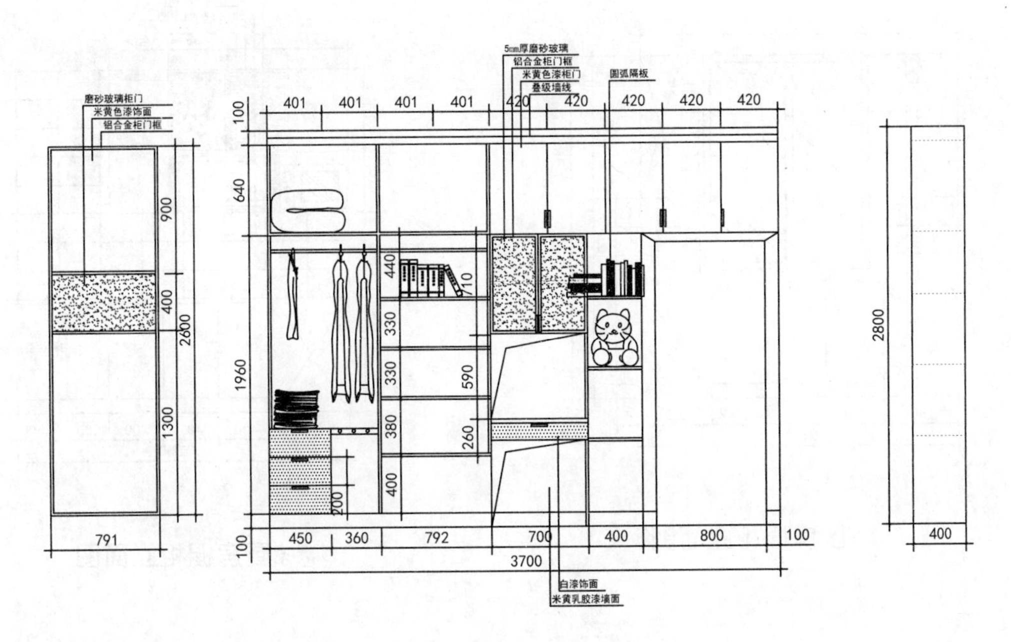

I儿童房综合柜立面图

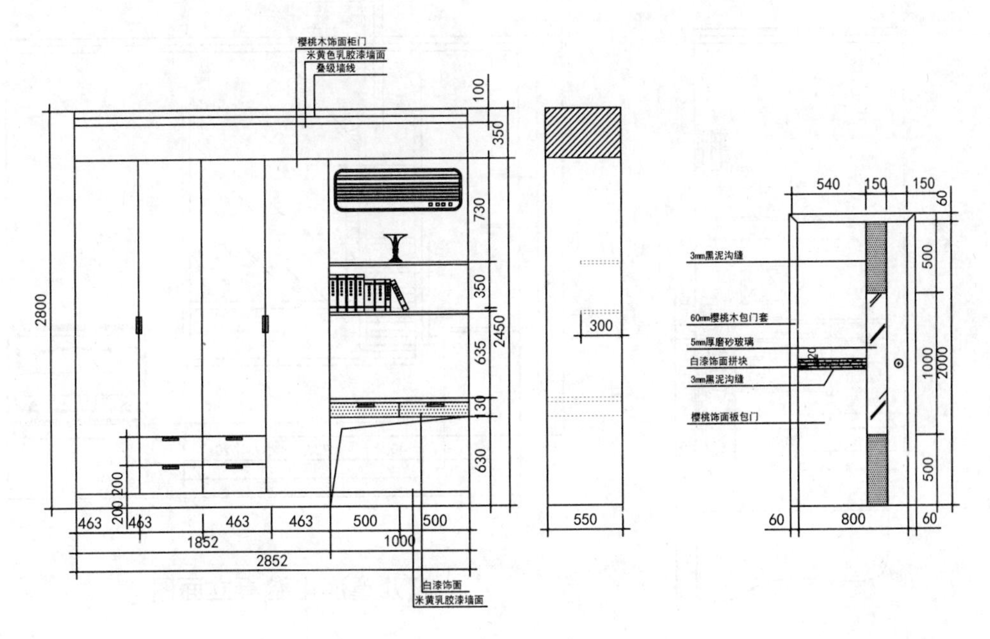

J次卧衣柜立面图

包门立面图

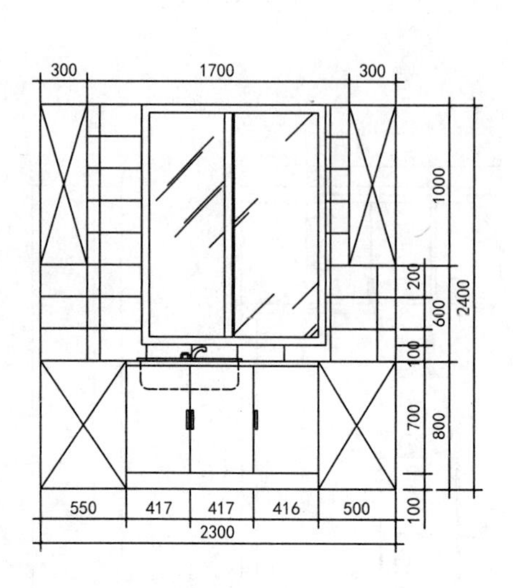

F厨房橱柜立面图

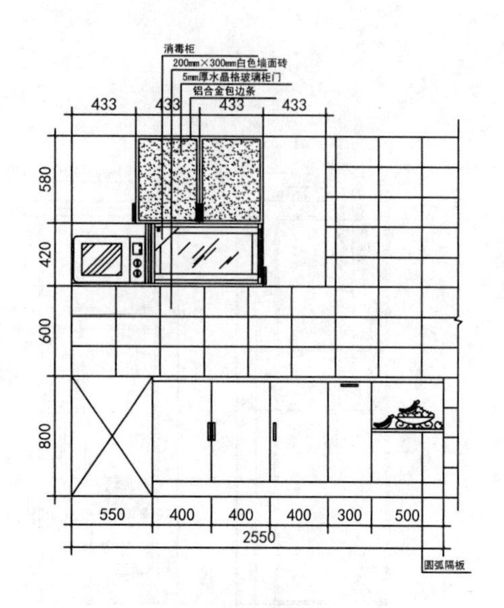

G厨房橱柜立面图

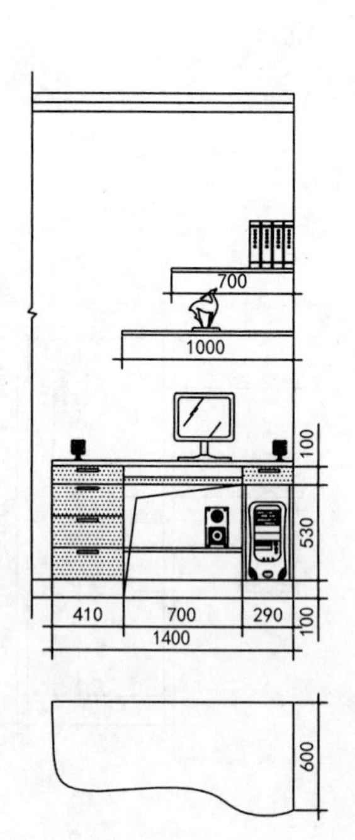

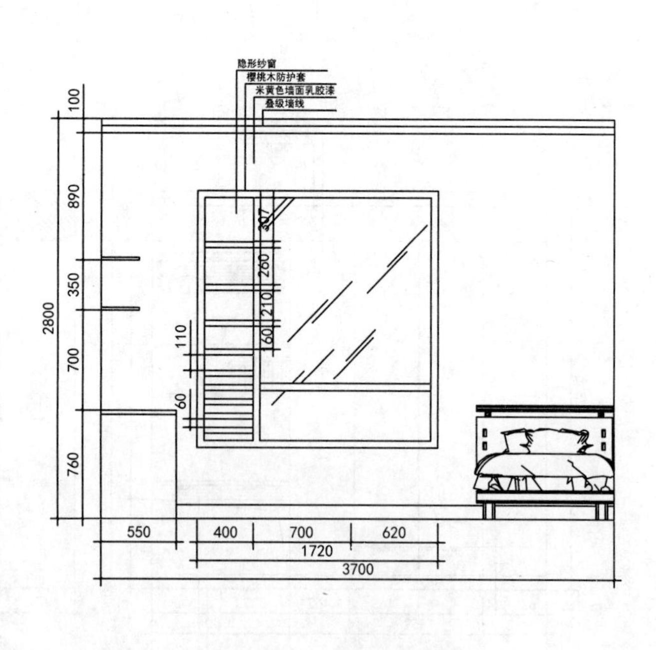

H儿童房电脑桌立面图

预算表

玄关、客厅、餐厅

- 总面积约：41.6m^2
- 总 价 约：18995元

编号	工程项目	单位	工程量及单价		其中（为估算价格、单位：元）					复加合计	备注
			数量	单价/元	主材	辅材	机械	人工	损耗	金额/元	
1	单面双线门套	m	5.6	110	60	20	4	21	5	616	饰面板饰面，木工板立架，外9mm贴墙，实木阴角压顶，内板线
2	铺地砖300mm×300mm以上	m^2	41.6	75	0	25	4	40	6	3120	主材价格按购价计价，损耗按实计算
3	嘉宝莉美雅居高级内墙漆顶面乳胶漆	m^2	15.4	50	32	0	0	12	6	770	乳胶漆一底二面。1.刷108胶一遍。墙衬找平，并打磨。2.辊刷三遍面漆或一遍底漆两遍面漆，单色，每增加一色另加200元/间。3.若遇保温墙、砂灰墙、隔墙，须满贴的确良布增加10元/m^2。顶墙空鼓须铲除后用水泥砂浆找平，增加30元/m^2。客户不做上述处理应书面说明。4.材料采用优质墙衬；美巢牌环保型108胶
4	嘉宝莉美雅居高级内墙漆墙面乳胶漆	m^2	114.8	50	32	0	0	12	6	5740	乳胶漆一底二面。1.刷108胶一遍。墙衬找平，并打磨。2.辊刷三遍面漆或一遍底漆两遍面漆，单色，每增加一色另加200元/间。3.若遇保温墙、砂灰墙、隔墙，须满贴的确良布增加10元/m^2。顶墙空鼓须铲除后用水泥砂浆找平，增加30元/m^2。客户不做上述处理应书面说明。4.材料采用优质墙衬；美巢牌环保型108胶
5	石膏板二级平顶	m^2	26.2	124	45	38	3	35	3	3248.8	石膏板饰面，木龙骨基层，开灯孔或灯座木框制作安装
6	方形电视造型背景	项	1	2270	0	0	0	0	0	2270	具体见施工图
7	沙发造型背景	项	1	845	0	0	0	0	0	845	具体见施工图
8	平板翻板鞋柜	m^2	2.4	545	305	29	3	190	18	1308	饰面板饰面，木工板立架，5mm板封后背，无抽斗，实木封边
9	上木框玻门下平板门酒柜	m^2	2.42	445	255	24	3	148	15	1076.9	饰面板饰面，木工板立架，无抽屉，实木封边，不含玻璃

厨房

- 总面积约：9.89m²
- 总 价 约：17580元

编号	工程项目	单位	工程量及单价		其中（为估算价格、单位：元）					复加合计	备注
			数量	单价/元	主材	辅材	机械	人工	损耗	金额/元	
1	双面双线门套	m	5.1	130	78	21	5	21	5	663	饰面板饰面，木工板立架，9mm板贴墙，实木阴角压顶
2	工厂化双面木格子半玻门	扇	1	795	0	0	0	0	0	795	自动高温热压贴皮，内实心杉木指接板，再用双面6mm厚密度板找平，不含玻璃
3	铺地砖300mm×300mm以内	m²	9.89	55	0	21	2	30	2	543.95	主材价格按购价计价，损耗按实计算。1.水泥+砂子+108胶黏贴。对原基层进行处理另计。2.主材甲方供，拼花及高档瓷砖另计。3.普通白水泥勾缝，如采用专用勾缝剂，另加10元/m²。4.材料采用优质水泥；中砂；美巢牌环保型108胶
4	墙面铺墙面砖	m²	27.49	50		21	2	25	2	1374.5	主材价格按购价计价，损耗按实计算。1.水泥+砂子+108胶黏贴。对原基层进行处理另计。2.主材甲方供，拼花及高档瓷砖另计。3.普通白水泥勾缝，如采用专用勾缝剂，另加10元/m²。4.材料采用优质水泥；中砂；美巢牌环保型108胶
5	PVC扣板平顶	m²	9.89	128	80	30	2	15	1	1265.92	PVC空腹板，木龙骨安装，换气扇、灯座木框制作安装
6	普通防火板下柜	m	7.8	950						7410	白色三聚氰胺板立架，门板芯材为密度板。
7	普通防火板上柜	m	8.55	650						5557.5	白色三聚氰胺板立架，门板芯材为密度板。

阳台

- **总面积约：** 4.72m^2
- **总 价 约：** 2713元

编号	工程项目	单位	工程量及单价		其中（为估算价格、单位：元）					复加合计	备注
			数量	单价/元	主材	辅材	机械	人工	损耗	金额/元	
1	双面双线门套	m	5.1	130	78	21	5	21	5	663	饰面板饰面，木工板立架，9mm板贴墙，实木阴角压顶
2	工厂化双面凹凸造型门	扇	1	890	0	0	0	0	0	890	自动高温热压贴皮，内实心杉木指接板，再用双面5mm厚密度板找平
3	铺地砖300mm×300mm以内	m^2	4.72	55	0	21	2	30	2	259.6	主材价格按购价计价，损耗按实计算。 1.水泥+砂子+108胶黏贴。对原基层进行处理另计。2.主材甲方供，拼花及高档瓷砖另计。3.普通白水泥勾缝，如采用专用勾缝剂，另加10元/m^2。4.材料采用优质水泥；中砂；美巢牌环保型108胶
4	嘉宝莉美雅居高级内墙漆顶面乳胶漆	m^2	4.72	50	32	0	0	12	6	236	乳胶漆一底二面。 1.刷108胶一遍。墙衬找平，并打磨。2.辊刷三遍面漆或一遍底漆两遍面漆，单色，每增加一色另加200元/间。3.若遇保温墙、砂灰墙、隔墙，须满贴的确良布增加10元/m^2。顶墙空鼓须铲除后用水泥砂浆找平，增加30元/m^2。客户不做上述处理应书面说明。4.材料采用优质墙衬；美巢牌环保型108胶
5	嘉宝莉美雅居高级内墙漆墙面乳胶漆	m^2	10.26	50	32	0	0	12	6	513	乳胶漆一底二面。 1.刷108胶一遍。墙衬找平，并打磨。2.辊刷三遍面漆或一遍底漆两遍面漆，单色，每增加一色另加200元/间。3.若遇保温墙、砂灰墙、隔墙，须满贴的确良布增加10元/m^2。顶墙空鼓须铲除后用水泥砂浆找平，增加30元/m^2。客户不做上述处理应书面说明。4.材料采用优质墙衬；美巢牌环保型108胶
6	地面防漏处理	m^2	4.72	32	16	8	1	6	1	151.04	水泥砂浆修补，防水涂料刷两遍

外卫生间

- **总面积约：** 4.46m²
- **总 价 约：** 3188元

编号	工程项目	单位	工程量及单价		其中（为估算价格、单位：元）					复加合计	备注
			数量	单价/元	主材	辅材	机械	人工	损耗	金额/元	
1	双面双线门套	m	5.1	130	78	21	5	21	5	663	饰面板饰面，木工板立架，9mm板贴墙，实木阴角压顶
2	工厂化双面木格子半玻门	扇	1	795	0	0	0	0	0	795	自动高温热压贴皮，内实心杉木指接板，再用双面6mm厚密度板找平，不含玻璃
3	铺地砖300mm×300mm以内	m²	4.46	55	0	21	2	30	2	245.3	主材价格按购价计价，损耗按实计算。1.水泥+砂子+108胶黏贴。对原基层进行处理另计。2.主材甲方供，拼花及高档瓷砖另计。3.普通白水泥勾缝，如采用专用勾缝剂，另加10元/m²。4.材料采用优质水泥；中砂；美巢牌环保型108胶
4	墙面铺墙面砖	m²	11.42	50		21	2	25	2	571	主材价格按购价计价，损耗按实计算。1.水泥+砂子+108胶黏贴。对原基层进行处理另计。2.主材甲方供，拼花及高档瓷砖另计。3.普通白水泥勾缝，如采用专用勾缝剂，另加10元/m²。4.材料采用优质水泥；中砂；美巢牌环保型108胶
5	PVC扣板平顶	m²	4.46	128	80	30	2	15	1	570.88	PVC空腹板，木龙骨安装，换气扇、灯座木框制作安装
6	地面防漏处理	m²	4.46	32	16	8	1	6	1	142.72	水泥砂浆修补，防水涂料刷两遍
7	包上/下水管道	根	1	200	75	50	5	65	5	200	水泥砂浆或木工板包管柱

儿童房

- **总面积约：**10.36m²
- **总 价 约：**10865元

编号	工程项目	单位	工程量及单价		其中（为估算价格、单位：元）					复加合计	备注
			数量	单价/元	主材	辅材	机械	人工	损耗	金额/元	
1	双面双线门套	m	5.1	130	78	21	5	21	5	663	饰面板饰面，木工板立架，9mm板贴墙，实木阴角压顶
2	工厂化双面凹凸造型门	扇	1	890	0	0	0	0	0	890	自动高温热压贴皮，内实心杉木指接板，再用双面5mm厚密度板找平
3	嘉宝莉美雅居高级内墙漆顶面乳胶漆	m²	10.36	50	32	0	0	12	6	518	乳胶漆一底二面。1.刷108胶一遍。墙衬找平，并打磨。2.辊刷三遍面漆或一遍底漆两遍面漆，单色，每增加一色另加200元/间。3.若遇保温墙、砂灰墙、隔墙，须满贴的确良布增加10元/m²。顶墙空鼓须铲除后用水泥砂浆找平，增加30元/m²。客户不做上述处理应书面说明。4.材料采用优质墙衬；美巢牌环保型108胶
4	嘉宝莉美雅居高级内墙漆墙面乳胶漆	m²	28.69	50	32	0	0	12	6	1434.5	乳胶漆一底二面。1.刷108胶一遍。墙衬找平，并打磨。2.辊刷三遍面漆或一遍底漆两遍面漆，单色，每增加一色另加200元/间。3.若遇保温墙、砂灰墙、隔墙，须满贴的确良布增加10元/m²。顶墙空鼓须铲除后用水泥砂浆找平，增加30元/m²。客户不做上述处理应书面说明。4.材料采用优质墙衬；美巢牌环保型108胶
5	平板开门顶(吊)柜	m²	9.62	765	355	133	2	260	15	7359.3	饰面板饰面，木工板立架，5mm板封后背，实木封边

主卧

- **总面积约：** 15.6m^2
- **总 价 约：** 13061元

编号	工程项目	单位	工程量及单价		其中（为估算价格、单位：元）					复加合计	备注
			数量	单价/元	主材	辅材	机械	人工	损耗	金额/元	
1	双面双线门套	m	5.1	130	78	21	5	21	5	663	饰面板饰面，木工板立架，9mm板贴墙，实木阴角压顶
2	工厂化双面凹凸造型门	扇	1	890	0	0	0	0	0	890	自动高温热压贴皮，内实心杉木指接板，再用双面5mm厚密度板找平
3	嘉宝莉美雅居高级内墙漆顶面乳胶漆	m^2	15.6	50	32	0	0	12	6	780	乳胶漆一底二面。 1.刷108胶一遍。墙衬找平，并打磨。2.辊刷三遍面漆或一遍底漆两遍面漆，单色，每增加一色另加200元/间。3.若遇保温墙、砂灰墙、隔墙，须满贴的确良布增加10元/m^2。顶墙空鼓须铲除后用水泥砂浆找平，增加30元/m^2。客户不做上述处理应书面说明。4.材料采用优质墙衬；美巢牌环保型108胶
4	嘉宝莉美雅居高级内墙漆墙面乳胶漆	m^2	43.2	50	32	0	0	12	6	2160	乳胶漆一底二面。 1.刷108胶一遍。墙衬找平，并打磨。2.辊刷三遍面漆或一遍底漆两遍面漆，单色，每增加一色另加200元/间。3.若遇保温墙、砂灰墙、隔墙，须满贴的确良布增加10元/m^2。顶墙空鼓须铲除后用水泥砂浆找平，增加30元/m^2。客户不做上述处理应书面说明。4.材料采用优质墙衬；美巢牌环保型108胶
5	平板开门顶(吊)柜	m^2	11.2	765	355	133	2	260	15	8568	饰面板饰面，木工板立架，5mm板封后背，实木封边

内卫生间

- **总面积约：** 5.32m²
- **总 价 约：** 3514元

编号	工程项目	单位	工程量及单价		其中（为估算价格、单位：元）					复加合计	备注
			数量	单价/元	主材	辅材	机械	人工	损耗	金额/元	
1	双面双线门套	m	5.1	130	78	21	5	21	5	663	饰面板饰面，木工板立架，9mm板贴墙，实木阴角压顶
2	工厂化双面木格子半玻门	扇	1	795	0	0	0	0	0	795	自动高温热压贴皮，内实心杉木指接板，再用双面6mm厚密度板找平，不含玻璃
3	铺地砖300mm×300mm以内	m²	5.32	55	0	21	2	30	2	292.6	主材价格按购价计价，损耗按实计算。 1.水泥+砂子+108胶黏贴。对原基层进行处理另计。2.主材甲方供，拼花及高档瓷砖另计。3.普通白水泥勾缝，如采用专用勾缝剂，另加10元/m²。4.材料采用优质水泥；中砂；美巢牌环保型108胶
4	墙面铺墙面砖	m²	14.25	50		21	2	25	2	712.5	主材价格按购价计价，损耗按实计算。 1.水泥+砂子+108胶黏贴。对原基层进行处理另计。2.主材甲方供，拼花及高档瓷砖另计。3.普通白水泥勾缝，如采用专用勾缝剂，另加10元/m²。4.材料采用优质水泥；中砂；美巢牌环保型108胶
5	PVC扣板平顶	m²	5.32	128	80	30	2	15	1	680.96	PVC空腹板，木龙骨安装，换气扇、灯座木框制作安装
6	地面防漏处理	m²	5.32	32	16	8	1	6	1	170.24	水泥砂浆修补，防水涂料刷两遍
7	包上/下水管道	根	1	200	75	50	5	65	5	200	水泥砂浆或木工板包管柱

客卧

- **总面积约：** 9.97m^2
- **总 价 约：** 8767元

编号	工程项目	单位	工程量及单价		其中（为估算价格、单位：元）					复加合计	备注
			数量	单价/元	主材	辅材	机械	人工	损耗	金额/元	
1	双面双线门套	m	5.1	130	78	21	5	21	5	663	饰面板饰面，木工板立架，9mm板贴墙，实木阴角压顶
2	工厂化双面凹凸造型门	扇	1	890	0	0	0	0	0	890	自动高温热压贴皮，内实心杉木指接板，再用双面5mm厚密度板找平
3	嘉宝莉美雅居高级内墙漆顶面乳胶漆	m^2	9.97	50	32	0	0	12	6	498.5	乳胶漆一底二面。 1.刷108胶一遍。墙衬找平，并打磨。2.辊刷三遍面漆或一遍底漆两遍面漆，单色，每增加一色另加200元/间。3.若遇保温墙、砂灰墙、隔墙，须满贴的确良布增加10元/m^2。顶墙空鼓须铲除后用水泥砂浆找平，增加30元/m^2。客户不做上述处理应书面说明。4.材料采用优质墙衬；美巢牌环保型108胶
4	嘉宝莉美雅居高级内墙漆墙面乳胶漆	m^2	27.51	50	32	0	0	12	6	1375.5	乳胶漆一底二面。 1.刷108胶一遍。墙衬找平，并打磨。2.辊刷三遍面漆或一遍底漆两遍面漆，单色，每增加一色另加200元/间。3.若遇保温墙、砂灰墙、隔墙，须满贴的确良布增加10元/m^2。顶墙空鼓须铲除后用水泥砂浆找平，增加30元/m^2。客户不做上述处理应书面说明。4.材料采用优质墙衬；美巢牌环保型108胶
5	平板开门顶（吊）柜	m^2	6.98	765	355	133	2	260	15	5339.7	饰面板饰面，木工板立架，5mm板封后背，实木封边

水电部分

总 价 约： 8960元

编号	工程项目	单位	工程量及单价		其中（为估算价格、单位：元）					复加合计	备注
			数量	单价/元	主材	辅材	机械	人工	损耗	金额/元	
1	水表移位PPR管连接	只	1	235	110	23	4	92	6	235	皮尔萨PPR管，开槽、定位
2	一厨一卫PPR管连接	套	1	1535	460	640	30	365	40	1535	皮尔萨PPR管，开槽、定位
3	增加一卫PPR管连接	间	1	1055	300	493	15	220	27	1055	皮尔萨PPR管，开槽、定位
4	玄关(过道)铺管穿线	项	1	100	30	18	5	45	2	100	优质电线穿PVC管铺设，含插座、开关、照明安装人工费
5	厨房铺管穿线	间	1	300	100	45	10	137	8	300	优质电线穿PVC管铺设，含插座、开关、照明安装人工费
6	卫生间铺管穿线	间	2	370	125	65	10	160	10	740	优质电线穿PVC管铺设，含插座、开关、照明安装人工费
7	阳台铺管穿线	只	2	115	36	35	5	35	4	230	优质电线穿PVC管铺设，含插座、开关、照明安装人工费
8	客厅铺管穿线	间	1	385	170	75	20	110	10	385	优质电线穿PVC管铺设，含插座、开关、照明安装人工费

（续）

编号	工程项目	单位	工程量及单价		其中（为估算价格、单位：元）					复加合计	备注
			数量	单价/元	主材	辅材	机械	人工	损耗	金额/元	
9	餐厅铺管穿线	间	1	325	125	70	15	105	10	325	优质电线穿PVC管铺设，含插座、开关、照明安装人工费
10	房间铺管穿线	间	3	365	140	75	20	120	10	1095	优质电线穿PVC管铺设，含插座、开关、照明安装人工费
11	坐便器安装	套	2	80	自购					160	人工费及辅料费
12	水池(槽、洗脸盆)安装	套	2	50	自购					100	人工费及辅料费
13	常规型智能布线	套	1	2700	1120	1050	40	435	55	2700	按单层标准布线计算，有二层时除主材箱外增加1.5～2的系数

运输、保洁

总 价 约：2200元

编号	工程项目	单位	工程量及单价		其中（为估算价格、单位：元）					复加合计	备注
			数量	单价/元	主材	辅材	机械	人工	损耗	金额/元	
1	装潢垃圾清理	项	1	600						600	施工过程产生垃圾，按建筑面积计算，二层以内，最少基数为100m^2
2	材料二次搬运费	项	1	600						600	材料搬上楼，按建筑面积计，二层以内。最少基数为100m^2
3	家政卫生服务费	项	1	1000						1000	按建筑面积计算，包括辅料费

其他

编号	工程项目	单位	工程量及单价		其中（为估算价格、单位：元）					复加合计	备注
			数量	单价/元	主材	辅材	机械	人工	损耗	金额/元	
1	方案设计	项	1	0						0	平面方案、预算。与业主商议而定
2	施工图制作	项	1	0						0	平面图、顶面图、各立面图及节点剖面图、水电施工图等。与业主商议而定
3	效果图制作	项	1	0						0	单个空间费用。与业主商议而定
总价合计/元										**89843**	

案例5 Case<<

总面积约100m²，总价约7.5万元

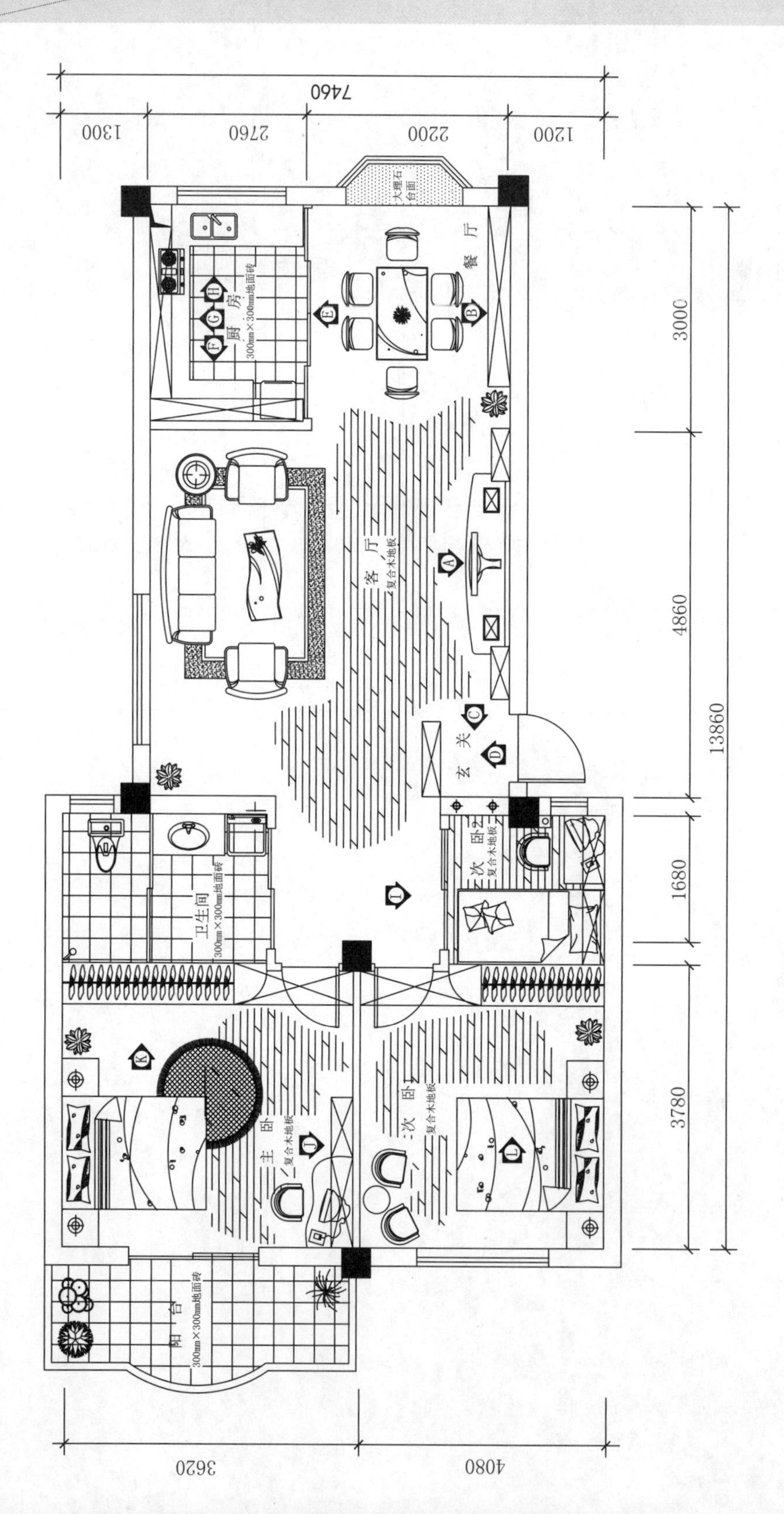

平面布置图

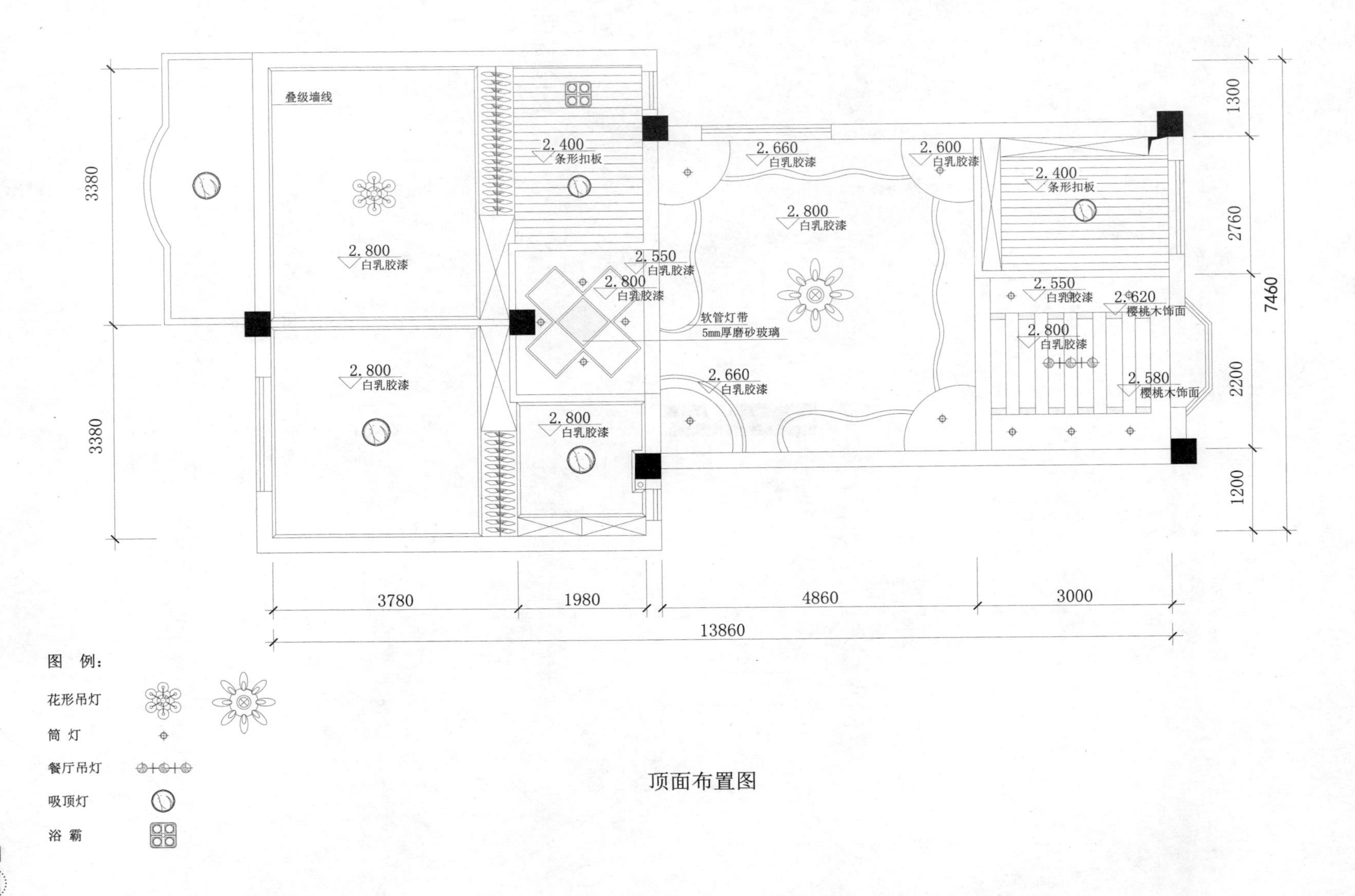
叠级墙线
2.400
条形扣板
2.800
白乳胶漆
2.550
白乳胶漆
2.660
白乳胶漆
2.600
白乳胶漆
软管灯带
5mm厚磨砂玻璃
2.620
樱桃木饰面
2.580
樱桃木饰面
3380
3380
3780
1980
4860
3000
13860
1300
2760
2200
1200
7460
图 例:
花形吊灯
筒 灯
餐厅吊灯
吸顶灯
浴 霸

顶面布置图

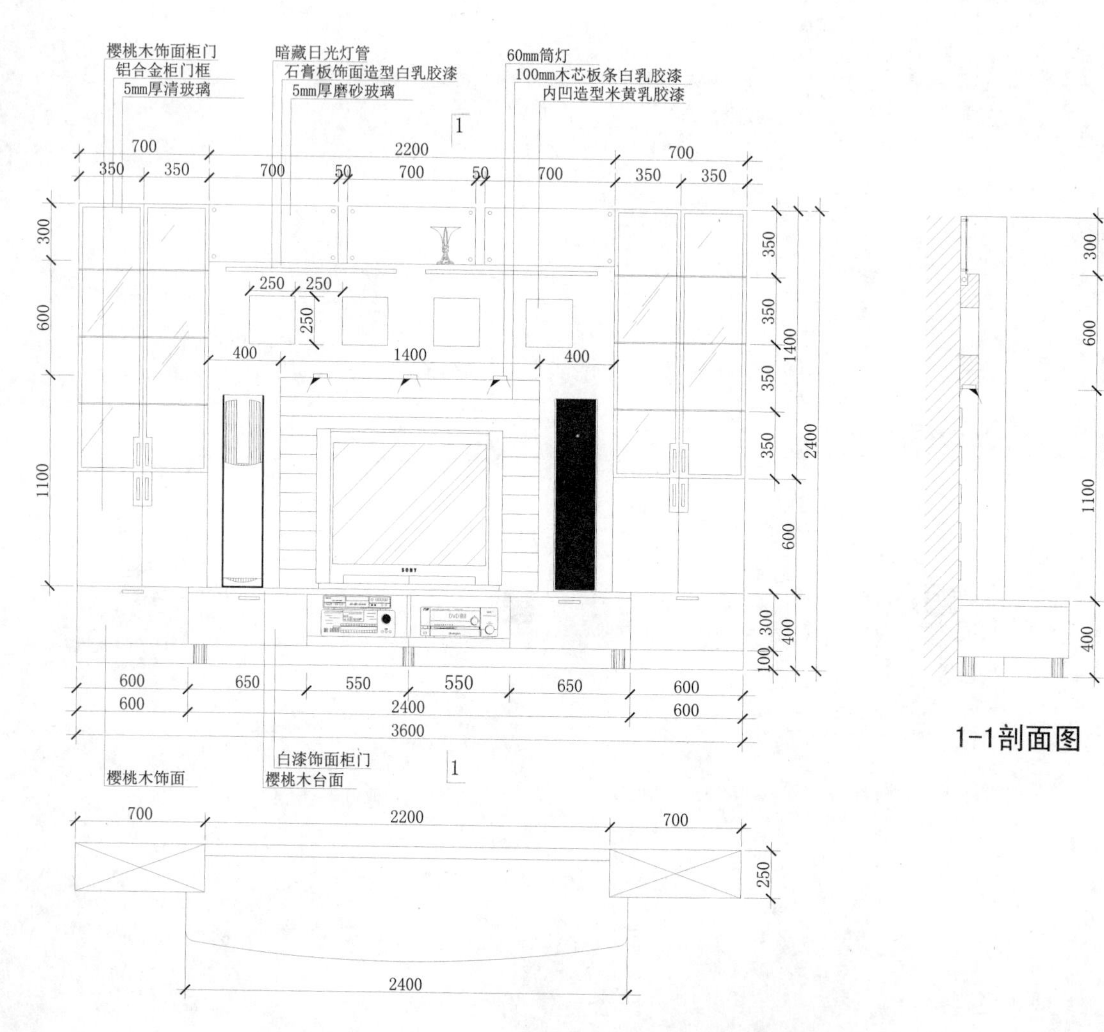

A客厅背景墙电视柜立面图

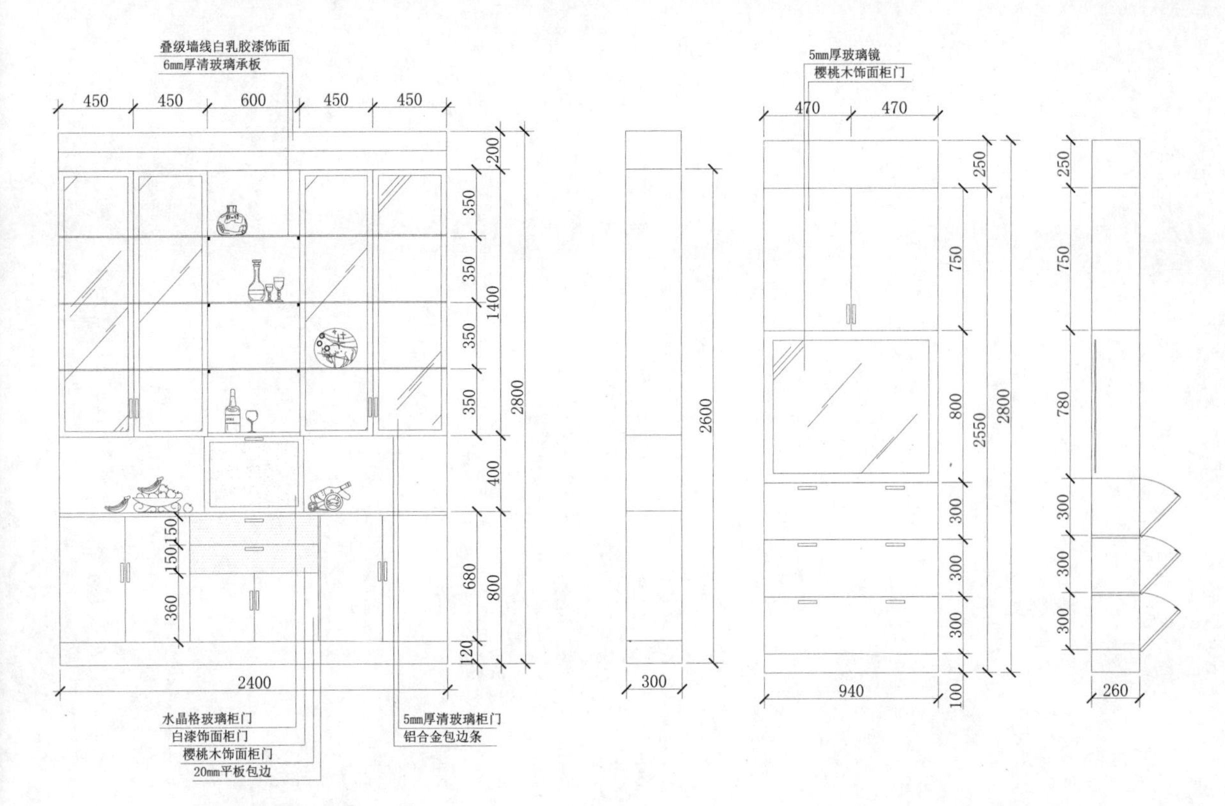

B餐厅酒柜立面图

C玄关鞋柜立面图

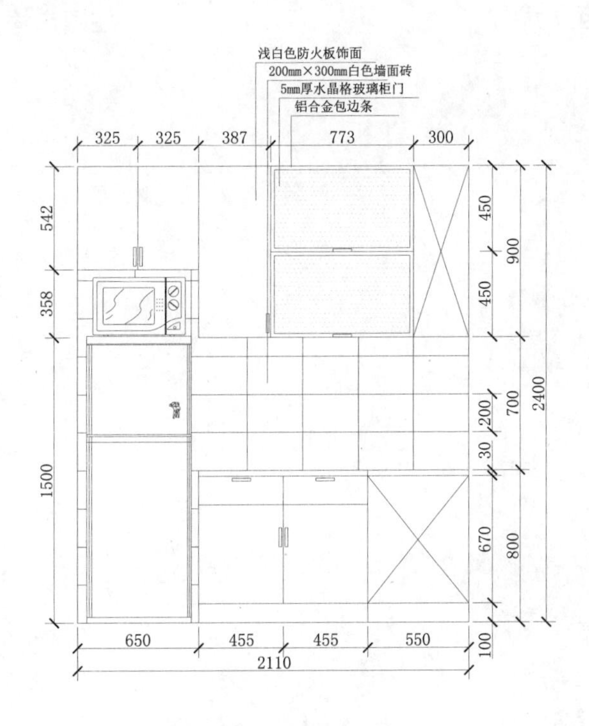

F厨房橱柜立面图

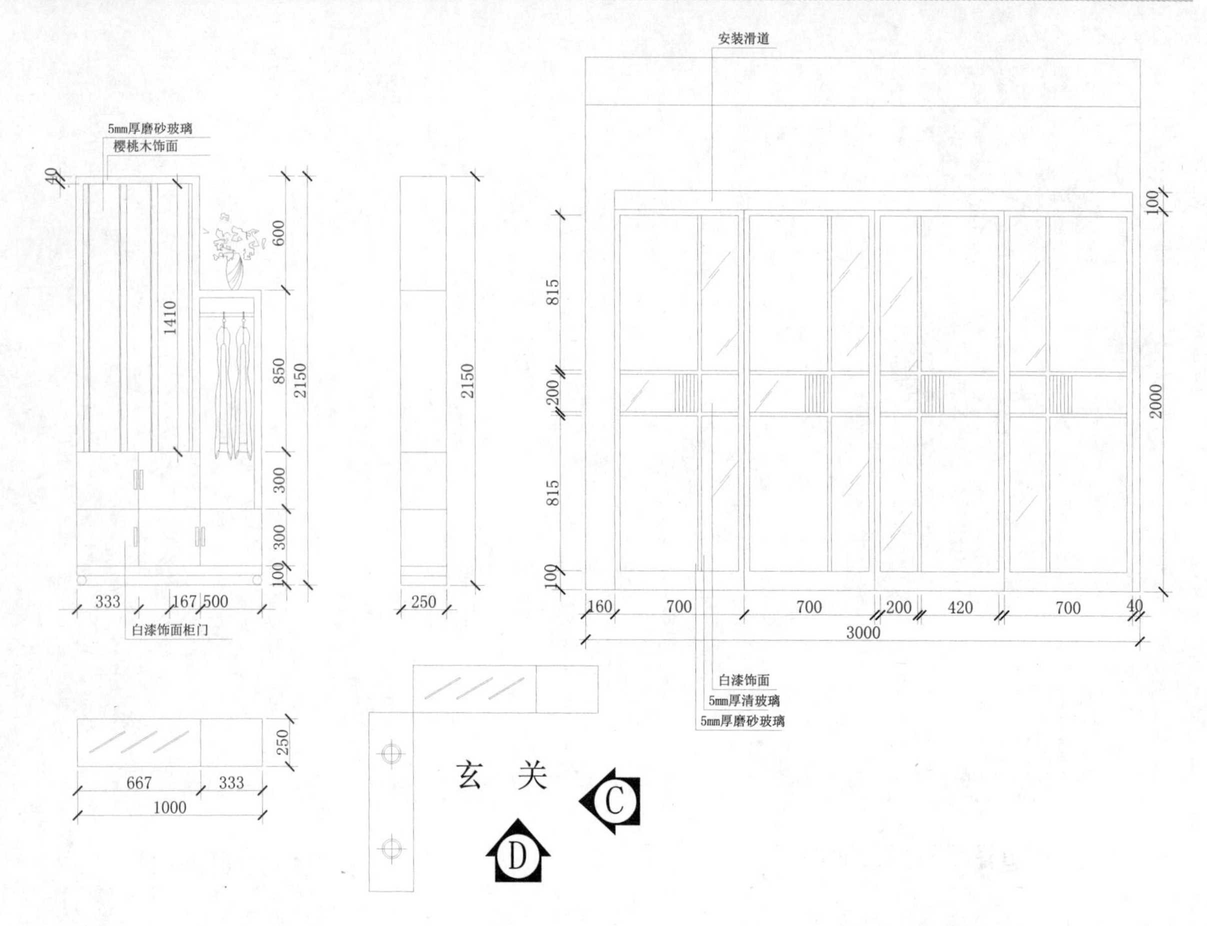

D玄关活动柜立面图

E厨房梭门立面图

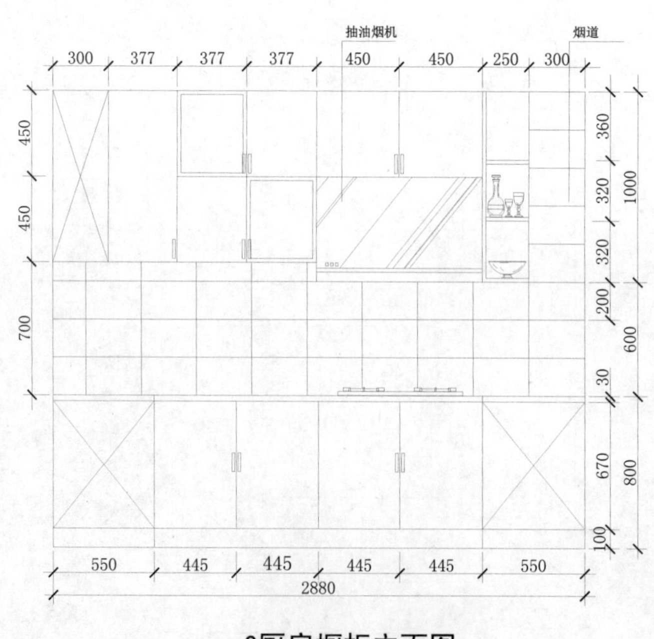

G厨房橱柜立面图

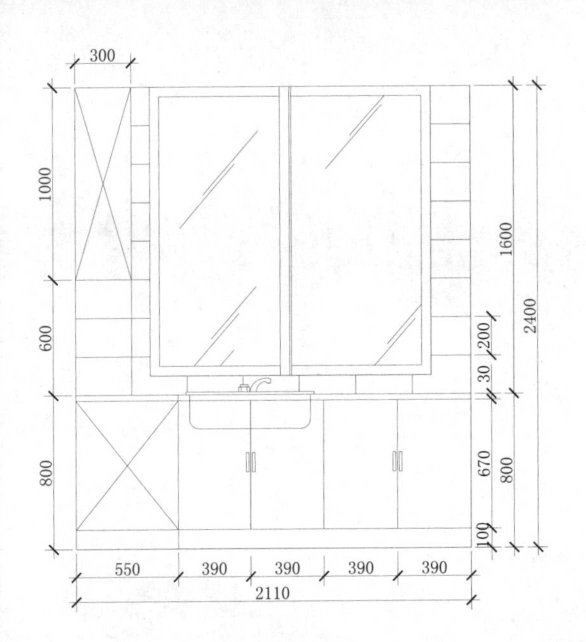

H厨房橱柜立面图

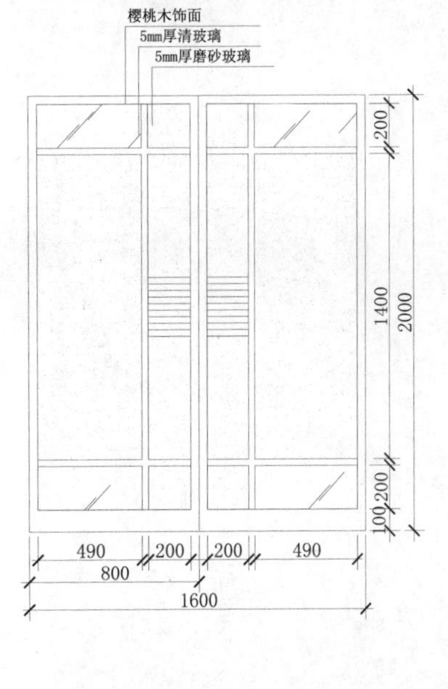

I卫生间梭门立面图

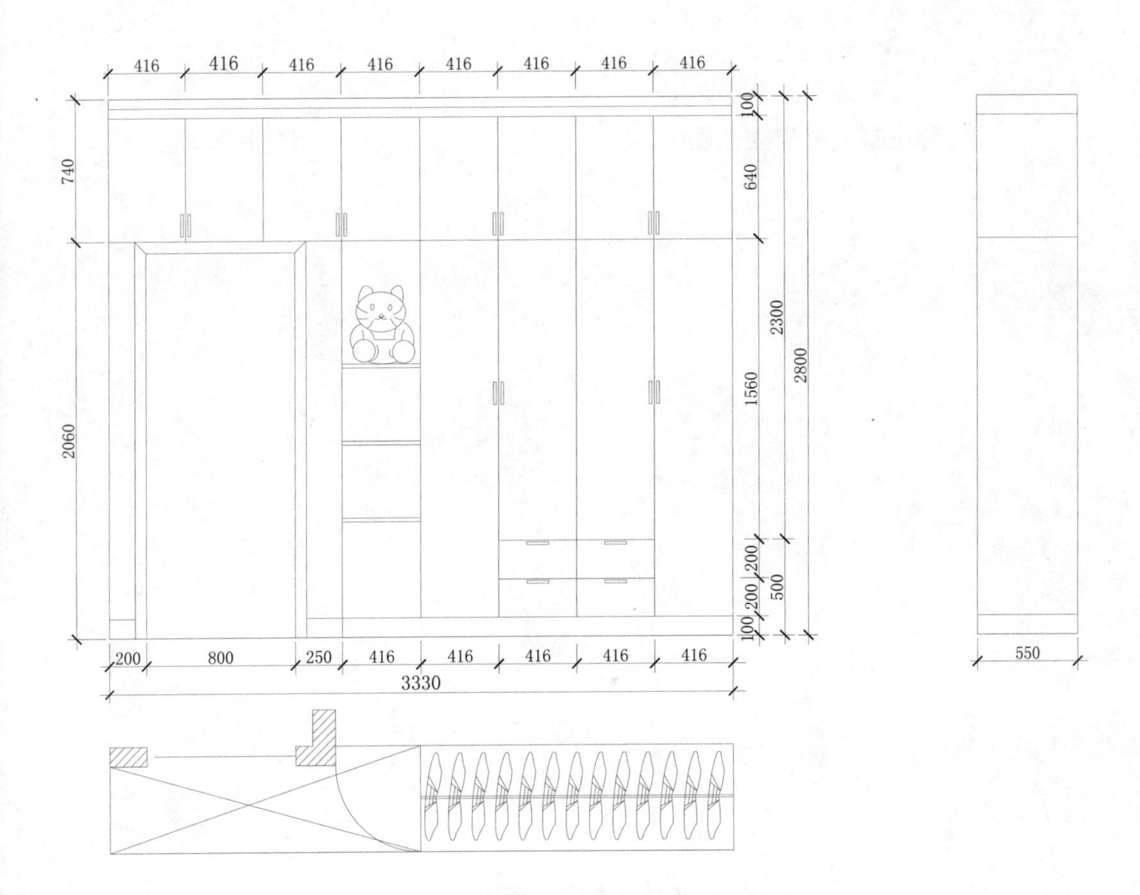

L次卧1衣柜立面图

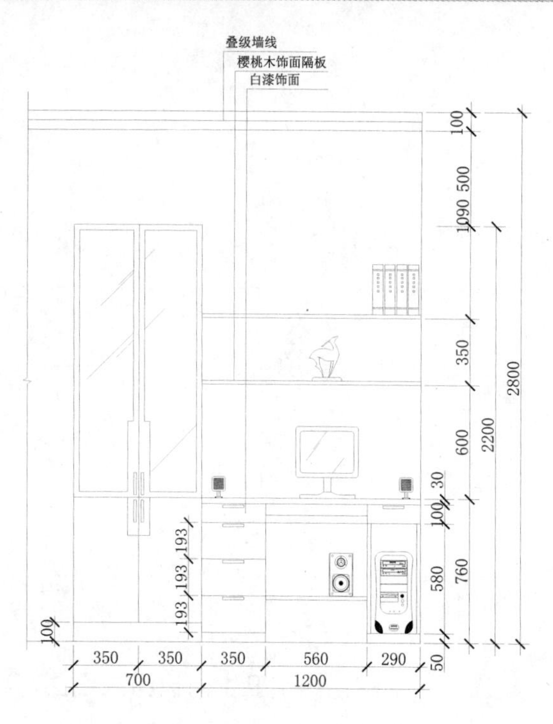

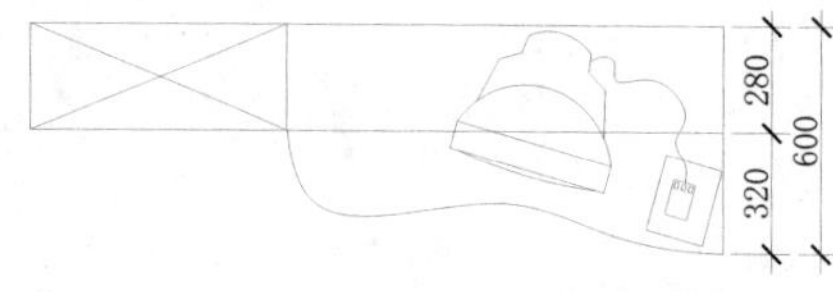

J主卧电脑桌书柜立面图

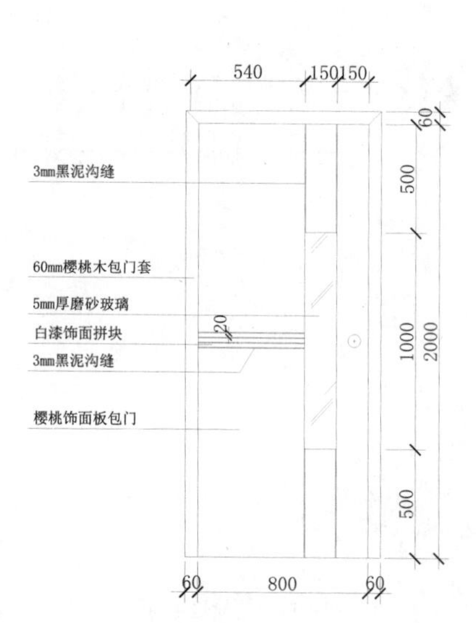

包门立面图

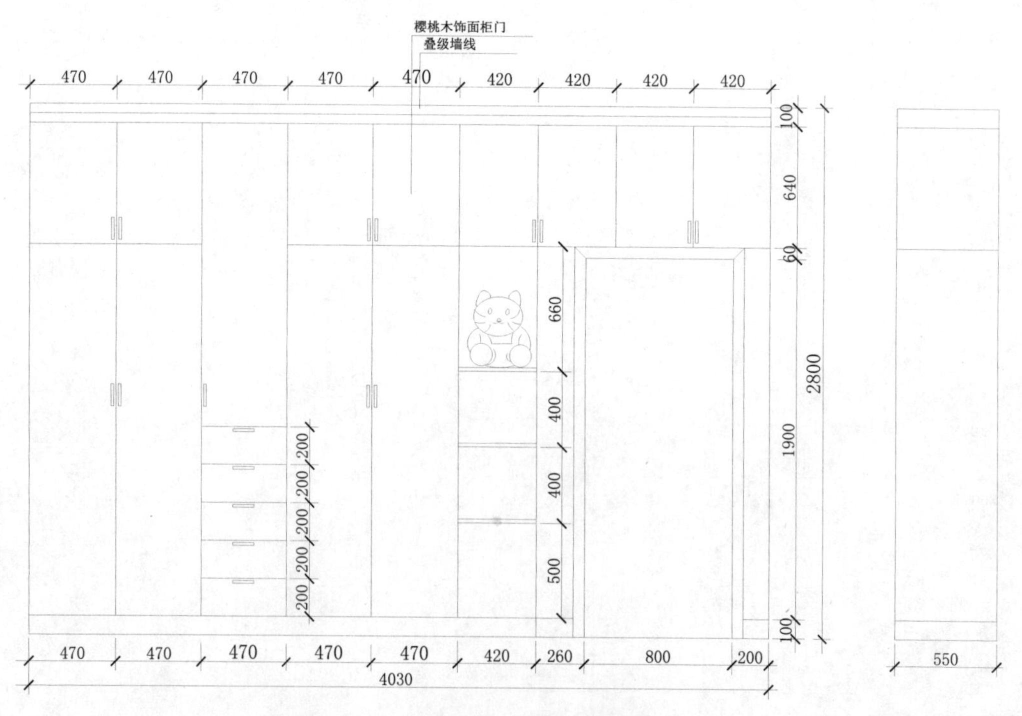

K主卧衣柜立面图

预算表

玄关、客厅、餐厅

- **总面积约：** 37.56m²
- **总 价 约：** 34635元

编号	工程项目	单位	工程量及单价		其中（为估算价格、单位：元）					复加合计	备注
			数量	单价/元	主材	辅材	机械	人工	损耗	金额/元	
1	单线单面门套	m	5.6	100	48	22	4	21	5	560	饰面板饰面，木工板立架，实木板线10mm×60mm。 1.大芯板衬底，饰面板饰面，实木门套线。门套线宽不大于60mm，厚不大于10mm。2.门套线宽每增加10mm，每米另增加6元。3.高级木器漆喷漆工艺二底四面处理。4.材料选用特级环保型大芯板；优质饰面板；立邦保得丽超级面漆；白塔牌白乳胶
2	紫荆花抗甲醛净味多功能墙面漆顶面乳胶漆	m^2	16.92	65	50	0	0	12	3	1099.8	乳胶漆一底二面。 1.刷108胶一遍。墙衬找平，并打磨。2.辊刷三遍面漆或一遍底漆两遍面漆，单色，每增加一色另加200元/间。3.若遇保温墙、砂灰墙、隔墙，须满贴的确良布增加10元/m^2。顶墙空鼓须铲除后用水泥砂浆找平，增加30元/m^2。客户不做上述处理应书面说明。4.材料采用优质墙衬；美巢牌环保型108胶
3	紫荆花抗甲醛净味多功能墙面漆墙面乳胶漆	m^2	95.77	65	50	0	0	12	3	6225.05	乳胶漆一底二面。 1.刷108胶一遍。墙衬找平，并打磨。2.辊刷三遍面漆或一遍底漆两遍面漆，单色，每增加一色另加200元/间。3.若遇保温墙、砂灰墙、隔墙，须满贴的确良布增加10元/m^2。顶墙空鼓须铲除后用水泥砂浆找平，增加30元/m^2。客户不做上述处理应书面说明。4.材料采用优质墙衬；美巢牌环保型108胶

（续）

编号	工程项目	单位	工程量及单价		其中（为估算价格、单位：元）					复加合计	备注
			数量	单价/元	主材	辅材	机械	人工	损耗	金额/元	
4	圆弧方形吊悬平顶	m^2	20.64	167	70	46	3	44	4	3446.88	石膏板、五夹板饰面，木龙骨基层，开灯孔或灯座木框制作安装
5	方形电视造形背景	项	1	4630	0	0	0	0	0	4630	具体见施工图
6	平板翻板鞋柜	m^2	2.64	545	305	29	3	190	18	1438.8	饰面板饰面，木工板立架，5mm板封后背，无抽斗，实木封边
7	复合木地板	m^2	37.56	141.75	135				6.75	5324.13	主材价格按购价计价，损耗按实计算
8	玄关造型隔断	项	1	1030	0	0	0	0	0	1030	具体见施工图
9	人造台板	m	1.6	550						880	宽度在580mm以内计价，超过580mm按实补价

厨房

- **总面积约：**6.11m^2
- **总 价 约：**4433元

编号	工程项目	单位	工程量及单价		其中（为估算价格、单位：元）					复加合计	备注
			数量	单价/元	主材	辅材	机械	人工	损耗	金额/元	
1	单线单面门套	m	5.6	100	48	22	4	21	5	560	饰面板饰面，木工板立架，实木板线10mm×60mm。1.大芯板衬底，饰面板饰面，实木门套线。门套线宽不大于60mm，厚不大于10mm。2.门套线宽每增加10mm，每米另增加6元。3.高级木器漆喷漆工艺二底四面处理。4.材料选用特级环保型大芯板；优质饰面板；立邦保得丽超级面漆；白塔牌白乳胶
2	工厂化双面凹凸造型推拉门	扇	4	500	0	0	0	0	0	2000	自动高温热压贴皮，内实心杉木指接板，再用双面5mm厚密度板找平

（续）

编号	工程项目	单位	工程量及单价		其中（为估算价格、单位：元）					复加合计	备注
			数量	单价/元	主材	辅材	机械	人工	损耗	金额/元	
3	铺地砖300mm×300mm以内	m²	6.11	55	0	21	2	30	2	336.05	主材价格按购价计价，损耗按实计算。1.水泥+砂子+108胶黏贴。对原基层进行处理另计。2.主材甲方供，拼花及高档瓷砖另计。3.普通白水泥勾缝，如采用专用勾缝剂，另加10元/m²。4.材料采用优质水泥；中砂；美巢牌环保型108胶
4	墙面铺墙面砖	m²	13.01	50		21	2	25	2	650.5	主材价格按购价计价，损耗按实计算。1.水泥+砂子+108胶黏贴。对原基层进行处理另计。2.主材甲方供，拼花及高档瓷砖另计。3.普通白水泥勾缝，如采用专用勾缝剂，另加10元/m²。4.材料采用优质水泥；中砂；美巢牌环保型108胶
5	长条铝扣板吊顶	m²	6.11	145	95	20	2	25	3	885.95	平板式或微孔板，钢龙骨、木龙骨安装，换气扇、灯座木框制作安装

卫生间

- **总面积约：** 5.58m²
- **总 价 约：** 3849元

编号	工程项目	单位	工程量及单价		其中（为估算价格、单位：元）					复加合计	备注
			数量	单价/元	主材	辅材	机械	人工	损耗	金额/元	
1	单线单面门套	m	6.1	100	48	22	4	21	5	610	饰面板饰面，木工板立架，实木板线10mm×60mm。1.大芯板衬底，饰面板饰面，实木门套线。门套线宽不大于60mm，厚不大于10mm。2.门套线宽每增加10mm，每米另增加6元。3.高级木器漆喷漆工艺二底四面处理。4.材料选用特级环保型大芯板；优质饰面板；立邦保得丽超级面漆；白塔牌白乳胶

（续）

编号	工程项目	单位	工程量及单价		其中（为估算价格、单位：元）					复加合计	备注
			数量	单价/元	主材	辅材	机械	人工	损耗	金额/元	
2	工厂化双面凹凸造型推拉门	扇	2	500	0	0	0	0	0	1000	自动高温热压贴皮，内实心杉木指接板，再用双面5mm厚密度板找平
3	铺地砖300mm×300mm以内	m^2	5.58	55	0	21	2	30	2	306.9	主材价格按购价计价，损耗按实计算。1.水泥+砂子+108胶黏贴。对原基层进行处理另计。2.主材甲方供，拼花及高档瓷砖另计。3.普通白水泥勾缝，如采用专用勾缝剂，另加10元/m^2。4.材料采用优质水泥；中砂；美巢牌环保型108胶
4	墙面铺墙面砖	m^2	14.89	50		21	2	25	2	744.5	主材价格按购价计价，损耗按实计算。1.水泥+砂子+108胶黏贴。对原基层进行处理另计。2.主材甲方供，拼花及高档瓷砖另计。3.普通白水泥勾缝，如采用专用勾缝剂，另加10元/m^2。4.材料采用优质水泥；中砂；美巢牌环保型108胶
5	长条铝扣板吊顶	m^2	5.58	145	95	20	2	25	3	809.1	平板式或微孔板，钢龙骨、木龙骨安装，换气扇、灯座木框制作安装
6	包上/下水管道	根	1	200	75	50	5	65	5	200	水泥砂浆或木工板包管柱
7	地面防漏处理	m^2	5.58	32	16	8	1	6	1	178.56	水泥砂浆修补，防水涂料刷两遍

主卧

- **总面积约：** 14.83m²
- **总 价 约：** 6809元

编号	工程项目	单位	工程量及单价		其中（为估算价格、单位：元）					复加合计	备注
			数量	单价/元	主材	辅材	机械	人工	损耗	金额/元	
1	单线单面门套	m	5.1	100	48	22	4	21	5	510	饰面板饰面，木工板立架，实木板线10mm×60mm。1.大芯板衬底，饰面板饰面，实木门套线。门套线宽不大于60mm，厚不大于10mm。2.门套线宽每增加10mm，每米另增加6元。3.高级木器漆喷漆工艺二底四面处理。4.材料选用特级环保型大芯板；优质饰面板；立邦保得丽超级面漆；白塔牌白乳胶
2	工厂化双面凹凸造型门	扇	1	610	0	0	0	0	0	610	自动高温热压贴皮，内实心杉木指接板，再用双面5mm厚密度板找平
3	复合木地板	m^2	14.83	141.75	135				6.75	2102	主材价格按购价计价，损耗按实计算
4	紫荆花抗甲醛净味多功能墙面漆顶面乳胶漆	m^2	14.83	65	50	0	0	12	3	963.95	乳胶漆一底二面。1.刷108胶一遍。墙衬找平，并打磨。2.辊刷三遍面漆或一遍底漆两遍面漆，单色，每增加一色另加200元/间。3.若遇保温墙、砂灰墙、隔墙，须满贴的确良布增加10元/m^2。顶墙空鼓须铲除后用水泥砂浆找平，增加30元/m^2。客户不做上述处理应书面说明。4.材料采用优质墙衬；美巢牌环保型108胶
5	紫荆花抗甲醛净味多功能墙面漆墙面乳胶漆	m^2	39.74	65	50	0	0	12	3	2583.1	乳胶漆一底二面。1.刷108胶一遍。墙衬找平，并打磨。2.辊刷三遍面漆或一遍底漆两遍面漆，单色，每增加一色另加200元/间。3.若遇保温墙、砂灰墙、隔墙，须满贴的确良布增加10元/m^2。顶墙空鼓须铲除后用水泥砂浆找平，增加30元/m^2。客户不做上述处理应书面说明。4.材料采用优质墙衬；美巢牌环保型108胶

阳台

- **总面积约：** 5.56m²
- **总 价 约：** 3400元

编号	工程项目	单位	工程量及单价		其中（为估算价格、单位：元）					复加合计	备注
			数量	单价/元	主材	辅材	机械	人工	损耗	金额/元	
1	阳台大门套	m	6.22	100	40	20	5	30	5	622	饰面板饰面，木工板立架，9mm板贴墙，实木阴角压顶
2	工厂化双面凹凸造型推拉门	扇	2	500	0	0	0	0	0	1000	自动高温热压贴皮，内实心杉木指接板，再用双面5mm厚密度板找平
3	铺地砖300mm×300mm以内	m²	5.56	55	0	21	2	30	2	305.8	主材价格按购价计价，损耗按实计算。1.水泥+砂子+108胶黏贴。对原基层进行处理另计。2.主材甲方供，拼花及高档瓷砖另计。3.普通白水泥勾缝，如采用专用勾缝剂，另加10元/m²。4.材料采用优质水泥；中砂；美巢牌环保型108胶
4	紫荆花抗甲醛净味多功能墙面漆顶面乳胶漆	m²	5.56	65	50	0	0	12	3	361.4	乳胶漆一底二面。1.刷108胶一遍。墙衬找平，并打磨。2.辊刷三遍面漆或一遍底漆两遍面漆，单色，每增加一色另加200元/间。3.若遇保温墙、砂灰墙、隔墙，须满贴的确良布增加10元/m²。顶墙空鼓须铲除后用水泥砂浆找平，增加30元/m²。客户不做上述处理应书面说明。4.材料采用优质墙衬；美巢牌环保型108胶
5	紫荆花抗甲醛净味多功能墙面漆墙面乳胶漆	m²	12.95	65	50	0	0	12	3	841.75	乳胶漆一底二面。1.刷108胶一遍。墙衬找平，并打磨。2.辊刷三遍面漆或一遍底漆两遍面漆，单色，每增加一色另加200元/间。3.若遇保温墙、砂灰墙、隔墙，须满贴的确良布增加10元/m²。顶墙空鼓须铲除后用水泥砂浆找平，增加30元/m²。客户不做上述处理应书面说明。4.材料采用优质墙衬；美巢牌环保型108胶

次卧1

- **总面积约：** 12.82m^2
- **总 价 约：** 5990元

编号	工程项目	单位	工程量及单价		其中（为估算价格、单位：元）					复加合计	备注
			数量	单价/元	主材	辅材	机械	人工	损耗	金额/元	
1	单线单面门套	m	5.1	100	48	22	4	21	5	510	饰面板饰面，木工板立架，实木板线10mm×60mm。1.大芯板衬底，饰面板饰面，实木门套线。门套线宽不大于60mm，厚不大于10mm。2.门套线宽每增加10mm，每米另增加6元。3.高级木器漆喷漆工艺二底四面处理。4.材料选用特级环保型大芯板；优质饰面板；立邦保得丽超级面漆；白塔牌白乳胶
2	工厂化双面凹凸造型门	扇	1	610	0	0	0	0	0	610	自动高温热压贴皮，内实心杉木指接板，再用双面5mm厚密度板找平
3	复合木地板	m^2	12.82	141.75	135				6.75	1817	主材价格按购价计价，损耗按实计算
4	紫荆花抗甲醛净味多功能墙面漆顶面乳胶漆	m^2	12.82	65	50	0	0	12	3	833.3	乳胶漆一底二面。1.刷108胶一遍。墙衬找平，并打磨。2.辊刷三遍面漆或一遍底漆两遍面漆，单色，每增加一色另加200元/间。3.若遇保温墙、砂灰墙、隔墙，须满贴的确良布增加10元/m^2。顶墙空鼓须铲除后用水泥砂浆找平，增加30元/m^2。客户不做上述处理应书面说明。4.材料采用优质墙衬；美巢牌环保型108胶
5	紫荆花抗甲醛净味多功能墙面漆墙面乳胶漆	m^2	34.15	65	50	0	0	12	3	2219.75	乳胶漆一底二面。1.刷108胶一遍。墙衬找平，并打磨。2.辊刷三遍面漆或一遍底漆两遍面漆，单色，每增加一色另加200元/间。3.若遇保温墙、砂灰墙、隔墙，须满贴的确良布增加10元/m^2。顶墙空鼓须铲除后用水泥砂浆找平，增加30元/m^2。客户不做上述处理应书面说明。4.材料采用优质墙衬；美巢牌环保型108胶

卧室2

- 总面积约：4.21m²
- 总 价 约：3229元

编号	工程项目	单位	工程量及单价		其中（为估算价格、单位：元）					复加合计	备注
			数量	单价/元	主材	辅材	机械	人工	损耗	金额/元	
1	单线单面门套	m	6	100	48	22	4	21	5	600	饰面板饰面，木工板立架，实木板线10mm×60mm。1.大芯板衬底，饰面板饰面，实木门套线。门套线宽不大于60mm，厚不大于10mm。2.门套线宽每增加10mm，每米另增加6元。3.高级木器漆喷漆工艺二底四面处理。4.材料选用特级环保型大芯板；优质饰面板；立邦保得丽超级面漆；白塔牌白乳胶
2	工厂化双面凹凸造型推拉门	扇	2	500	0	0	0	0	0	1000	自动高温热压贴皮，内实心杉木指接板，再用双面5mm厚密度板找平
3	复合木地板	m²	4.21	141.75	135				6.75	597	主材价格按购价计价，损耗按实计算
4	紫荆花抗甲醛净味多功能墙面漆顶面乳胶漆	m²	4.21	65	50	0	0	12	3	273.65	乳胶漆一底二面。1.刷108胶一遍。墙衬找平，并打磨。2.辊刷三遍面漆或一遍底漆两遍面漆，单色，每增加一色另加200元/间。3.若遇保温墙、砂灰墙、隔墙，须满贴的确良布增加10元/m²。顶墙空鼓须铲除后用水泥砂浆找平，增加30元/m²。客户不做上述处理应书面说明。4.材料采用优质墙衬；美巢牌环保型108胶

（续）

编号	工程项目	单位	工程量及单价		其中（为估算价格、单位：元）					复加合计	备注
			数量	单价/元	主材	辅材	机械	人工	损耗	金额/元	
5	紫荆花抗甲醛净味多功能墙面漆墙面乳胶漆	m^2	11.66	65	50	0	0	12	3	757.9	乳胶漆一底二面。1.刷108胶一遍。墙衬找平，并打磨。2.辊刷三遍面漆或一遍底漆两遍面漆，单色，每增加一色另加200元/间。3.若遇保温墙、砂灰墙、隔墙，须满贴的确良布增加10元/m^2。顶墙空鼓须铲除后用水泥砂浆找平，增加30元/m^2。客户不做上述处理应书面说明。4.材料采用优质墙衬；美巢牌环保型108胶

水电部分

总 价 约：7190元

编号	工程项目	单位	工程量及单价		其中（为估算价格、单位：元）					复加合计	备注
			数量	单价/元	主材	辅材	机械	人工	损耗	金额/元	
1	水表移位PPR管连接	只	1	235	110	23	4	92	6	235	皮尔萨PPR管，开槽、定位
2	一厨一卫PPR管连接	套	1	1535	460	640	30	365	40	1535	皮尔萨PPR管，开槽、定位
3	厨房铺管穿线	间	1	300	100	45	10	137	8	300	优质电线穿PVC管铺设，含插座、开关、照明安装人工费
4	卫生间铺管穿线	间	1	370	125	65	10	160	10	370	优质电线穿PVC管铺设，含插座、开关、照明安装人工费
5	阳台铺管穿线	只	1	115	36	35	5	35	4	115	优质电线穿PVC管铺设，含插座、开关、照明安装人工费

（续）

编号	工程项目	单位	工程量及单价		其中（为估算价格、单位：元）					复加合计	备注
			数量	单价/元	主材	辅材	机械	人工	损耗	金额/元	
6	客厅铺管穿线	间	1	385	170	75	20	110	10	385	优质电线穿PVC管铺设，含插座、开关、照明安装人工费
7	餐厅铺管穿线	间	1	325	125	70	15	105	10	325	优质电线穿PVC管铺设，含插座、开关、照明安装人工费
8	房间铺管穿线	间	3	365	140	75	20	120	10	1095	优质电线穿PVC管铺设，含插座、开关、照明安装人工费
9	坐便器安装	套	1	80	自购					80	人工费及辅料费
10	水池（槽、洗脸盆）安装	套	1	50	自购					50	人工费及辅料费
11	常规型智能布线	套	1	2700	1120	1050	40	435	55	2700	按单层标准布线计算，有二层时除主材箱外增加1.5～2系数

运输、保洁

总 价 约： 1100元

编号	工程项目	单位	工程量及单价		其中（为估算价格、单位：元）					复加合计	备注
			数量	单价/元	主材	辅材	机械	人工	损耗	金额/元	
1	装潢垃圾清理	项	1	300						300	施工过程产生垃圾，按建筑面积计算，二层以内，最少基数为100m^2
2	材料二次搬运费	项	1	300						300	材料搬上楼，按建筑面积计，二层以内。最少基数为100m^2
3	家政卫生服务费	项	1	500						500	按建筑面积计算，包括辅料费

其他

编号	工程项目	单位	工程量及单价		其中（为估算价格、单位：元）					复加合计	备注
			数量	单价/元	主材	辅材	机械	人工	损耗	金额/元	
1	方案设计	项	1	0						0	平面方案、预算。与业主商议而定
2	施工图制作	项	1	0						0	平面图、顶面图、各立面图及节点剖面图、水电施工图等。与业主商议而定
3	效果图制作	项	1	0						0	单个空间费用。与业主商议而定
总价合计/元										**70635**	

案例6 Case

总面积约90m²，总价约7.4万元

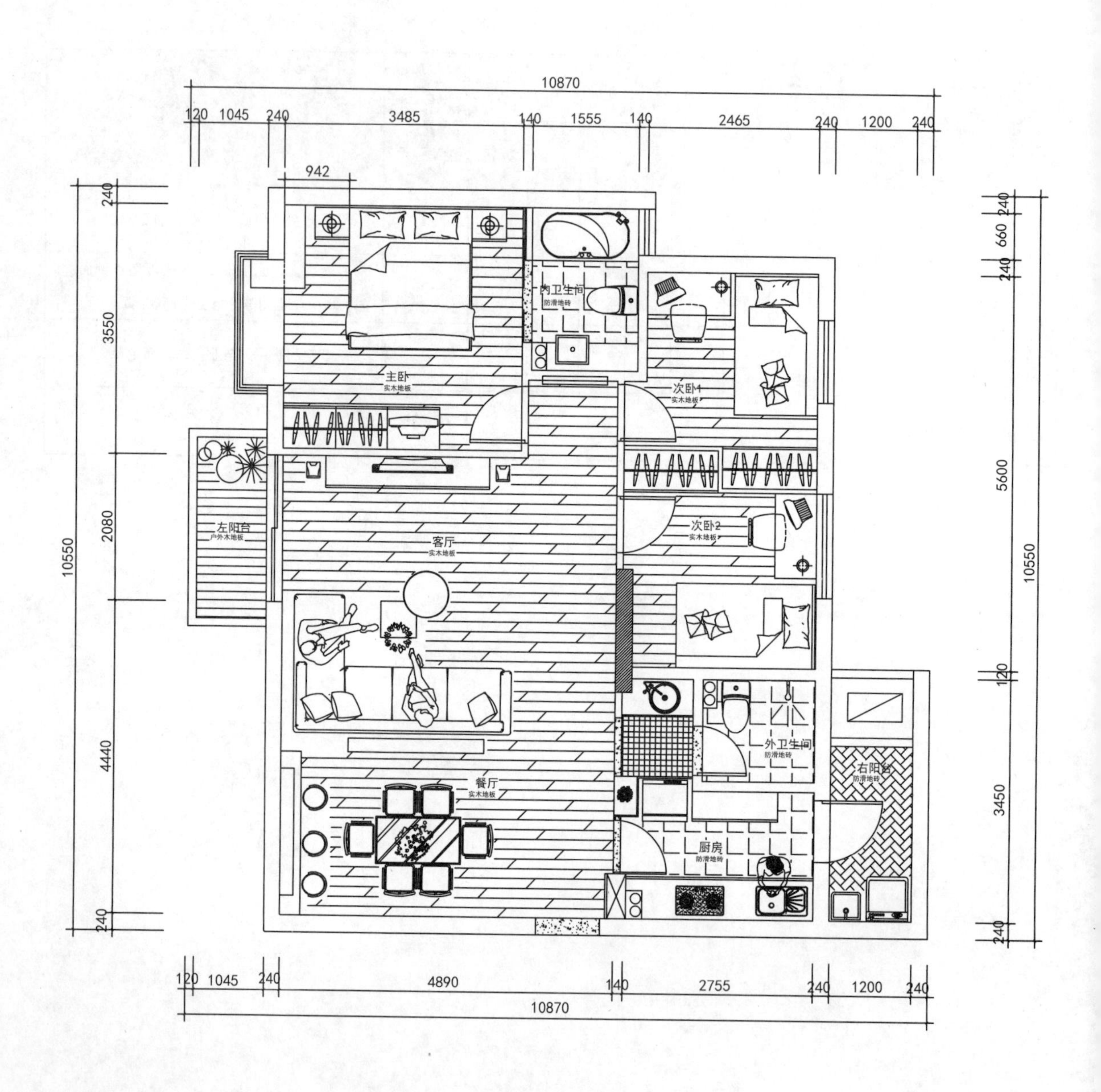

平面布置图

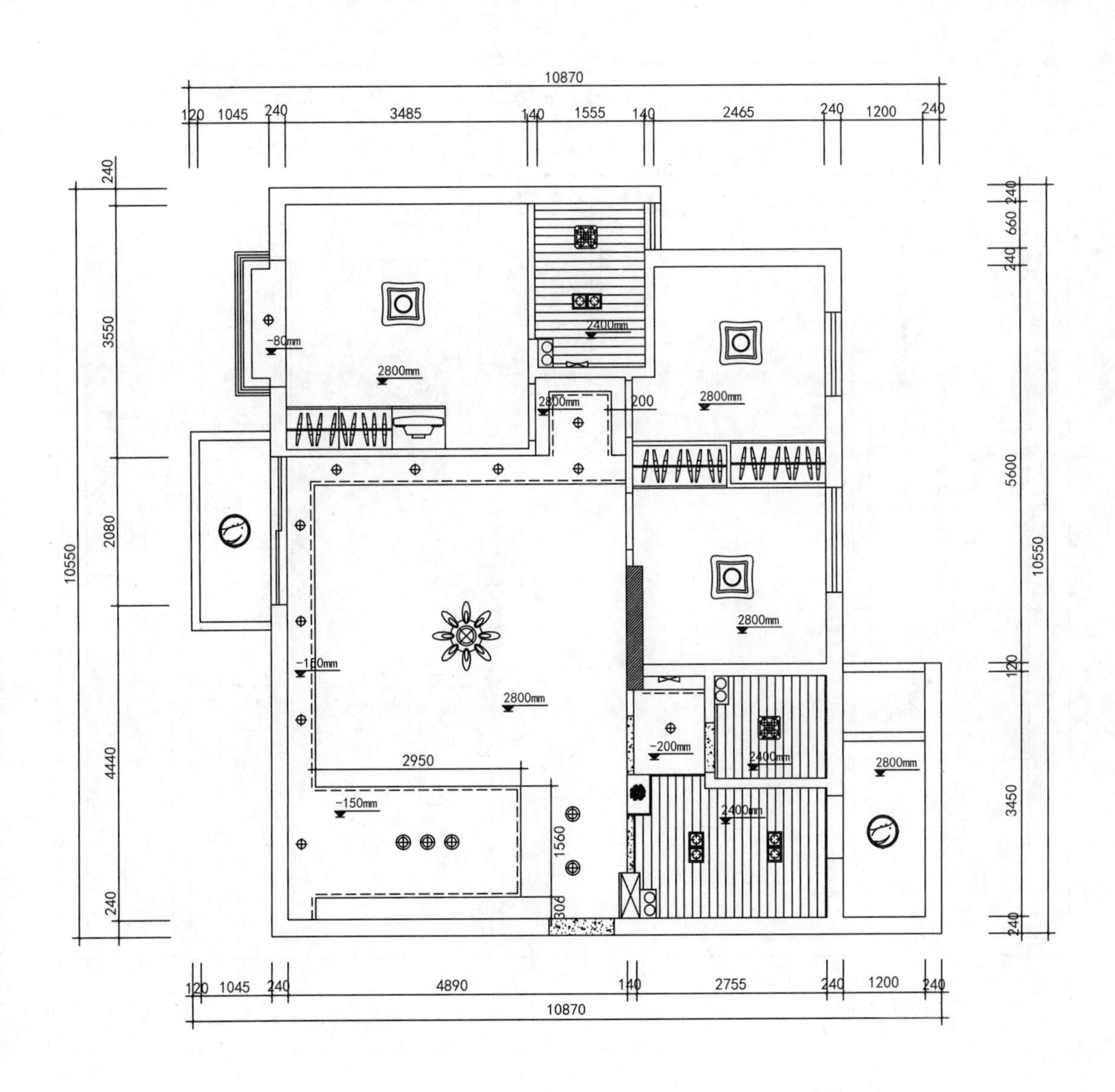
10870
120 1045 240 3485 140 1555 140 2465 240 1200 240
240
3550
2080
10550
4440
240
240
660
240
5600
10550
120
3450
240
-80mm
2800mm
2400mm
2800mm
200
2800mm
2800mm
-150mm
2800mm
2950
-150mm
1560
300
-200mm
2400mm
2400mm
2800mm
120 1045 240 4890 140 2755 240 1200 240
10870

顶面天花图

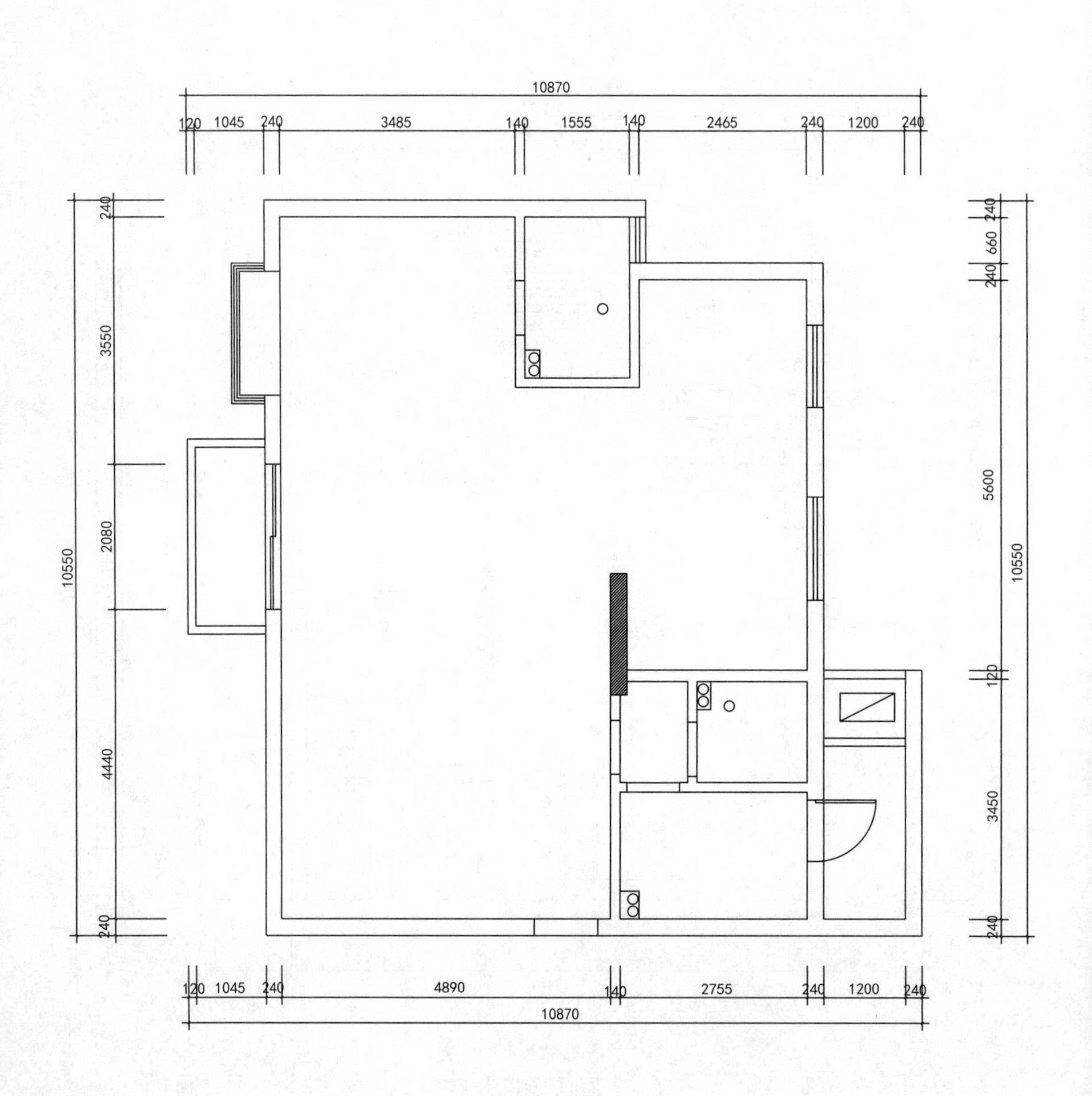
10870
120 1045 240 3485 140 1555 140 2465 240 1200 240
240
3550
2080
10550
4440
240
240
660
240
5600
10550
120
3450
240
120 1045 240 4890 140 2755 240 1200 240
10870

原始结构图

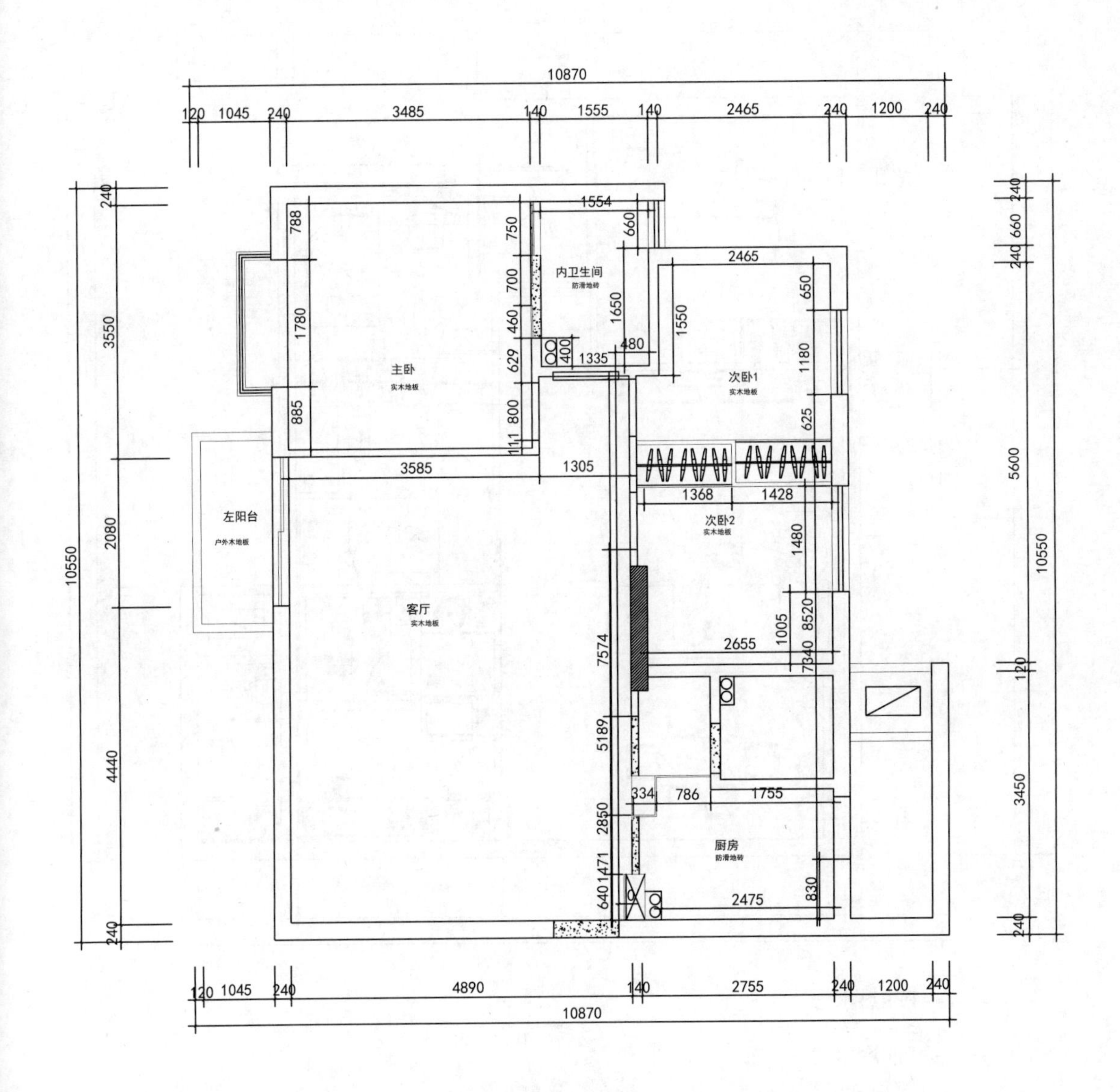
10870
120 1045 240 3485 140 1555 140 2465 240 1200 240
1554
内卫生间
防滑地砖
2465
主卧
实木地板
次卧1
实木地板
3585
1305
1368
1428
左阳台
户外木地板
次卧2
实木地板
客厅
实木地板
2655
334
786
1755
厨房
防滑地砖
2475
120 1045 240 4890 140 2755 240 1200 240
10870
10550
5600
3450

墙体放线图

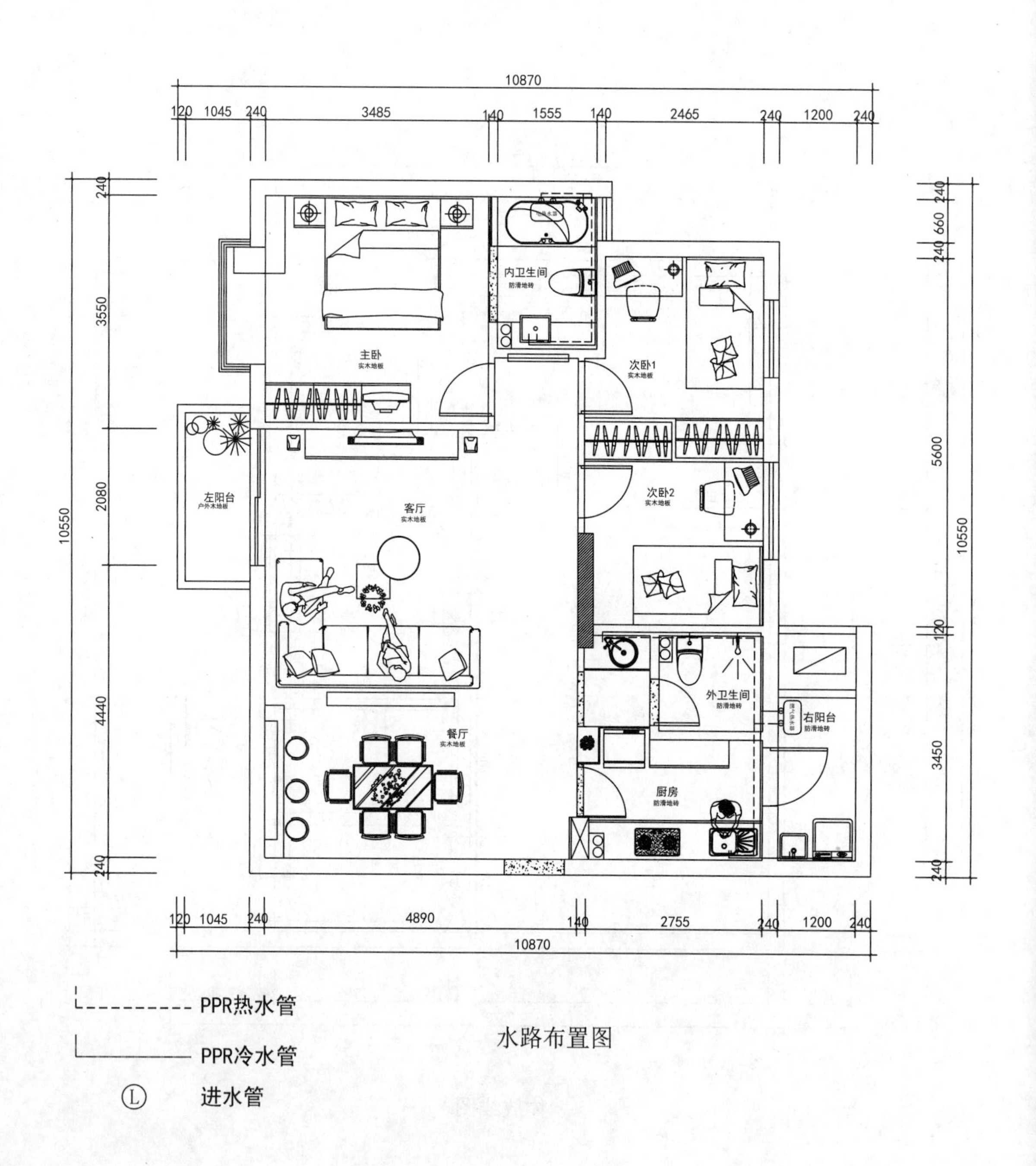
10870
120 1045 240 3485 140 1555 140 2465 240 1200 240
240
3550
2080
4440
240
10550
240 660 240
5600
120
3450
240
10550
主卧
实木地板
内卫生间
防滑地砖
次卧1
实木地板
左阳台
户外木地板
客厅
实木地板
次卧2
实木地板
外卫生间
防滑地砖
右阳台
防滑地砖
餐厅
实木地板
厨房
防滑地砖
120 1045 240 4890 140 2755 240 1200 240
10870
PPR热水管
PPR冷水管
Ⓛ 进水管

水路布置图

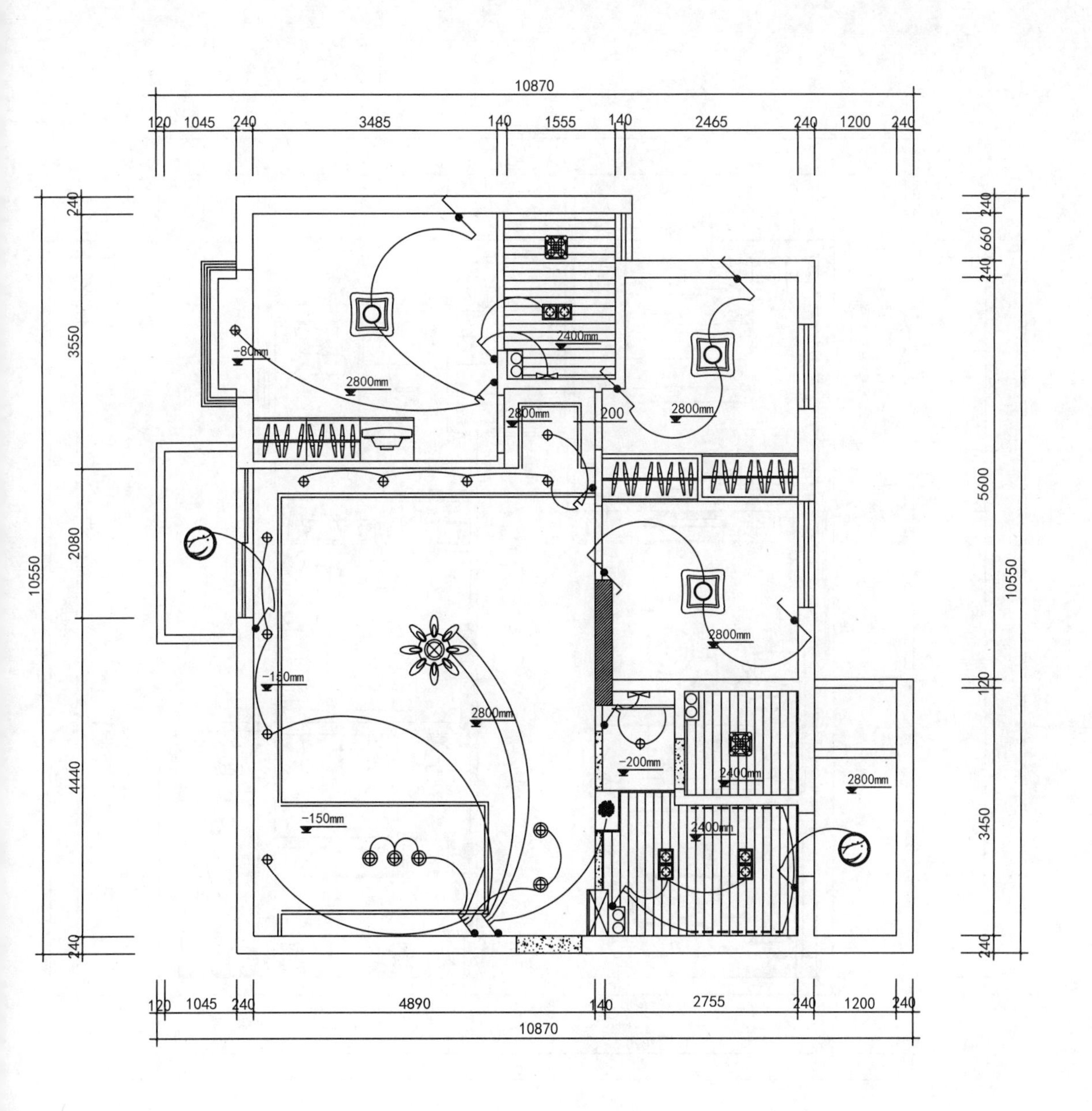
10870
120 1045 240 3485 140 1555 140 2465 240 1200 240
240
3550
2080
10550
4440
240
240 660 240
5600
10550
120
3450
240
-80mm
2800mm
2400mm
2800mm
200
2800mm
-150mm
2800mm
2800mm
-200mm
2400mm
2800mm
-150mm
2400mm
120 1045 240 4890 140 2755 240 1200 240
10870

开关布置图

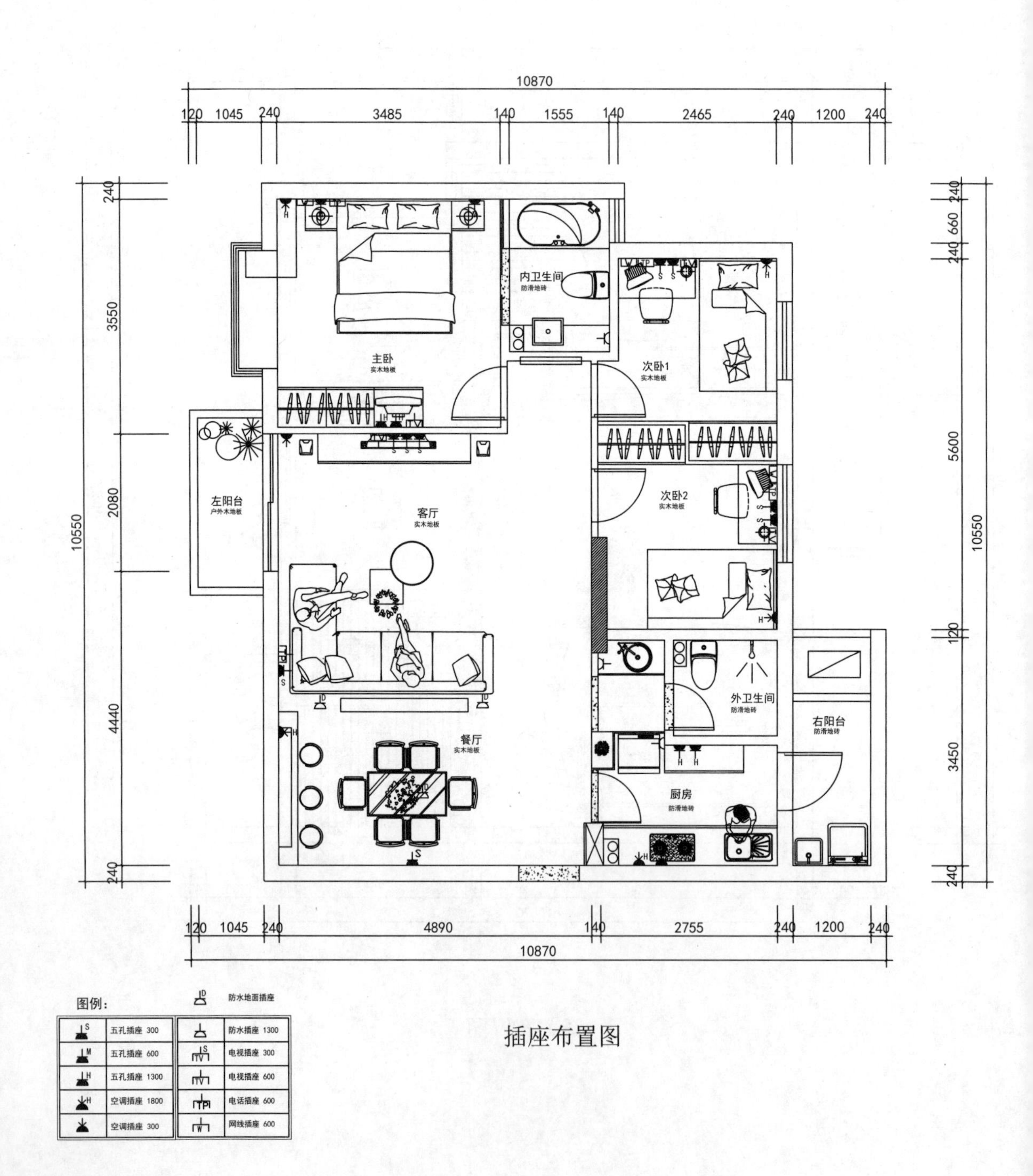
10870
120 1045 240 3485 140 1555 140 2465 240 1200 240
主卧
实木地板
内卫生间
防滑地砖
次卧1
实木地板
次卧2
实木地板
左阳台
户外木地板
客厅
实木地板
餐厅
实木地板
外卫生间
防滑地砖
右阳台
防滑地砖
厨房
防滑地砖
240 3550 2080 4440 240
10550
240 660 240 5600 120 3450 240
10550
120 1045 240 4890 140 2755 240 1200 240
10870
图例:
防水地面插座
五孔插座 300
五孔插座 600
五孔插座 1300
空调插座 1800
空调插座 300
防水插座 1300
电视插座 300
电视插座 600
电话插座 600
网线插座 600

插座布置图

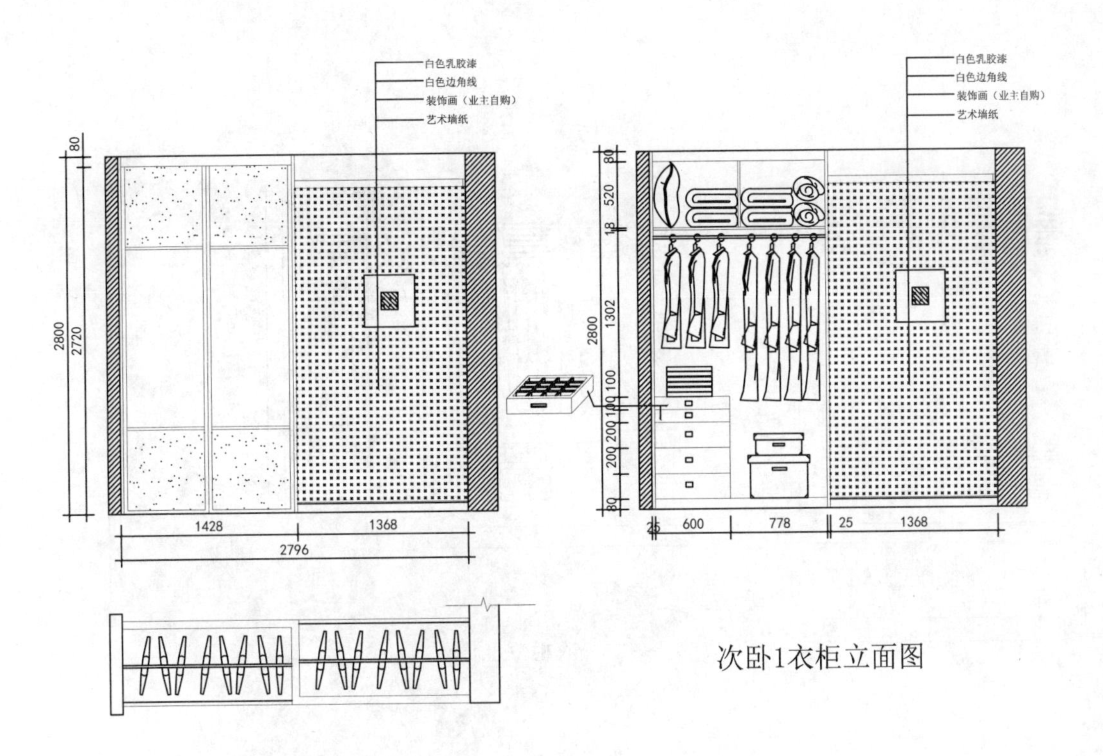

次卧1衣柜立面图

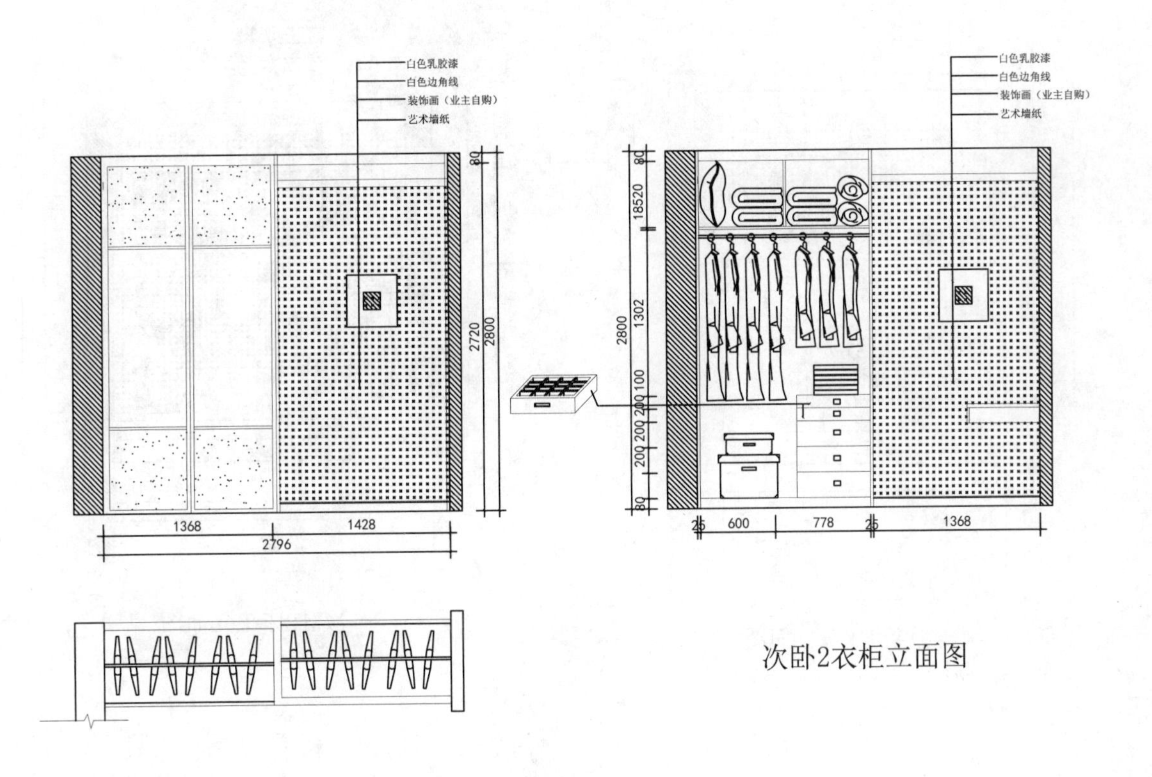

次卧2衣柜立面图

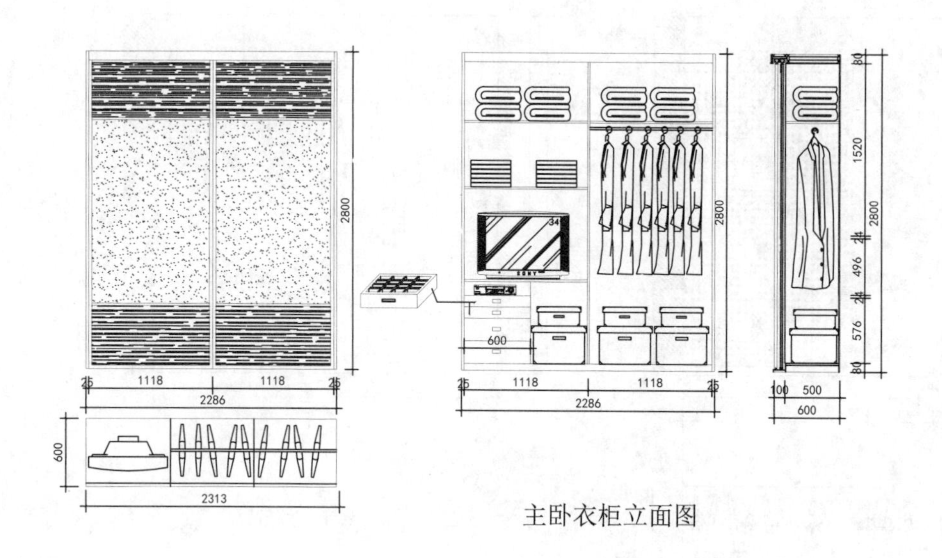

主卧衣柜立面图

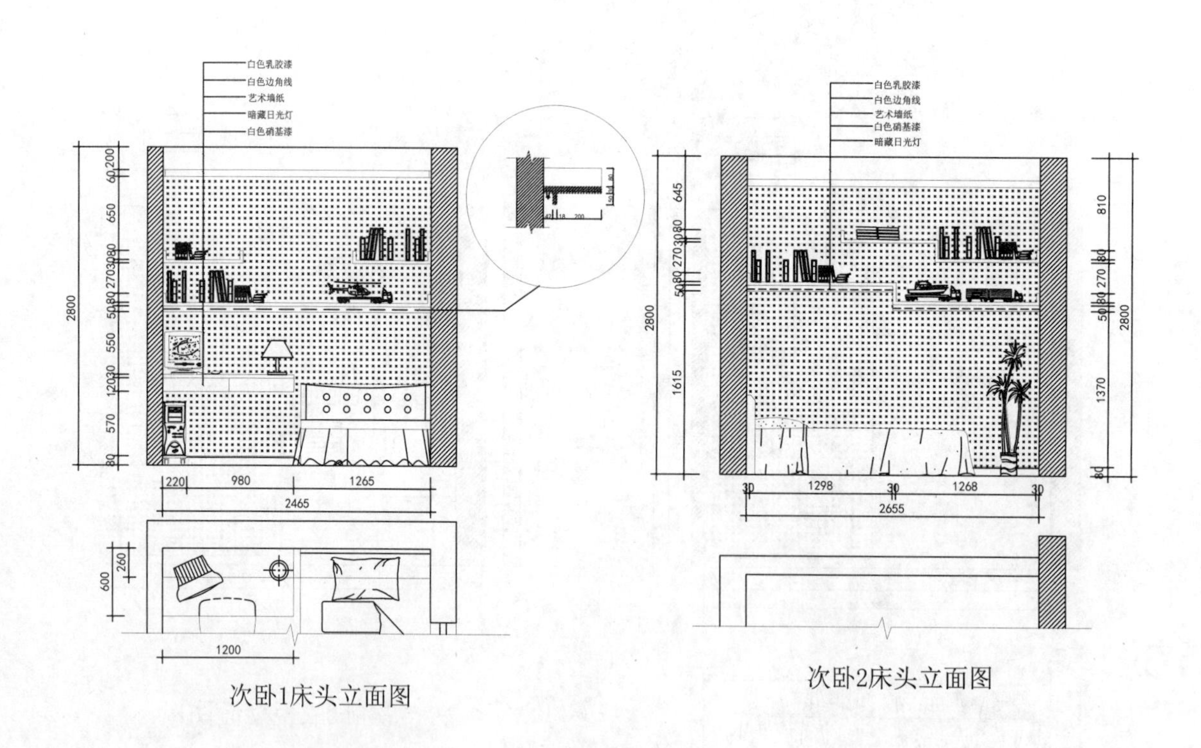

次卧1床头立面图

次卧2床头立面图

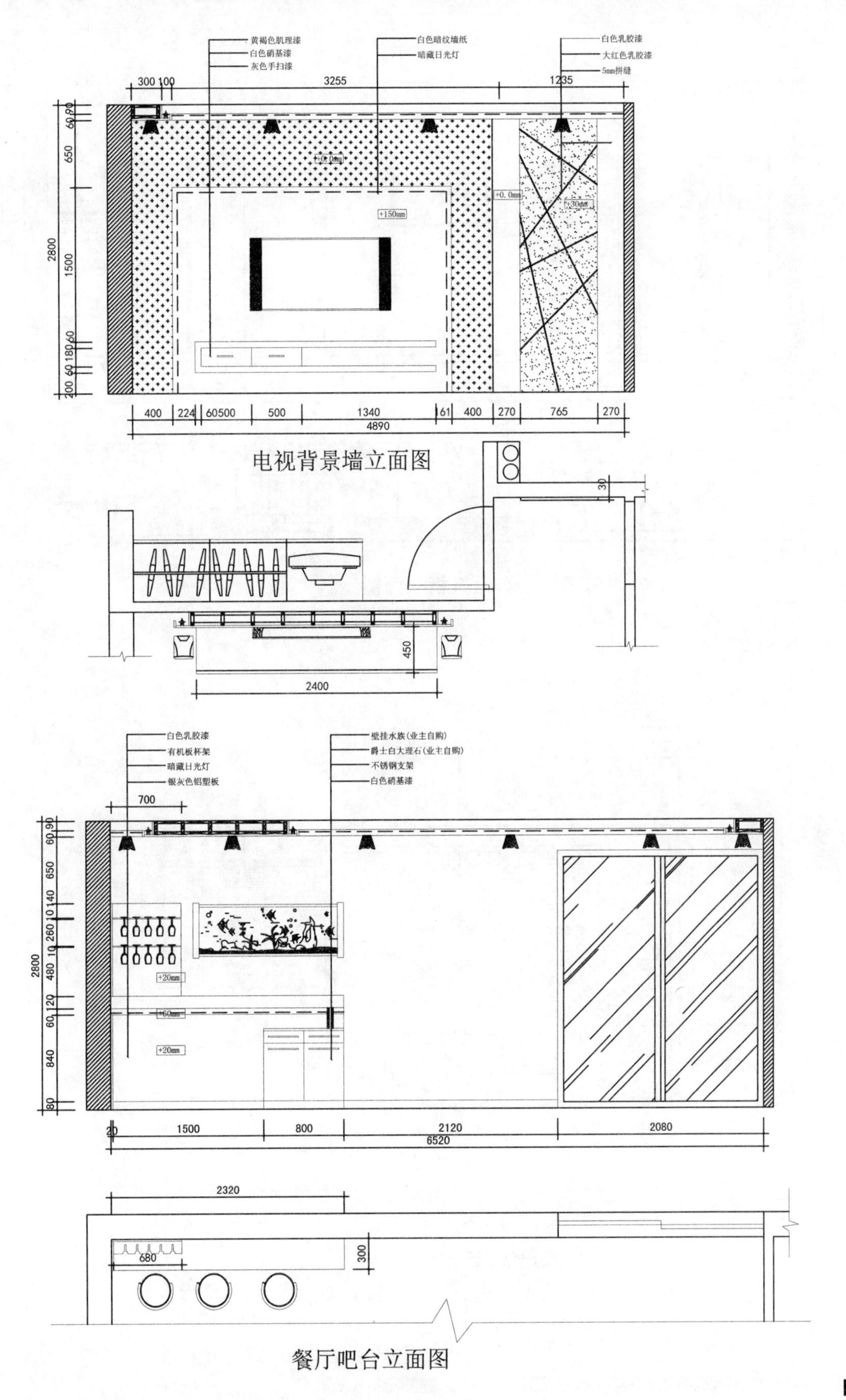

电视背景墙立面图

餐厅吧台立面图

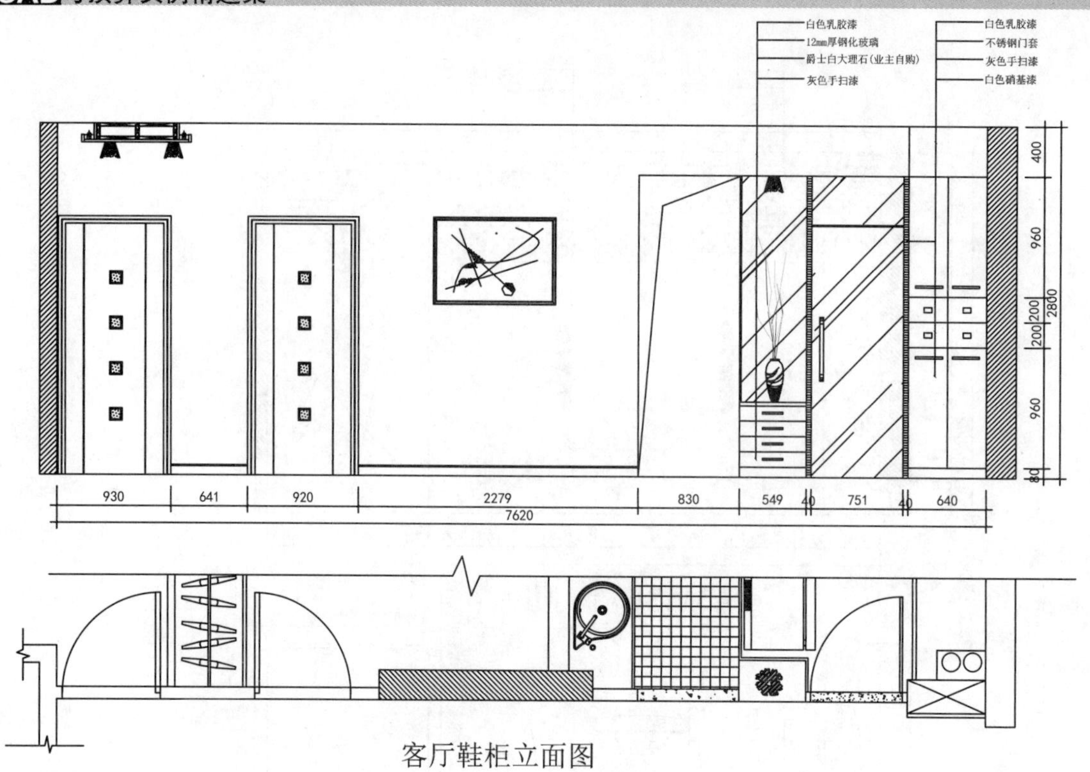

客厅鞋柜立面图

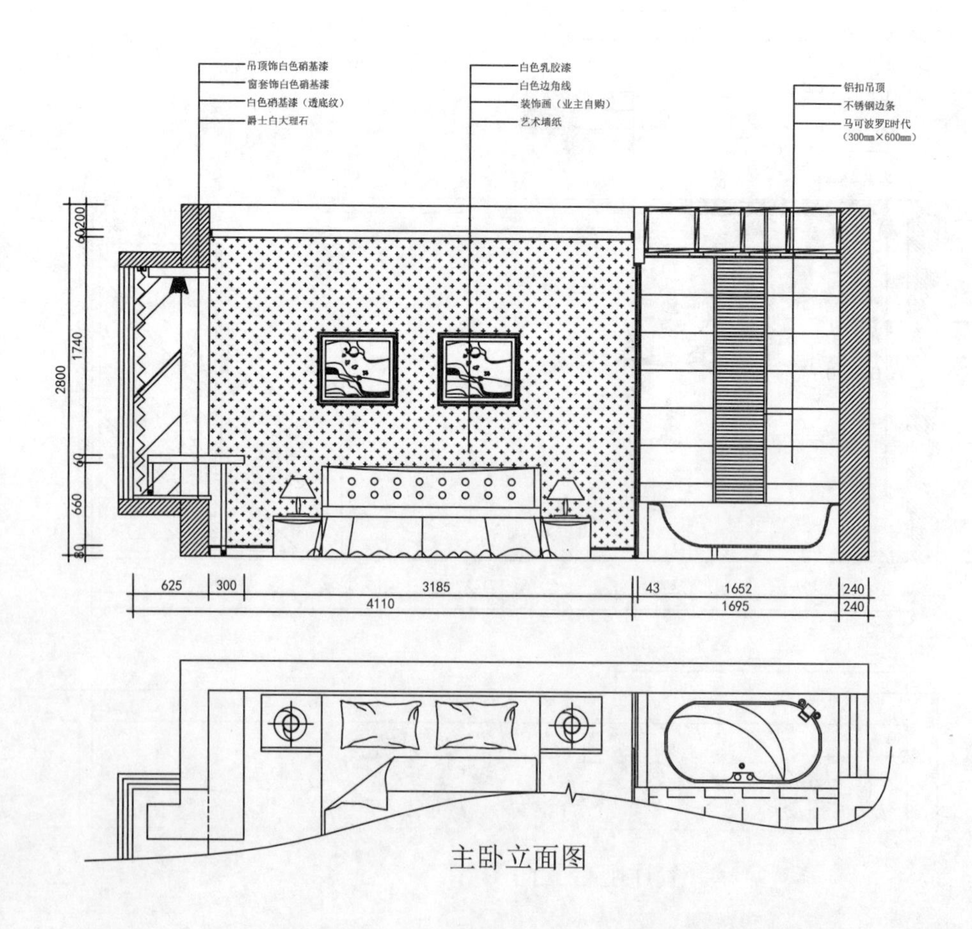

主卧立面图

预算表

玄关、客厅、餐厅

▸ **总面积约：** 32.81m^2

▸ **总 价 约：** 22006元

序号	项　目	单位	数量	单价/元	合计/元	说　　明
1	进户门门套	m	5.5	110	605	1.大芯板或多层板衬底，三夹板饰面，实木门套线。门套线宽不大于55mm，厚不大于10mm。门套线宽每增加10mm，每米另增加6元。2.高级木器漆喷漆工艺二底四面处理。3.材料选用特级环保型大芯板；合资AAA三夹板；立邦保得丽超级面漆；白塔牌白乳胶(只包内侧)
2	玄关鞋柜	项	1	800	800	具体见施工图
3	电视背景墙	项	1	1000	1000	具体见施工图
4	铺实木地板	m^2	32.81	400	13124	免安装费用
5	造型吊顶	m^2	7.99	170	1358.3	1. 木龙骨架，9mm厚纸面石膏板，饰面另计。2.材料采用普通松木龙骨，白塔牌白乳胶；龙牌石膏板。3.工程量按投影面积×1.3计算，30mm×40mm木龙骨，9mm厚纸面石膏板面，石膏灰填缝、细布条封缝(不含批灰、涂料、布线)，间距350mm×350mm
6	墙面乳胶漆（多乐士 竹炭森呼吸5合1 5L）	m^2	68.24	55	3753.2	1.刷108胶一遍。2.墙衬找平，并打磨。3.辊刷三遍面漆或一遍底漆两遍面漆，单色，每增加一色另加200元/间。4.若遇保温墙、砂灰墙、隔墙，须满贴的确良布增加10元/m^2。顶墙空鼓须铲除后用水泥砂浆找平，增加30元/m^2。客户不做上述处理应书面说明。5.材料采用力达牌墙衬；美巢牌环保型108胶
7	顶面乳胶漆（多乐士 竹炭森呼吸5合1 5L）	m^2	24.82	55	1365.1	1.刷108胶一遍。2.墙衬找平，并打磨。3.辊刷三遍面漆或一遍底漆两遍面漆，单色，每增加一色另加200元/间。4.若遇保温墙、砂灰墙、隔墙，须满贴的确良布增加10元/m2。顶墙空鼓须铲除后用水泥砂浆找平，增加30元/m2。客户不做上述处理应书面说明。5.材料采用力达牌墙衬；美巢牌环保型108胶

主卧

- **总面积约：** 12.18m^2
- **总 价 约：** 13048元

序号	项　目	单位	数量	单价/元	合计/元	说　　明
1	包门套	m	5	110	550	1.大芯板或多层板衬底，三夹板饰面，实木门套线。门套线宽不大于55mm，厚不大于10mm。门套线宽每增加10mm，每米另增加6元。2.高级木器漆喷漆工艺二底四面处理。3.材料选用特级环保型大芯板；合资AAA三夹板；立邦保得丽超级面漆；白塔牌白乳胶(只包内侧)
2	成品门板（实木复合门）	扇	1	1100	1100	成品门
3	铺实木地板	m^2	12.18	400	4872	免安装费用
4	墙面乳胶漆（多乐士 竹炭森呼吸5合1 5L）	m^2	33.61	55	1848.55	1.刷108胶一遍。2.墙衬找平，并打磨。3.辊刷三遍面漆或一遍底漆两遍面漆，单色，每增加一色另加200元/间。4.若遇保温墙、砂灰墙、隔墙，须满贴的确良布增加10元/m2。顶墙空鼓须铲除后用水泥砂浆找平，增加30元/m2。客户不做上述处理应书面说明。5.材料采用力达牌墙衬；美巢牌环保型108胶
5	顶面乳胶漆（多乐士 竹炭森呼吸5合1 5L）	m^2	12.18	55	669.9	1.刷108胶一遍。2.墙衬找平，并打磨。3.辊刷三遍面漆或一遍底漆两遍面漆，单色，每增加一色另加200元/间。4.若遇保温墙、砂灰墙、隔墙，须满贴的确良布增加10元/m2。顶墙空鼓须铲除后用水泥砂浆找平，增加30元/m2。客户不做上述处理应书面说明。5.材料采用力达牌墙衬；美巢牌环保型108胶
6	大衣柜	m^2	5.01	800	4008	(60cm内) 15mm厚木芯板框架结构，内衬饰面板饰清水漆两遍,3mm厚夹板饰面，实木木线条收口，批底灰、打磨，喷饰硝基漆，配合资门铰链,普通三节滑轨,抽屉一个(百叶门、凸凹门另加收40元/m^2，加抽屉另收80元/个)

次卧1

- **总面积约**：6.52m^2
- **总 价 约**：8300元

序号	项 目	单位	数量	单价/元	合计/元	说 明
1	包门套	m	5	110	550	1.大芯板或多层板衬底，三夹板饰面，实木门套线。门套线宽不大于55mm，厚不大于10mm。门套线宽每增加10mm，每米另增加6元。2.高级木器漆喷漆工艺二底四面处理。3.材料选用特级环保型大芯板；合资AAA三夹板；立邦保得丽超级面漆；白塔牌白乳胶(只包内侧)
2	成品门板（实木复合门）	扇	1	1100	1100	成品门
3	铺实木地板	m^2	6.52	400	2608	免安装费用
4	墙面乳胶漆（多乐士 竹炭森呼吸5合1 5L）	m^2	19.56	55	1075.8	1.刷108胶一遍。2.墙衬找平，并打磨。3.辊刷三遍面漆或一遍底漆两遍面漆，单色，每增加一色另加200元/间。4.若遇保温墙、砂灰墙、隔墙，须满贴的确良布增加10元/m2。顶墙空鼓须铲除后用水泥砂浆找平，增加30元/m2。客户不做上述处理应书面说明。5.材料采用力达牌墙衬；美巢牌环保型108胶
5	顶面乳胶漆（多乐士 竹炭森呼吸5合1 5L）	m^2	6.52	55	358.6	1.刷108胶一遍。2.墙衬找平，并打磨。3.辊刷三遍面漆或一遍底漆两遍面漆，单色，每增加一色另加200元/间。4.若遇保温墙、砂灰墙、隔墙，须满贴的确良布增加10元/m2。顶墙空鼓须铲除后用水泥砂浆找平，增加30元/m2。客户不做上述处理应书面说明。5.材料采用力达牌墙衬；美巢牌环保型108胶
6	大衣柜	m^2	3.26	800	2608	（60cm内）15mm厚木芯板框架结构，内衬饰面板饰清水漆两遍，3mm厚夹板饰面，实木线条收口，批底灰、打磨，喷饰硝基漆，配合资门铰链，普通三节滑轨，抽屉一个（百叶门、凹凸门另加收40元/m^2，加抽屉另收80元/个）

次卧2

- **总面积约：** 8.73m^2
- **总 价 约：** 9671元

序号	项 目	单位	数量	单价/元	合计/元	说 明
1	包门套	m	5	110	550	1.大芯板或多层板衬底，三夹板饰面，实木门套线。门套线宽不大于55mm，厚不大于10mm。门套线宽每增加10mm，每米另增加6元。2.高级木器漆喷漆工艺二底四面处理。3.材料选用特级环保型大芯板；合资AAA三夹板；立邦保得丽超级面漆；白塔牌白乳胶(只包内侧)
2	成品门板（实木复合门）	扇	1	1100	1100	成品门
3	铺实木地板	m^2	8.73	400	3492	免安装费用
4	墙面乳胶漆（多乐士 竹炭森呼吸5合1 5L）	m^2	26.19	55	1440.45	1.刷108胶一遍。2.墙衬找平，并打磨。3.辊刷三遍面漆或一遍底漆两遍面漆，单色，每增加一色另加200元/间。4.若遇保温墙、砂灰墙、隔墙，须满贴的确良布增加10元/m2。顶墙空鼓须铲除后用水泥砂浆找平，增加30元/m2。客户不做上述处理应书面说明。5.材料采用力达牌墙衬；美巢牌环保型108胶
5	顶面乳胶漆（多乐士 竹炭森呼吸5合1 5L）	m^2	8.73	55	480.15	1.刷108胶一遍。2.墙衬找平，并打磨。3.辊刷三遍面漆或一遍底漆两遍面漆，单色，每增加一色另加200元/间。4.若遇保温墙、砂灰墙、隔墙，须满贴的确良布增加10元/m2。顶墙空鼓须铲除后用水泥砂浆找平，增加30元/m2。客户不做上述处理应书面说明。5.材料采用力达牌墙衬；美巢牌环保型108胶
6	大衣柜	m^2	3.26	800	2608	(60cm内) 15mm厚木芯板框架结构，内衬饰面板饰清水漆两遍，3mm厚夹板饰面，实木线条收口，批底灰、打磨，喷饰硝基漆，配合资门铰链，普通三节滑轨，抽屉一个(百叶门、凸凹门另加收40元/m^2，加抽屉另收80元/个)

内卫生间

▸ **总面积约：** 3.58m^2

▸ **总 价 约：** 3964元

序号	项　目	单位	数量	单价/元	合计/元	说　　明
1	包门套	m	5. 16	110	567.6	1.大芯板或多层板衬底，三夹板饰面，实木门套线。门套线宽不大于55mm，厚不大于10mm。门套线宽每增加10mm，每米另增加6元。2.高级木器漆喷漆工艺二底四面处理。3.材料选用特级环保型大芯板；合资AAA三夹板；立邦保得丽超级面漆；白塔牌白乳胶(只包内侧)
2	成品门板（实木复合推拉	扇	1	180	1800	成品门
3	地面铺地面砖	m^2	3.58	60	214.8	1.水泥+砂子+108胶黏贴。对原基层进行处理另计。2.主材甲方供，拼花及高档瓷砖另计。3.普通白水泥勾缝，如采用专用勾缝剂，另加10元/m^2。4.材料采用盾石牌32.5#水泥；中砂；美巢牌环保型108胶
4	墙面贴墙面转	m^2	10.74	60	644.4	1.水泥+砂子+108胶黏贴。对原基层进行处理另计。2.主材甲方供，拼花及高档瓷砖另计。3.普通白水泥勾缝，如采用专用勾缝剂，另加10元/m2。4.材料采用盾石牌32.5#水泥 中砂；美巢牌环保型108胶
5	铝扣板吊顶	m^2	3.58	150	537	1.轻钢龙骨，配套轻钢扣件。2.材料采用普通轻钢龙骨，合资0.8mm厚以上铝扣板及角线
6	砌体包管	根	1	200	200	1.松木龙骨，水泥板或大芯板饰面。2.材料选用特级环保型大芯板；环保型松木龙骨

外卫生间

- **总面积约：** 4.04m^2
- **总 价 约：** 3376元

序号	项　目	单位	数量	单价/元	合计/元	说　　明
1	包门套	m	5	110	550	1.大芯板或多层板衬底，三夹板饰面，实木门套线。门套线宽不大于55mm，厚不大于10mm。门套线宽每增加10mm，每米另增加6元。2.高级木器漆喷漆工艺二底四面处理。3.材料选用特级环保型大芯板；合资AAA三夹板；立邦保得丽超级面漆；白塔牌白乳胶(只包内侧)
2	成品门板（实木复合门）	扇	1	1100	1100	成品门
3	地面铺地面砖	m^2	4.04	60	242.4	1.水泥+砂子+108胶黏贴。对原基层进行处理另计。2.主材甲方供，拼花及高档瓷砖另计。3.普通白水泥勾缝，如采用专用勾缝剂，另加10元/m2。4.材料采用盾石牌32.5#水泥；中砂；美巢牌环保型108胶
4	墙面贴墙面转	m^2	11.3	60	678	1. 水泥+砂子+108胶黏贴。对原基层进行处理另计。2.主材甲方供，拼花及高档瓷砖另计。3.普通白水泥勾缝，如采用专用勾缝剂，另加10元/m^2。4.材料采用盾石牌32.5#水泥；中砂；美巢牌环保型108胶
5	铝扣板吊顶	m^2	4.04	150	606	1.轻钢龙骨，配套轻钢扣件。2.材料采用普通轻钢龙骨，合资0.8mm厚以上铝扣板及角线
6	砌体包管	根	1	200	200	1.松木龙骨，水泥板或大芯板饰面。2.材料选用特级环保型大芯板；环保型松木龙骨

厨房

- **总面积约：** 5.25m²
- **总 价 约：** 3660元

序号	项　目	单位	数量	单价/元	合计/元	说　　明
1	包门套	m	5	110	550	1.大芯板或多层板衬底，三夹板饰面，实木门套线。门套线宽不大于55mm，厚不大于10mm。门套线宽每增加10mm，每米另增加6元。2.高级木器漆喷漆工艺二底四面处理。3.材料选用特级环保型大芯板；合资AAA三夹板；立邦保得丽超级面漆；白塔牌白乳胶(只包内侧)
2	成品门板（实木复合门）	扇	1	1100	1100	成品门
3	地面铺地面砖	m^2	5.25	60	315	1.水泥+砂子+108胶黏贴。对原基层进行处理另计。2.主材甲方供，拼花及高档瓷砖另计。3.普通白水泥勾缝，如采用专用勾缝剂，另加10元/m2。4.材料采用盾石牌32.5#水泥；中砂；美巢牌环保型108胶
4	墙面贴墙面转	m^2	15.12	60	907.2	1.水泥+砂子+108胶黏贴。对原基层进行处理另计。2.主材甲方供，拼花及高档瓷砖另计。3.普通白水泥勾缝，如采用专用勾缝剂，另加10元/m2。4.材料采用盾石牌32.5#水泥；中砂；美巢牌环保型108胶
5	铝扣板吊顶	m^2	5.25	150	787.5	1.轻钢龙骨，配套轻钢扣件。2.材料采用普通轻钢龙骨，合资0.8mm厚以上铝扣板及角线

左阳台

- 总面积约：2.68m^2
- 总 价 约：1521元

序号	项　目	单位	数量	单价/元	合计/元	说　　明
1	铺实木地板	m^2	2.68	400	1072	业主自购，本预算只做业主参考，不包含在本预算总价中
2	墙面乳胶漆（多乐士 竹炭森呼吸5合1 5L）	m^2	5.49	55	301.95	1.刷108胶一遍。2.墙衬找平，并打磨。3.辊刷三遍面漆或一遍底漆两遍面漆，单色，每增加一色另加200元/间。4.若遇保温墙、砂灰墙、隔墙，须满贴的确良布增加10元/m2。顶墙空鼓须铲除后用水泥砂浆找平，增加30元/m2。客户不做上述处理应书面说明。5.材料采用力达牌墙衬；美巢牌环保型108胶
3	顶面乳胶漆（多乐士 竹炭森呼吸5合1 5L）	m^2	2.68	55	147.4	1.刷108胶一遍。2.墙衬找平，并打磨。3.辊刷三遍面漆或一遍底漆两遍面漆，单色，每增加一色另加200元/间。4.若遇保温墙、砂灰墙、隔墙，须满贴的确良布增加10元/m2。顶墙空鼓须铲除后用水泥砂浆找平，增加30元/m2。客户不做上述处理应书面说明。5.材料采用力达牌墙衬；美巢牌环保型108胶

右阳台

- 总面积约：3.12m^2
- 总 价 约：874元

序号	项　目	单位	数量	单价/元	合计/元	说　　明
1	地面铺地面砖	m^2	3.12	60	187.2	1.水泥+砂子+108胶黏贴。对原基层进行处理另计。2.主材甲方供，拼花及高档瓷砖另计。3.普通白水泥勾缝，如采用专用勾缝剂，另加10元/m2。4.材料采用盾石牌32.5#水泥；中砂；美巢牌环保型108胶

（续）

序号	项　目	单位	数量	单价/元	合计/元	说　　明
2	墙面乳胶漆（多乐士 竹炭森呼吸5合1 5L）	m^2	9.36	55	514.8	1.刷108胶一遍。2.墙衬找平，并打磨。3.辊刷三遍面漆或一遍底漆两遍面漆，单色，每增加一色另加200元/间。4.若遇保温墙、砂灰墙、隔墙，须满贴的确良布增加10元/m2。顶墙空鼓须铲除后用水泥砂浆找平，增加30元/m2。客户不做上述处理应书面说明。5.材料采用力达牌墙衬；美巢牌环保型108胶
3	顶面乳胶漆（多乐士 竹炭森呼吸5合1 5L）	m^2	3.12	55	171.6	1.刷108胶一遍。2.墙衬找平，并打磨。3.辊刷三遍面漆或一遍底漆两遍面漆，单色，每增加一色另加200元/间。4.若遇保温墙、砂灰墙、隔墙，须满贴的确良布增加10元/m2。顶墙空鼓须铲除后用水泥砂浆找平，增加30元/m2。客户不做上述处理应书面说明。5.材料采用力达牌墙衬；美巢牌环保型108胶

水电

总 价 约：900元

序号	项　目	单位	数量	单价/元	合计/元	说　　明
1	水路工程	m	实际	70		以实际施工为准。PPR管系列，打槽、入墙，连接。不含水龙头。PVC排水管，接头、配件、安装
2	电路工程	m	实际	40		以实际施工为准。免检单芯铜线，照明插座线路2.5mm^2，空调线路4mm^2。标准底盒，不含开关、插座
3	水路安装工程	套	1	350	350	包含洗面盆、洗菜盆、水龙头、排风扇、毛巾架、镜子、洁具、厨具等安装（全居室、不含热水器、浴缸及蹲厕）
4	电路安装工程	套	1	500	550	包含插座、开关、灯具等安装（全居室）

运输

▶ **总 价 约：** 700元

序号	项　目	单位	数量	单价/元	合计/元	说　　明
1	材料运输费	项	1	0	0	与业主商议而定
2	材料上楼费	项	1	300	350	材料搬上楼，按建筑面积计，六层以内
3	废材下楼费	项	1	0	0	与业主商议而定
4	垃圾运输费	项	1	300	350	1.从装修点运至小区指定地点。 2.含外运费用
5	场地清理费	项	1	0	0	与业主商议而定

其他

▶ **总 价 约：** 1000元

序号	项　目	单位	数量	单价/元	合计/元	说　　明
1	工程管理费	项	1	0	0	总计×6%（不含税金）
2	竣工开荒保洁费	项	1	0	0	全居室
3	方案设计费	套	1	0	0	平面方案、预算
4	施工图设计费	套	1	0	1000	平面图、顶面图、各立面图及节点剖面图、水电施工图等
5	效果图	张		0	0	单个空间费用
总价合计/元						**69020**

案例7 Case<<

总面积约124m²，总价约10万元

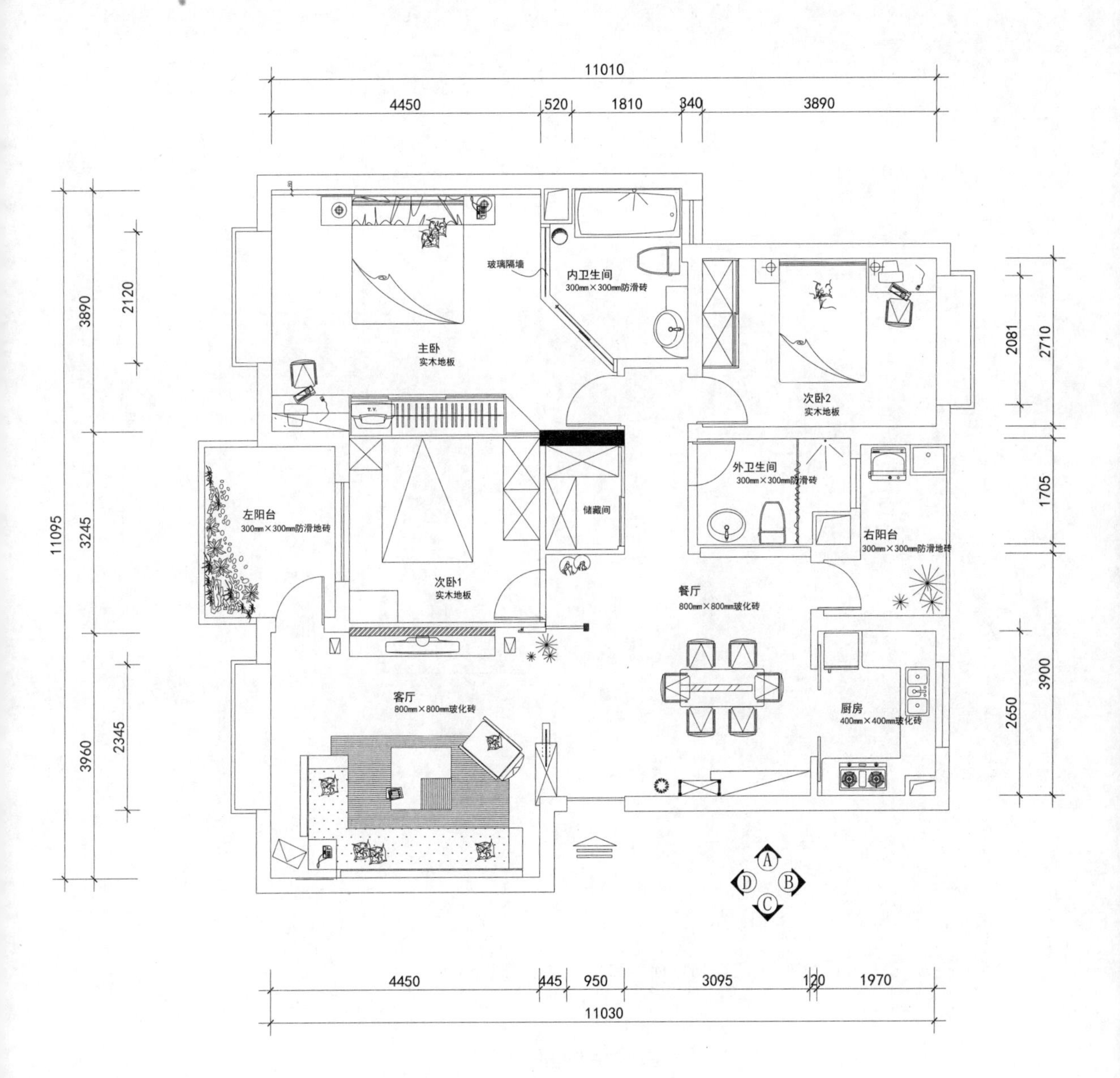

平面布置图

注：图样尺寸如与现场尺寸不符，以实际为准。

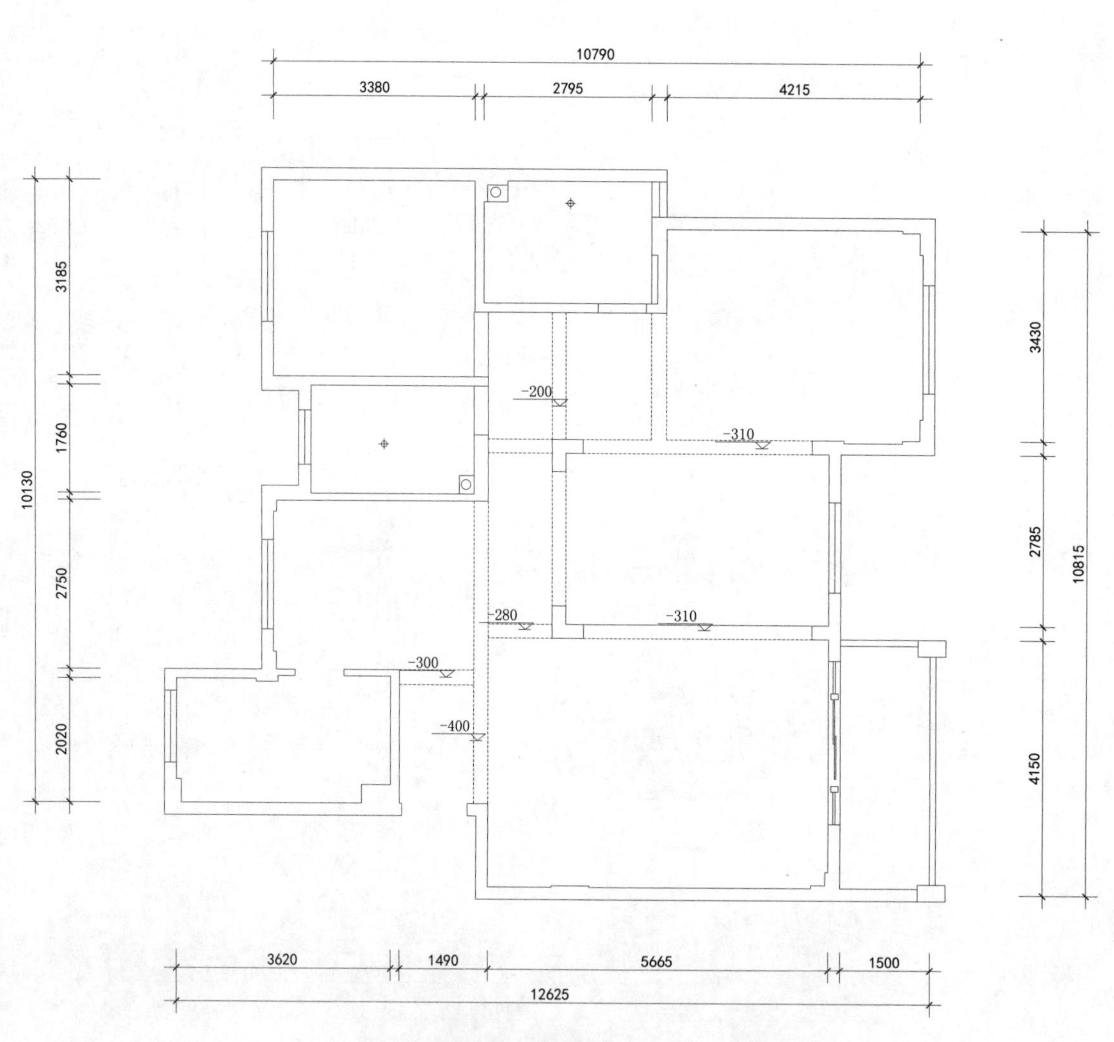

原始结构图

注：图样尺寸如与现场尺寸不符，以实际为准。

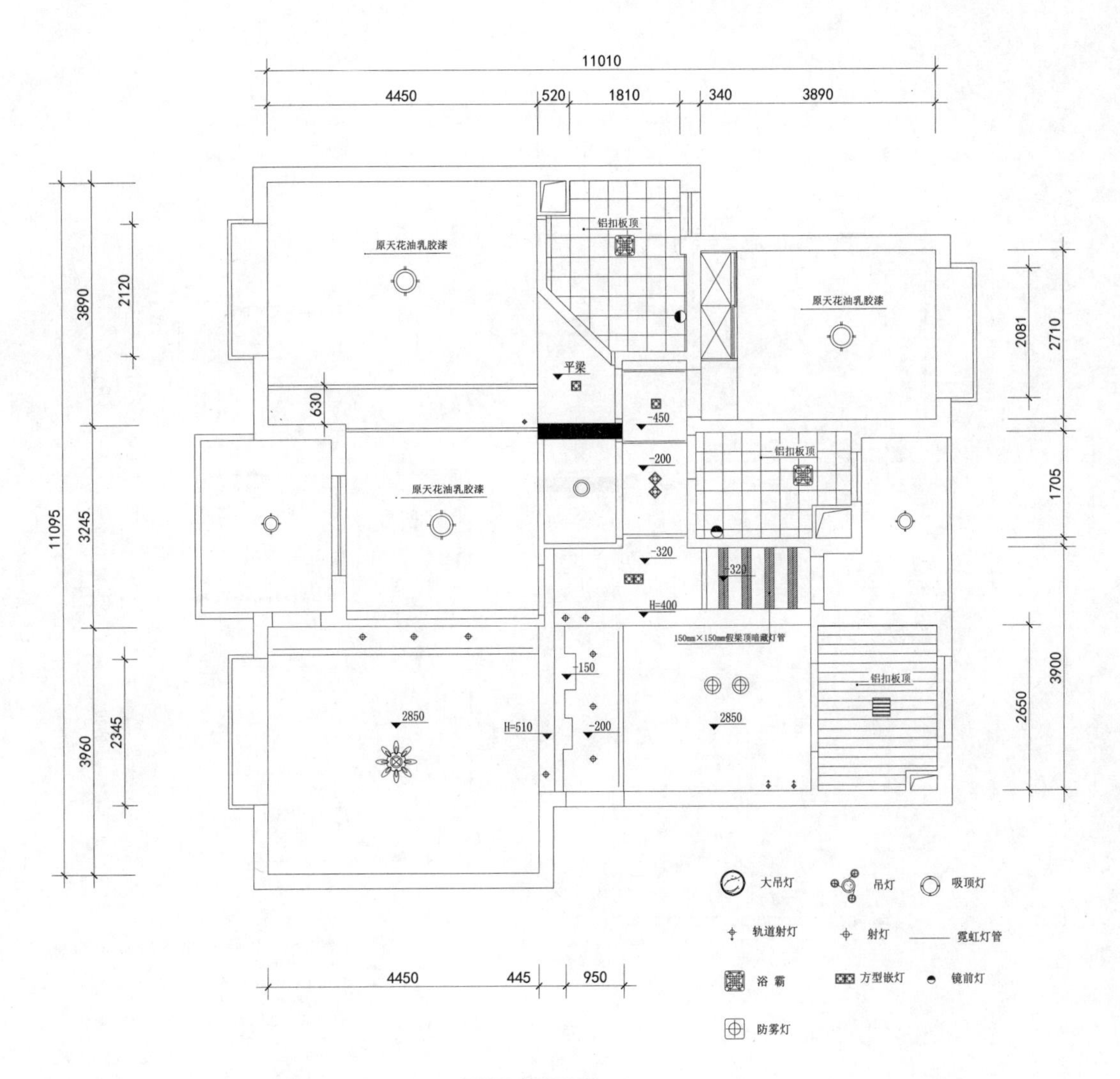

顶面布置图

注：图样尺寸如与现场尺寸不符，以实际为准。

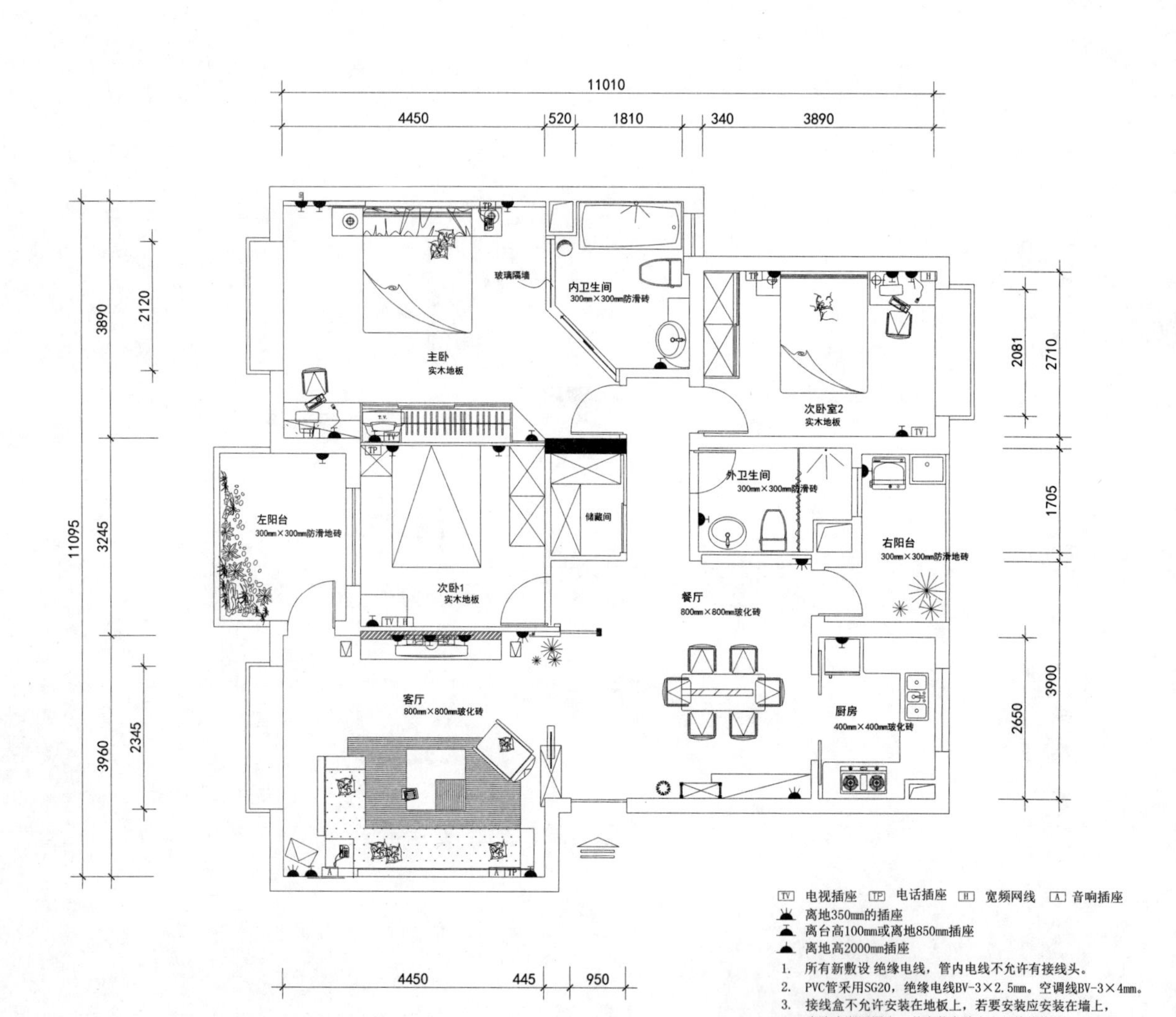

弱电及插座配置图

注：图样尺寸如与现场尺寸不符，以实际为准。

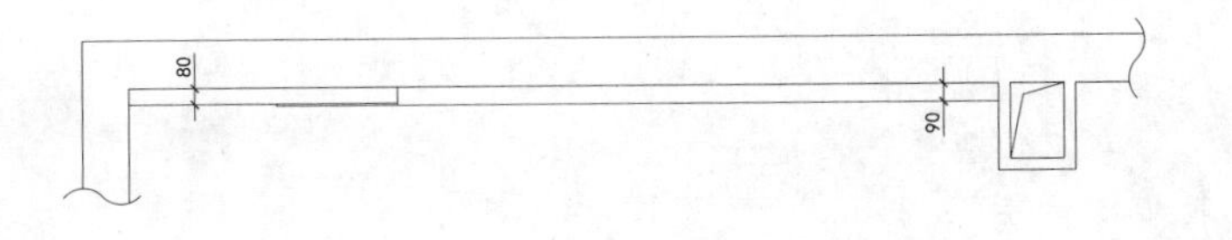

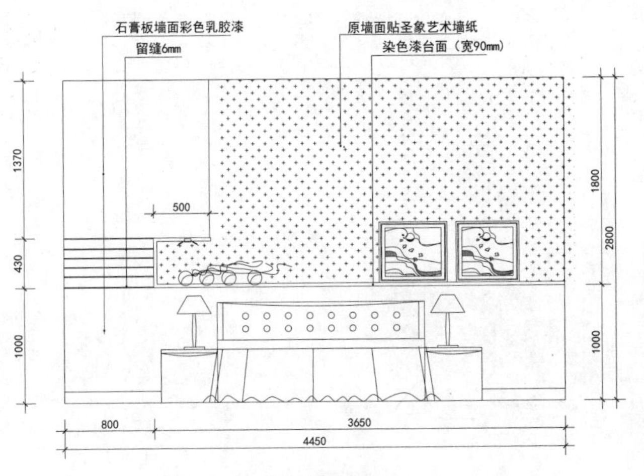

主卧A立面图

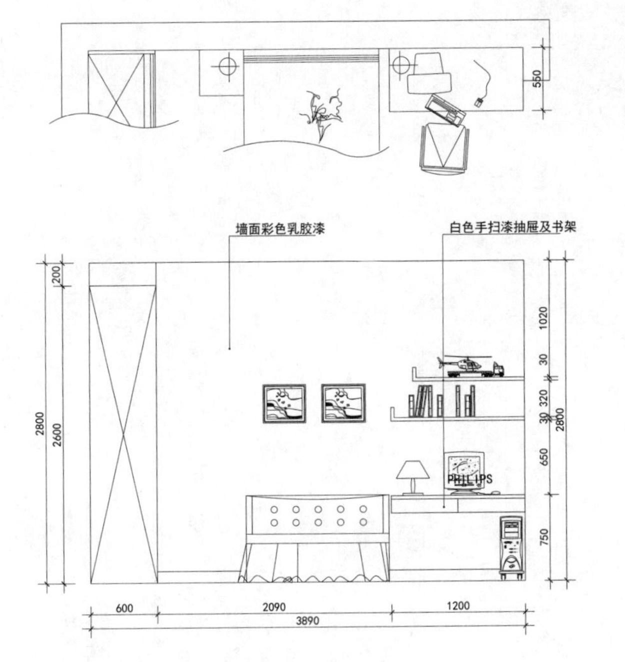

次卧2A立面图

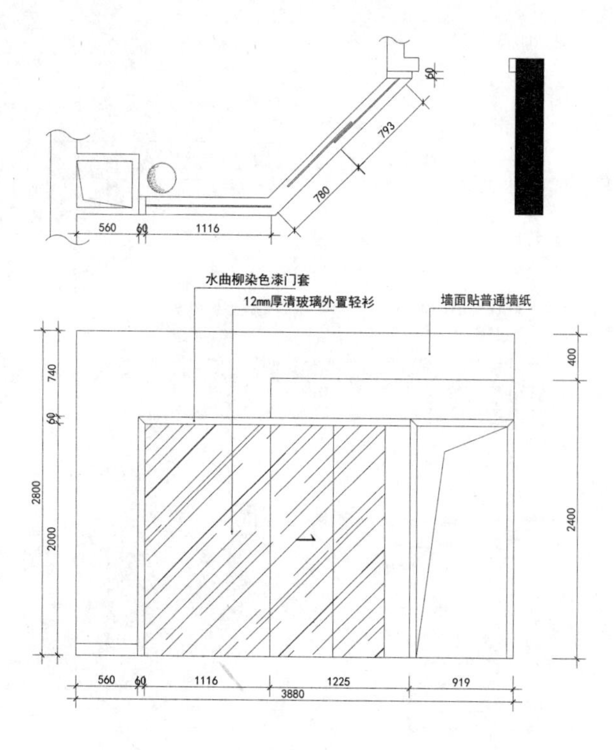

主卧B立面图

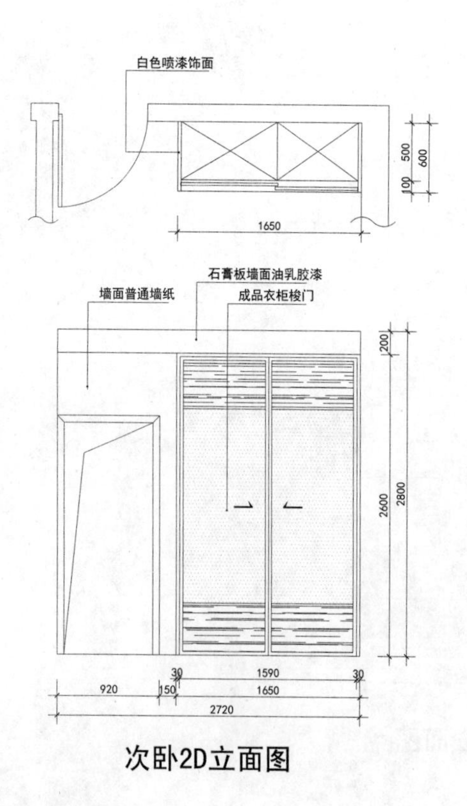

次卧2D立面图

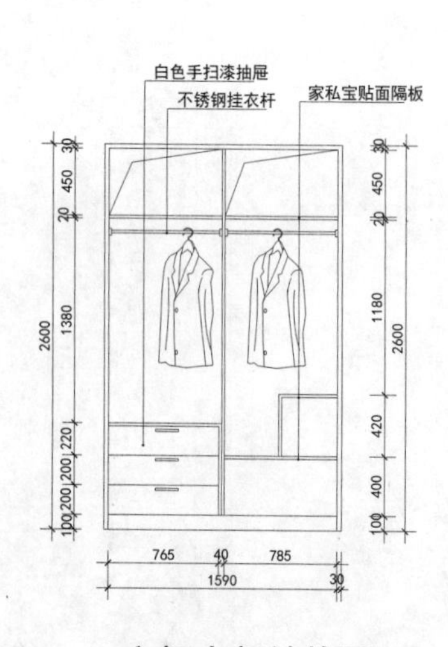

衣柜内部结构图

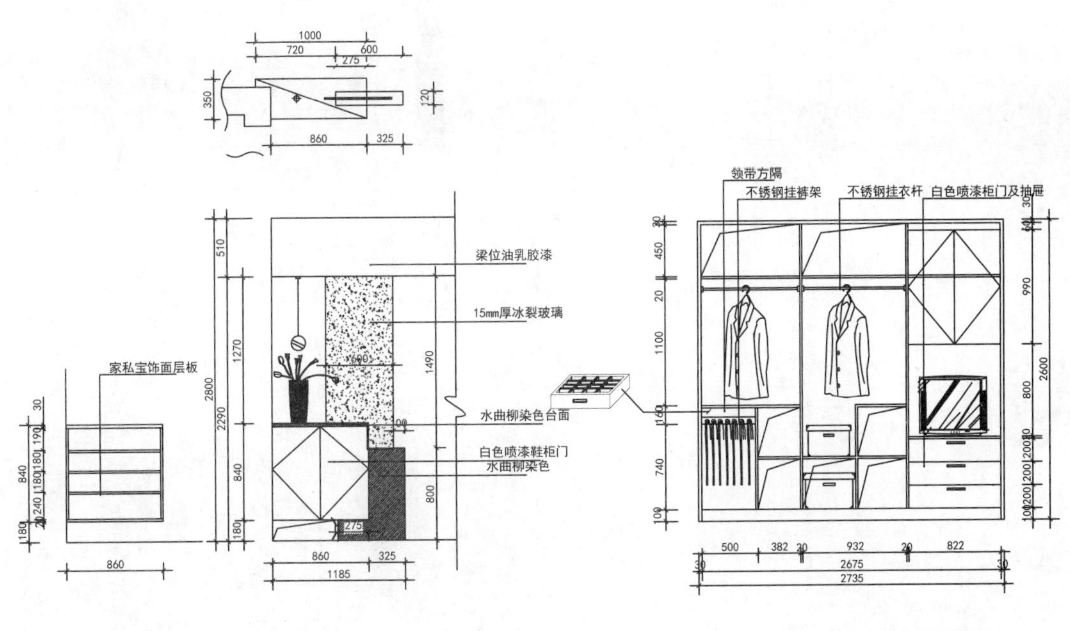

玄关D立面图

主卧衣柜内部结构图

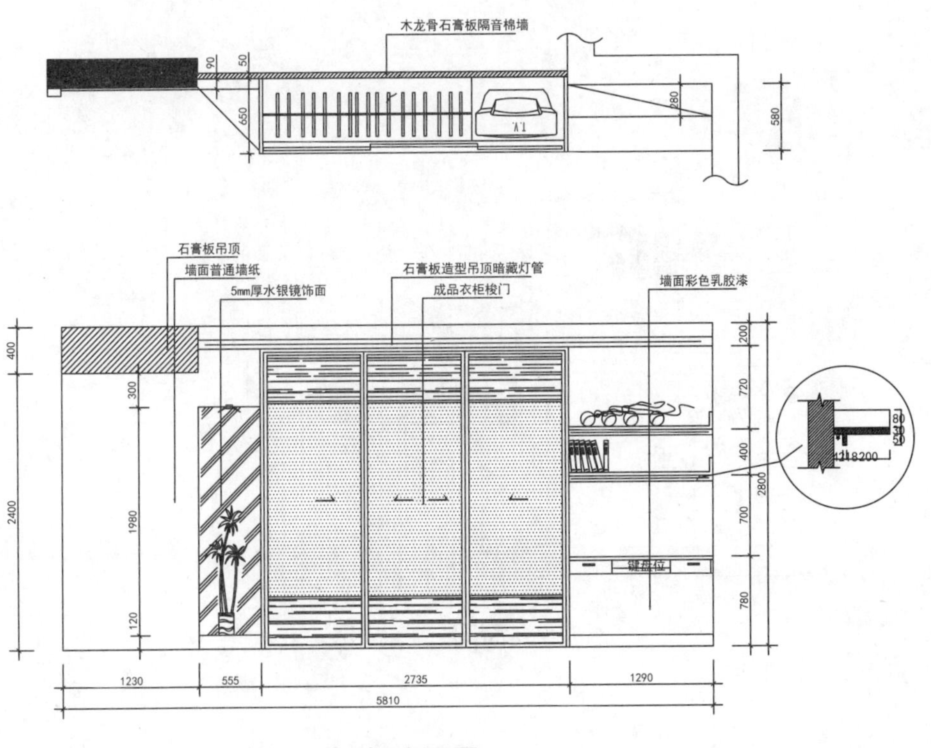

主卧C立面图

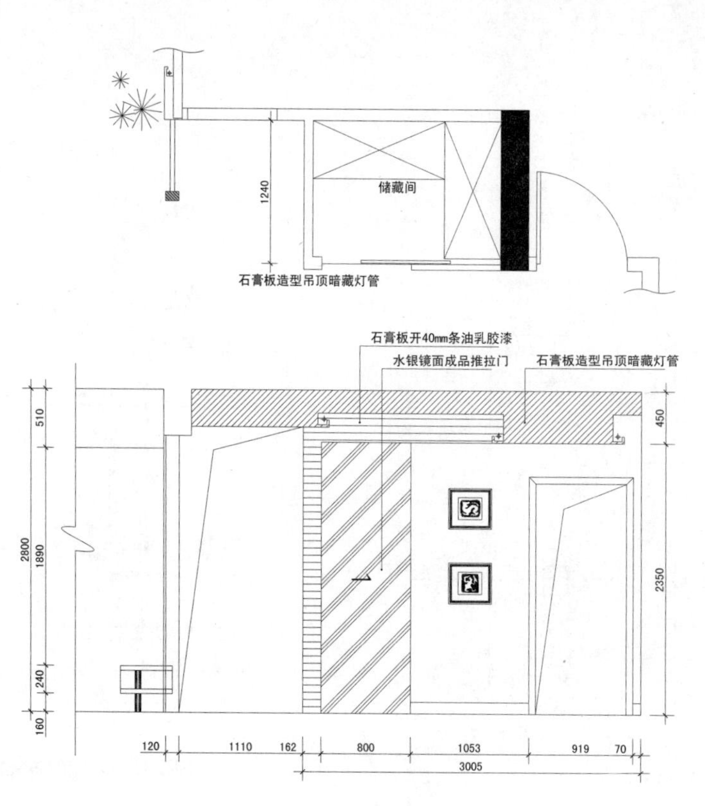

过道D立面图

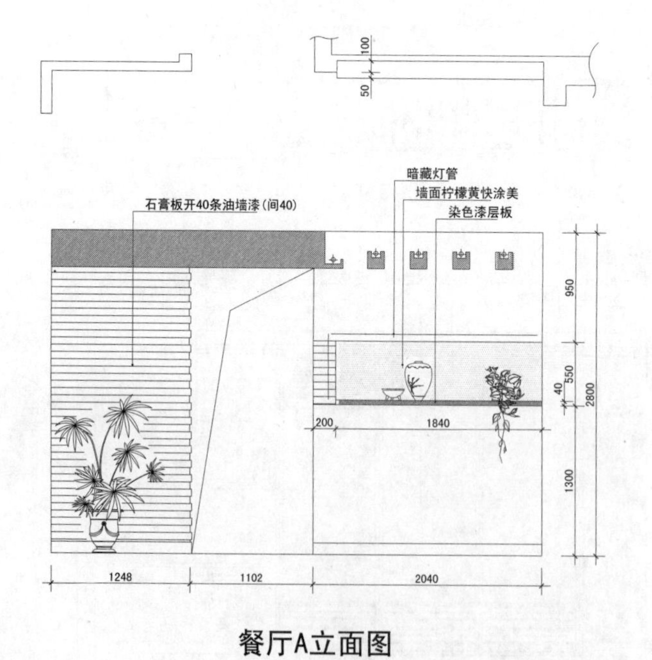

餐厅A立面图

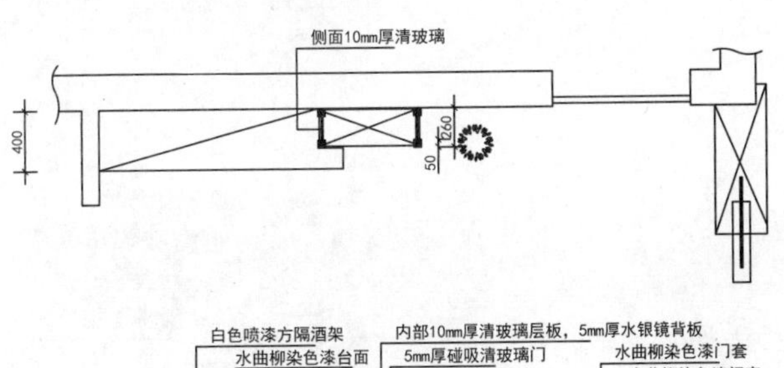

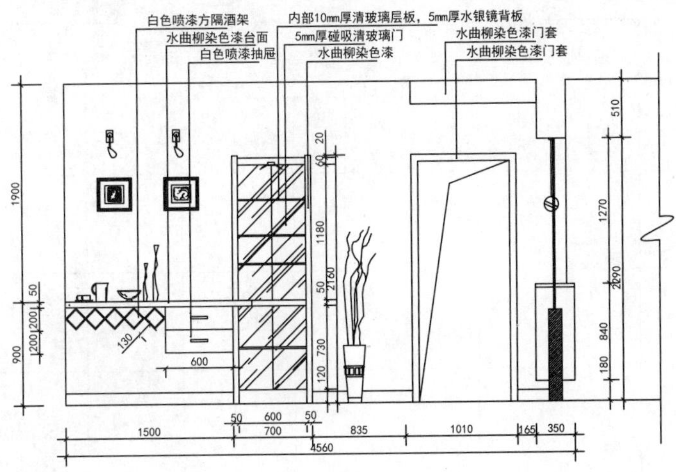

餐厅C立面图

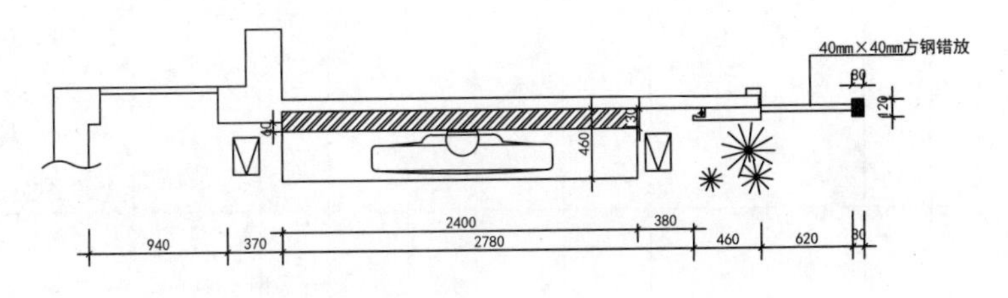

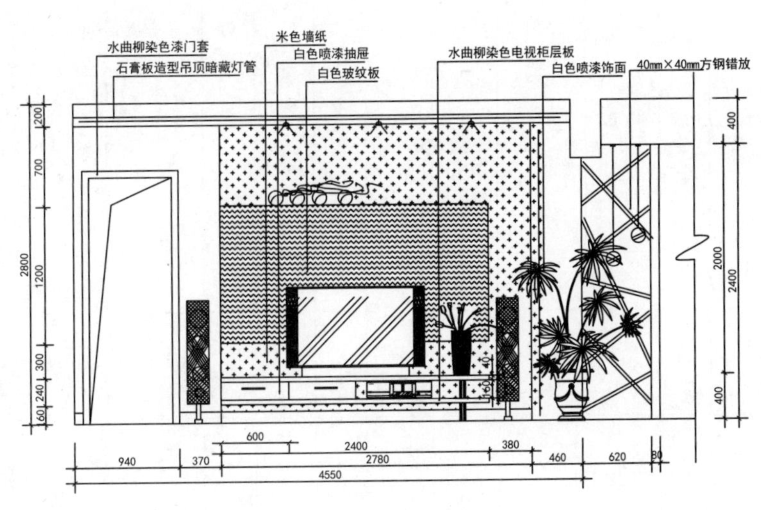

客厅A立面图

预算表

客厅

- **总面积约：**17.96m²
- **总 价 约：**10162元

编号	工程项目	单位	工程量及单价		其中（为估算价格、单位：元）					复加合计	备注
			数量	单价/元	主材	辅材	机械	人工	损耗	金额/元	
1	单面双线门套	m	5.6	110	60	20	4	21	5	616	饰面板饰面，木工板立架，外9mm板贴墙，实木阴角压顶，内板线
2	铺地砖300以上	m²	17.96	75	0	25	4	40	6	1347	主材价格按购价计价，损耗按实计算
3	多乐士竹炭森呼吸5合1顶面乳胶漆	m²	17.96	55	40	0	0	12	3	987.8	乳胶漆一底二面。1.刷108胶一遍。墙衬找平，并打磨。2.辊刷三遍面漆或一遍底漆两遍面漆，单色，每增加一色另加200元/间。3.若遇保温墙、砂灰墙、隔墙，须满贴的确良布增加10元/m²。顶墙空鼓须铲除后用水泥砂浆找平，增加30元/m²。客户不做上述处理应书面说明。4.材料采用优质墙衬；美巢牌环保型108胶
4	多乐士竹炭森呼吸5合1墙面乳胶漆	m²	43.82	55	40	0	0	12	3	2410.1	乳胶漆一底二面。1.刷108胶一遍。墙衬找平，并打磨。2.辊刷三遍面漆或一遍底漆两遍面漆，单色，每增加一色另加200元/间。3.若遇保温墙、砂灰墙、隔墙，须满贴的确良布增加10元/m²。顶墙空鼓须铲除后用水泥砂浆找平，增加30元/m²。客户不做上述处理应书面说明。4.材料采用优质墙衬；美巢牌环保型108胶
5	方形电视造型背景	项	1	2670	0	0	0	0	0	2670	具体见施工图
6	玄关鞋柜	项	1	1800	0	0	0	0	0	1800	具体见施工图
7	石膏板二级平顶	m²	2.02	164	85	38	3	35	3	331.28	石膏板饰面，木龙骨基层，开灯孔或灯座木框制作安装

餐厅、过道

- **总面积约：** 19.36m²
- **总 价 约：** 9744元

编号	工程项目	单位	工程量及单价		其中（为估算价格、单位：元）					复加合计	备注
			数量	单价/元	主材	辅材	机械	人工	损耗	金额/元	
1	铺地砖300以上	m²	19.36	75	0	25	4	40	6	1452	主材价格按购价计价，损耗按实计算
2	多乐士竹炭森呼吸5合1顶面乳胶漆	m²	2.96	55	40	0	0	12	3	162.8	乳胶漆一底二面。1.刷108胶一遍。墙衬找平，并打磨。2.辊刷三遍面漆或一遍底漆两遍面漆，单色，每增加一色另加200元/间。3.若遇保温墙、砂灰墙、隔墙，须满贴的确良布增加10元/m²。顶墙空鼓须铲除后用水泥砂浆找平，增加30元/m²。客户不做上述处理应书面说明。4.材料采用优质墙衬；美巢牌环保型108胶
3	多乐士竹炭森呼吸5合1墙面乳胶漆	m²	40.81	55	40	0	0	12	3	2244.55	乳胶漆一底二面。1.刷108胶一遍。墙衬找平，并打磨。2.辊刷三遍面漆或一遍底漆两遍面漆，单色，每增加一色另加200元/间。3.若遇保温墙、砂灰墙、隔墙，须满贴的确良布增加10元/m²。顶墙空鼓须铲除后用水泥砂浆找平，增加30元/m²。客户不做上述处理应书面说明。4.材料采用优质墙衬；美巢牌环保型108胶
4	石膏板二级平顶	m²	15	164	85	38	3	35	3	2460	石膏板饰面，木龙骨基层，开灯孔或灯座木框制作安装
5	方形餐厅造型背景	项	1	1320	0	0	0	0	0	1320	具体见施工图
6	上木框玻门下平板门酒柜	m²	4.73	445	255	24	3	148	15	2104.85	饰面板饰面，木工板立架，无抽屉，实木封边，不含玻璃

厨房

- **总面积约：** 5.22m²
- **总 价 约：** 5460元

编号	工程项目	单位	工程量及单价		其中（为估算价格、单位：元）					复加合计	备注
			数量	单价/元	主材	辅材	机械	人工	损耗	金额/元	
1	双面双线门套	m	5.1	130	78	21	5	21	5	663	饰面板饰面，木工板立架，9mm板贴墙，实木阴角压顶

（续）

编号	工程项目	单位	工程量及单价		其中（为估算价格、单位：元）					复加合计	备注
			数量	单价/元	主材	辅材	机械	人工	损耗	金额/元	
2	工厂化实心平板门	扇	1	2665	0	0	0	0	0	2665	自动高温热压贴皮，内实心杉木指接板，再用双面5mm厚密度板找平
3	铺地砖300mm×300mm以上	m²	5.22	75	0	25	4	40	6	391.5	主材价格按购价计价，损耗按实计算
4	墙面铺墙面砖	m²	13.93	50		21	2	25	2	696.5	主材价格按购价计价，损耗按实计算。1.水泥+砂子+108胶黏贴。对原基层进行处理另计。2.主材甲方供，拼花及高档瓷砖另计。3.普通白水泥勾缝，如采用专用勾缝剂，另加10元/m²。4.材料采用优质水泥；中砂；美巢牌环保型108胶
5	长条铝扣板吊顶	m²	5.22	200	150	20	2	25	3	1044	平板式或微孔板，钢龙骨、木龙骨安装，换气扇、灯座木框制作安装

右阳台

- **总面积约：** 4.48m²
- **总 价 约：** 3827元

编号	工程项目	单位	工程量及单价		其中（为估算价格、单位：元）					复加合计	备注
			数量	单价/元	主材	辅材	机械	人工	损耗	金额/元	
1	双面双线门套	m	5.1	130	78	21	5	21	5	663	饰面板饰面，木工板立架，9mm板贴墙，实木阴角压顶
2	工厂化实心平板门	扇	1	1865	0	0	0	0	0	1865	自动高温热压贴皮，内实心杉木指接板，再用双面5mm厚密度板找平
3	铺地砖300mm×300mm以内	m²	4.48	55	0	21	2	30	2	246.4	主材价格按购价计价，损耗按实计算。1.水泥+砂子+108胶黏贴。对原基层进行处理另计。2.主材甲方供，拼花及高档瓷砖另计。3.普通白水泥勾缝，如采用专用勾缝剂，另加10元/m²。4.材料采用优质水泥；中砂；美巢牌环保型108胶
4	地面防漏处理	m²	4.48	32	16	8	1	6	1	143.36	水泥砂浆修补，防水涂料刷两遍
5	多乐士竹炭森呼吸5合1顶面乳胶漆	m²	4.48	55	40	0	0	12	3	246.4	乳胶漆一底二面。1.刷108胶一遍。墙衬找平，并打磨。2.辊刷三遍面漆或一遍底漆两遍面漆，单色，每增加一色另加200元/间。3.若遇保温墙、砂灰墙、隔墙，须满贴的确良布增加10元/m²。顶墙空鼓须铲除后用水泥砂浆找平，增加30元/m²。客户不做上述处理应书面说明。4.材料采用优质墙衬；美巢牌环保型108胶

（续）

编号	工程项目	单位	工程量及单价		其中（为估算价格、单位：元）					复加合计	备注
			数量	单价/元	主材	辅材	机械	人工	损耗	金额/元	
6	多乐士竹炭森呼吸5合1墙面乳胶漆	m²	12.05	55	40	0	0	12	3	662.75	乳胶漆一底二面。1.刷108胶一遍。墙衬找平，并打磨。2.辊刷三遍面漆或一遍底漆两遍面漆，单色，每增加一色另加200元/间。3.若遇保温墙、砂灰墙、隔墙，须满贴的确良布增加10元/m²。顶墙空鼓须铲除后用水泥砂浆找平，增加30元/m²。客户不做上述处理应书面说明。4、材料采用优质墙衬；美巢牌环保型108胶

外卫生间

- **总面积约：** 4.37m²
- **总 价 约：** 4024元

编号	工程项目	单位	工程量及单价		其中（为估算价格、单位：元）					复加合计	备注
			数量	单价/元	主材	辅材	机械	人工	损耗	金额/元	
1	双面双线门套	m	5.1	130	78	21	5	21	5	663	饰面板饰面，木工板立架，9mm板贴墙，实木阴角压顶
2	工厂化无木格玻璃木框门	扇	1	1350	0	0	0	0	0	1350	自动高温热压贴皮，内实心杉木指接板，再用双面7mm厚密度板找平，不含玻璃
3	铺地砖300mm×300mm以内	m²	4.37	55	0	21	2	30	2	240.35	主材价格按购价计价，损耗按实计算。1.水泥+砂子+108胶黏贴。对原基层进行处理另计。2.主材甲方供，拼花及高档瓷砖另计。3.普通白水泥勾缝，如采用专用勾缝剂，另加10元/m²。4.材料采用优质水泥；中砂；美巢牌环保型108胶
4	地面防漏处理	m²	4.37	32	16	8	1	6	1	139.84	水泥砂浆修补，防水涂料刷两遍
5	墙面铺墙面砖	m²	11.14	50		21	2	25	2	557	主材价格按购价计价，损耗按实计算。1.水泥+砂子+108胶黏贴。对原基层进行处理另计。2.主材甲方供，拼花及高档瓷砖另计。3.普通白水泥勾缝，如采用专用勾缝剂，另加10元/m²。4.材料采用优质水泥；中砂；美巢牌环保型108胶
6	长条铝扣板吊顶	m²	4.37	200	150	20	2	25	3	874	平板式或微孔板，钢龙骨、木龙骨安装，换气扇、灯座木框制作安装
7	包上/下水管道	根	1	200	75	50	5	65	5	200	水泥砂浆或木工板包管柱

储藏间

- **总面积约：** 1.97m²
- **总 价 约：** 8907元

编号	工程项目	单位	工程量及单价		其中（为估算价格、单位：元）					复加合计	备注
			数量	单价/元	主材	辅材	机械	人工	损耗	金额/元	
1	双面双线门套	m	5.1	130	78	21	5	21	5	663	饰面板饰面，木工板立架，9mm板贴墙，实木阴角压顶
2	工厂化实心平板推拉门	扇	1	1600	0	0	0	0	0	1600	自动高温热压贴皮，内实心杉木指接板，再用双面5mm厚密度板找平
3	多乐士竹炭森呼吸5合1顶面乳胶漆	m²	1.97	55	40	0	0	12	3	108.35	乳胶漆一底二面。1.刷108胶一遍。墙衬找平，并打磨。2.辊刷三遍面漆或一遍底漆两遍面漆，单色，每增加一色另加200元/间。3.若遇保温墙、砂灰墙、隔墙，须满贴的确良布增加10元/m²。顶墙空鼓须铲除后用水泥砂浆找平，增加30元/m²。客户不做上述处理应书面说明。4.材料采用优质墙衬；美巢牌环保型108胶
4	多乐士竹炭森呼吸5合1墙面乳胶漆	m²	5.47	55	40	0	0	12	3	300.85	乳胶漆一底二面。1.刷108胶一遍。墙衬找平，并打磨。2.辊刷三遍面漆或一遍底漆两遍面漆，单色，每增加一色另加200元/间。3.若遇保温墙、砂灰墙、隔墙，须满贴的确良布增加10元/m²。顶墙空鼓须铲除后用水泥砂浆找平，增加30元/m²。客户不做上述处理应书面说明。4.材料采用优质墙衬；美巢牌环保型108胶
5	平板开门顶(吊)柜	m²	8.15	765	355	133	2	260	15	6234.75	饰面板饰面，木工板立架，5mm板封后背，实木封边

次卧1

▶ **总面积约：**9.34m²

▶ **总 价 约：**8673元

编号	工程项目	单位	工程量及单价		其中（为估算价格、单位：元）					复加合计	备注
			数量	单价/元	主材	辅材	机械	人工	损耗	金额/元	
1	双面双线门套	m	5.1	130	78	21	5	21	5	663	饰面板饰面，木工板立架，9mm板贴墙，实木阴角压顶
2	工厂化实心平板门	扇	1	2665	0	0	0	0	0	2665	自动高温热压贴皮，内实心杉木指接板，再用双面5mm厚密度板找平
3	多乐士竹炭森呼吸5合1顶面乳胶漆	m²	9.34	55	40	0	0	12	3	513.7	乳胶漆一底二面。1.刷108胶一遍。墙衬找平，并打磨。2.辊刷三遍面漆或一遍底漆两遍面漆，单色，每增加一色另加200元/间。3.若遇保温墙、砂灰墙、隔墙，须满贴的确良布增加10元/m²。顶墙空鼓须铲除后用水泥砂浆找平，增加30元/m²。客户不做上述处理应书面说明。4.材料采用优质墙衬：美巢牌环保型108胶
4	多乐士竹炭森呼吸5合1墙面乳胶漆	m²	22.88	55	40	0	0	12	3	1258.4	乳胶漆一底二面。1.刷108胶一遍。墙衬找平，并打磨。2.辊刷三遍面漆或一遍底漆两遍面漆，单色，每增加一色另加200元/间。3.若遇保温墙、砂灰墙、隔墙，须满贴的确良布增加10元/m²。顶墙空鼓须铲除后用水泥砂浆找平，增加30元/m²。客户不做上述处理应书面说明。4、材料采用优质墙衬：美巢牌环保型108胶
5	平板开门顶(吊)柜	m²	4.67	765	355	133	2	260	15	3572.55	饰面板饰面，木工板立架，5mm板封后背，实木封边

左阳台

▶ **总面积约：**5.97m²

▶ **总 价 约：**4183元

编号	工程项目	单位	工程量及单价		其中（为估算价格、单位：元）					复加合计	备注
			数量	单价/元	主材	辅材	机械	人工	损耗	金额/元	
1	双面双线门套	m	5.1	130	78	21	5	21	5	663	饰面板饰面，木工板立架，9mm板贴墙，实木阴角压顶
2	工厂化实心平板门	扇	1	1865	0	0	0	0	0	1865	自动高温热压贴皮，内实心杉木指接板，再用双面5mm厚密度板找平

（续）

编号	工程项目	单位	工程量及单价		其中（为估算价格、单位：元）					复加合计	备注
			数量	单价/元	主材	辅材	机械	人工	损耗	金额/元	
3	铺地砖300mm×300mm以内	m^2	5.97	55	0	21	2	30	2	328.35	主材价格按购价计价，损耗按实计算。 1.水泥+砂子+108胶黏贴。对原基层进行处理另计。2.主材甲方供，拼花及高档瓷砖另计。3.普通白水泥勾缝，如采用专用勾缝剂，另加10元/m^2。4.材料采用优质水泥；中砂；美巢牌环保型108胶
4	地面防漏处理	m^2	5.97	32	16	8	1	6	1	191.04	水泥砂浆修补，防水涂料刷两遍
5	多乐士竹炭森呼吸5合1顶面乳胶漆	m^2	5.97	55	40	0	0	12	3	328.35	乳胶漆一底二面。 1.刷108胶一遍。墙衬找平，并打磨。2.辊刷三遍面漆或一遍底漆两遍面漆，单色，每增加一色另加200元/间。3.若遇保温墙、砂灰墙、隔墙，须满贴的确良布增加10元/m^2。顶墙空鼓须铲除后用水泥砂浆找平，增加30元/m^2。客户不做上述处理应书面说明。4.材料采用优质墙衬；美巢牌环保型108胶
6	多乐士竹炭森呼吸5合1墙面乳胶漆	m^2	14.68	55	40	0	0	12	3	807.4	乳胶漆一底二面。 1.刷108胶一遍。墙衬找平，并打磨。2.辊刷三遍面漆或一遍底漆两遍面漆，单色，每增加一色另加200元/间。3.若遇保温墙、砂灰墙、隔墙，须满贴的确良布增加10元/m^2。顶墙空鼓须铲除后用水泥砂浆找平，增加30元/m^2。客户不做上述处理应书面说明。4.材料采用优质墙衬；美巢牌环保型108胶

主卧

- **总面积约：** 19.96m^2
- **总 价 约：** 18074元

编号	工程项目	单位	工程量及单价		其中（为估算价格、单位：元）					复加合计	备注
			数量	单价/元	主材	辅材	机械	人工	损耗	金额/元	
1	双面双线门套	m	5.1	130	78	21	5	21	5	663	饰面板饰面，木工板立架，9mm板贴墙，实木阴角压顶
2	工厂化实心平板门	扇	1	2665	0	0	0	0	0	2665	自动高温热压贴皮，内实心杉木指接板，再用双面5mm厚密度板找平

（续）

编号	工程项目	单位	工程量及单价		其中（为估算价格、单位：元）					复加合计	备注
			数量	单价/元	主材	辅材	机械	人工	损耗	金额/元	
3	多乐士竹炭森呼吸5合1顶面乳胶漆	m^2	19.96	55	40	0	0	12	3	1097.8	乳胶漆一底二面。1.刷108胶一遍。墙衬找平，并打磨。2.辊刷三遍面漆或一遍底漆两遍面漆，单色，每增加一色另加200元/间。3.若遇保温墙、砂灰墙、隔墙，须满贴的确良布增加10元/m^2。顶墙空鼓须铲除后用水泥砂浆找平，增加30元/m^2。客户不做上述处理应书面说明。4.材料采用优质墙衬；美巢牌环保型108胶
4	多乐士竹炭森呼吸5合1墙面乳胶漆	m^2	49.7	55	40	0	0	12	3	2733.5	乳胶漆一底二面。1.刷108胶一遍。墙衬找平，并打磨。2.辊刷三遍面漆或一遍底漆两遍面漆，单色，每增加一色另加200元/间。3.若遇保温墙、砂灰墙、隔墙，须满贴的确良布增加10元/m^2。顶墙空鼓须铲除后用水泥砂浆找平，增加30元/m^2。客户不做上述处理应书面说明。4.材料采用优质墙衬；美巢牌环保型108胶
5	平板开门顶(吊)柜	m^2	12.62	765	355	133	2	260	15	9654.3	饰面板饰面，木工板立架，5mm板封后背，实木封边
6	方形床头造型背景	项	1	1260	0	0	0	0	0	1260	具体见施工图

内卫生间

- **总面积约：**5.35m^2
- **总 价 约：**9033元

编号	工程项目	单位	工程量及单价		其中（为估算价格、单位：元）					复加合计	备注
			数量	单价/元	主材	辅材	机械	人工	损耗	金额/元	
1	双面双线门套	m	5.1	130	78	21	5	21	5	663	饰面板饰面，木工板立架，9mm板贴墙，实木阴角压顶
2	工厂化无木格玻璃木框推拉门	扇	2	1750	0	0	0	0	0	3500	自动高温热压贴皮，内实心杉木指接板，再用双面7mm厚密度板找平，不含玻璃
3	玻璃砖隔断墙	m^2	3.78	680	550	65	4	55	6	2570.4	木工板(杉木档)框，玻璃规格190mm×190mm×80mm
4	铺地砖300mm×300mm以内	m^2	5.35	55	0	21	2	30	2	294.25	主材价格按购价计价，损耗按实计算。1.水泥+砂子+108胶黏贴。对原基层进行处理另计。2.主材甲方供，拼花及高档瓷砖另计。3.普通白水泥勾缝，如采用专用勾缝剂，另加10元/m^2。4.材料采用优质水泥；中砂；美巢牌环保型108胶

（续）

编号	工程项目	单位	工程量及单价		其中（为估算价格、单位：元）					复加合计	备注
			数量	单价/元	主材	辅材	机械	人工	损耗	金额/元	
5	地面防漏处理	m²	5.35	32	16	8	1	6	1	171.2	水泥砂浆修补，防水涂料刷两遍
6	墙面铺墙面砖	m²	11.28	50		21	2	25	2	564	主材价格按购价计价，损耗按实计算。1.水泥+砂子+108胶黏贴。对原基层进行处理另计。2.主材甲方供，拼花及高档瓷砖另计。3.普通白水泥勾缝，如采用专用勾缝剂，另加10元/m²。4.材料采用优质水泥；中砂；美巢牌环保型108胶
7	长条铝扣板吊顶	m²	5.35	200	150	20	2	25	3	1070	平板式或微孔板，钢龙骨、木龙骨安装，换气扇、灯座木框制作安装
8	包上/下水管道	根	1	200	75	50	5	65	5	200	水泥砂浆或木工板包管柱

次卧2

- **总面积约：** 10.05m²
- **总 价 约：** 8225元

编号	工程项目	单位	工程量及单价		其中（为估算价格、单位：元）					复加合计	备注
			数量	单价/元	主材	辅材	机械	人工	损耗	金额/元	
1	双面双线门套	m	5.1	130	78	21	5	21	5	663	饰面板饰面，木工板立架，9mm板贴墙，实木阴角压顶
2	工厂化实心平板门	扇	1	2665	0	0	0	0	0	2665	自动高温热压贴皮，内实心杉木指接板，再用双面5mm厚密度板找平
3	多乐士竹炭森呼吸5合1顶面乳胶漆	m²	10.05	55	40	0	0	12	3	552.75	乳胶漆一底二面。1.刷108胶一遍。墙衬找平，并打磨。2.辊刷三遍面漆或一遍底漆两遍面漆，单色，每增加一色另加200元/间。3.若遇保温墙、砂灰墙、隔墙，须满贴的确良布增加10元/m²。顶墙空鼓须铲除后用水泥砂浆找平，增加30元/m²。客户不做上述处理应书面说明。4.材料采用优质墙衬；美巢牌环保型108胶
4	多乐士竹炭森呼吸5合1墙面乳胶漆	m²	26.93	55	40	0	0	12	3	1481.15	乳胶漆一底二面。1.刷108胶一遍。墙衬找平，并打磨。2.辊刷三遍面漆或一遍底漆两遍面漆，单色，每增加一色另加200元/间。3.若遇保温墙、砂灰墙、隔墙，须满贴的确良布增加10元/m²。顶墙空鼓须铲除后用水泥砂浆找平，增加30元/m²。客户不做上述处理应书面说明。4.材料采用优质墙衬；美巢牌环保型108胶
5	平板开门顶(吊)柜	m²	5.05	765	355	133	2	260	15	3863.25	饰面板饰面，木工板立架，5mm板封后背，实木封边

水电部分

总 价 约：8960元

编号	工程项目	单位	工程量及单价		其中（为估算价格、单位：元）					复加合计	备注
			数量	单价/元	主材	辅材	机械	人工	损耗	金额/元	
1	水表移位PPR管连接	只	1	235	110	23	4	92	6	235	皮尔萨PPR管，开槽、定位
2	一厨一卫PPR管连接	套	1	1535	460	640	30	365	40	1535	皮尔萨PPR管，开槽、定位
3	增加一卫PPR管连接	间	1	1055	300	493	15	220	27	1055	皮尔萨PPR管，开槽、定位
4	玄关（过道）铺管穿线	项	1	100	30	18	5	45	2	100	优质电线穿PVC管铺设，含插座、开关、照明安装人工费
5	厨房铺管穿线	间	1	300	100	45	10	137	8	300	优质电线穿PVC管铺设，含插座、开关、照明安装人工费
6	卫生间铺管穿线	间	2	370	125	65	10	160	10	740	优质电线穿PVC管铺设，含插座、开关、照明安装人工费
7	阳台铺管穿线	只	2	115	36	35	5	35	4	230	优质电线穿PVC管铺设，含插座、开关、照明安装人工费
8	客厅铺管穿线	间	1	385	170	75	20	110	10	385	优质电线穿PVC管铺设，含插座、开关、照明安装人工费
9	餐厅铺管穿线	间	1	325	125	70	15	105	10	325	优质电线穿PVC管铺设，含插座、开关、照明安装人工费
10	房间铺管穿线	间	3	365	140	75	20	120	10	1095	优质电线穿PVC管铺设，含插座、开关、照明安装人工费
11	坐便器安装	套	2	80	自购					160	人工费及辅料费
12	水池（槽、洗脸盆）安装	套	2	50	自购					100	人工费及辅料费
13	常规型智能布线	套	1	2700	1120	1050	40	435	55	2700	按单层标准布线计算，有二层时除主材箱外增加1.5～2的系数

运输与保洁

▸ **总 价 约：**2200元

编号	工程项目	单位	工程量及单价		其中（为估算价格、单位：元）					复加合计	备注
			数量	单价/元	主材	辅材	机械	人工	损耗	金额/元	
1	装潢垃圾清理	项	1	600						600	施工过程产生垃圾，按建筑面积计算，二层以内，最少基数为100m^2
2	材料二次搬运费	项	1	600						600	材料搬上楼，按建筑面积计，二层以内。最少基数为100m^2
3	家政卫生服务费	项	1	1000						1000	按建筑面积计算，包括辅料费

其他

编号	工程项目	单位	工程量及单价		其中（为估算价格、单位：元）					复加合计	备注
			数量	单价/元	主材	辅材	机械	人工	损耗	金额/元	
1	方案设计	项	1	0						0	平面方案、预算。与业主商议而定
2	施工图制作	项	1	0						0	平面图、顶面图、各立面图及节点剖面图、水电施工图等。与业主商议而定
3	效果图制作	项	1	0						0	单个空间费用。与业主商议而定
总价合计/元										**102472**	

案例8 Case<<

总面积约125m²，总价约17万元

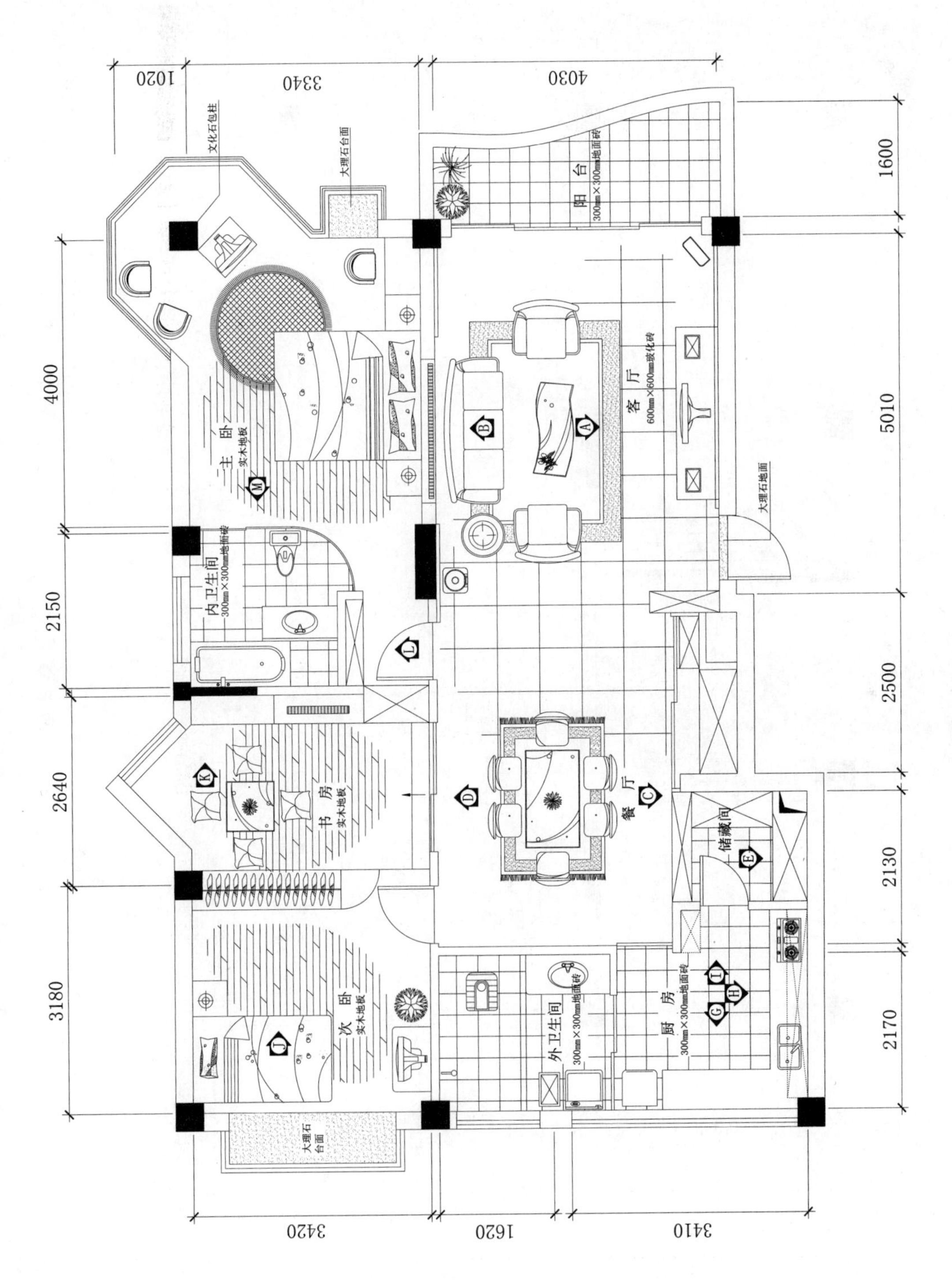

平面布置图

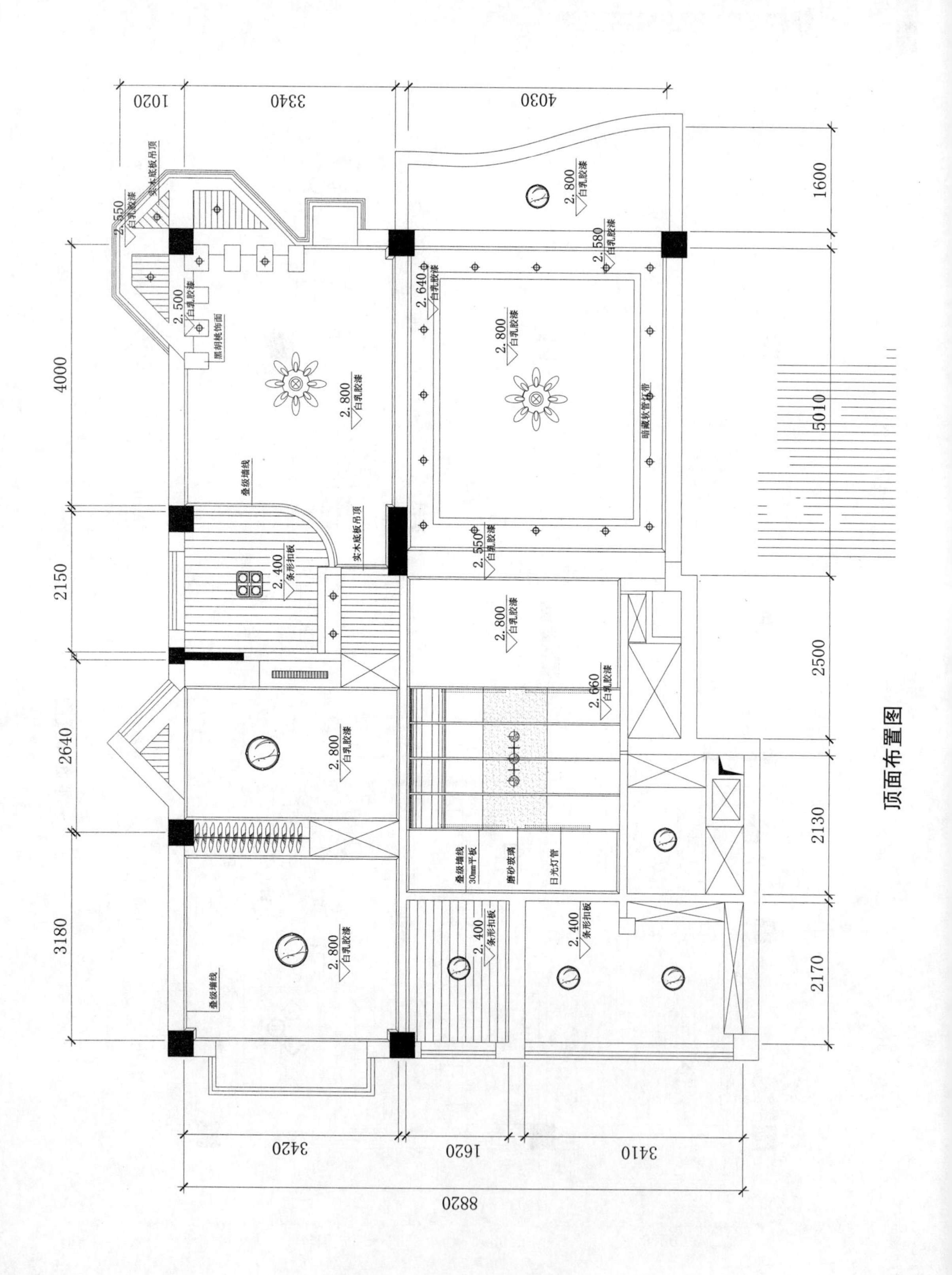
1020
3340
4030
4000
2150
2640
3180
1600
5010
2500
2130
2170
3420
1620
3410
8820
2.550 白乳胶漆
实木底板吊顶
2.500 白乳胶漆
黑胡桃饰面
2.800 白乳胶漆
叠级墙线
2.400 条形扣板
2.640 白乳胶漆
2.580 白乳胶漆
暗藏软管灯带
2.550 白乳胶漆
2.660 白乳胶漆
叠级墙线 30mm平板
磨砂玻璃
日光灯管

顶面布置图

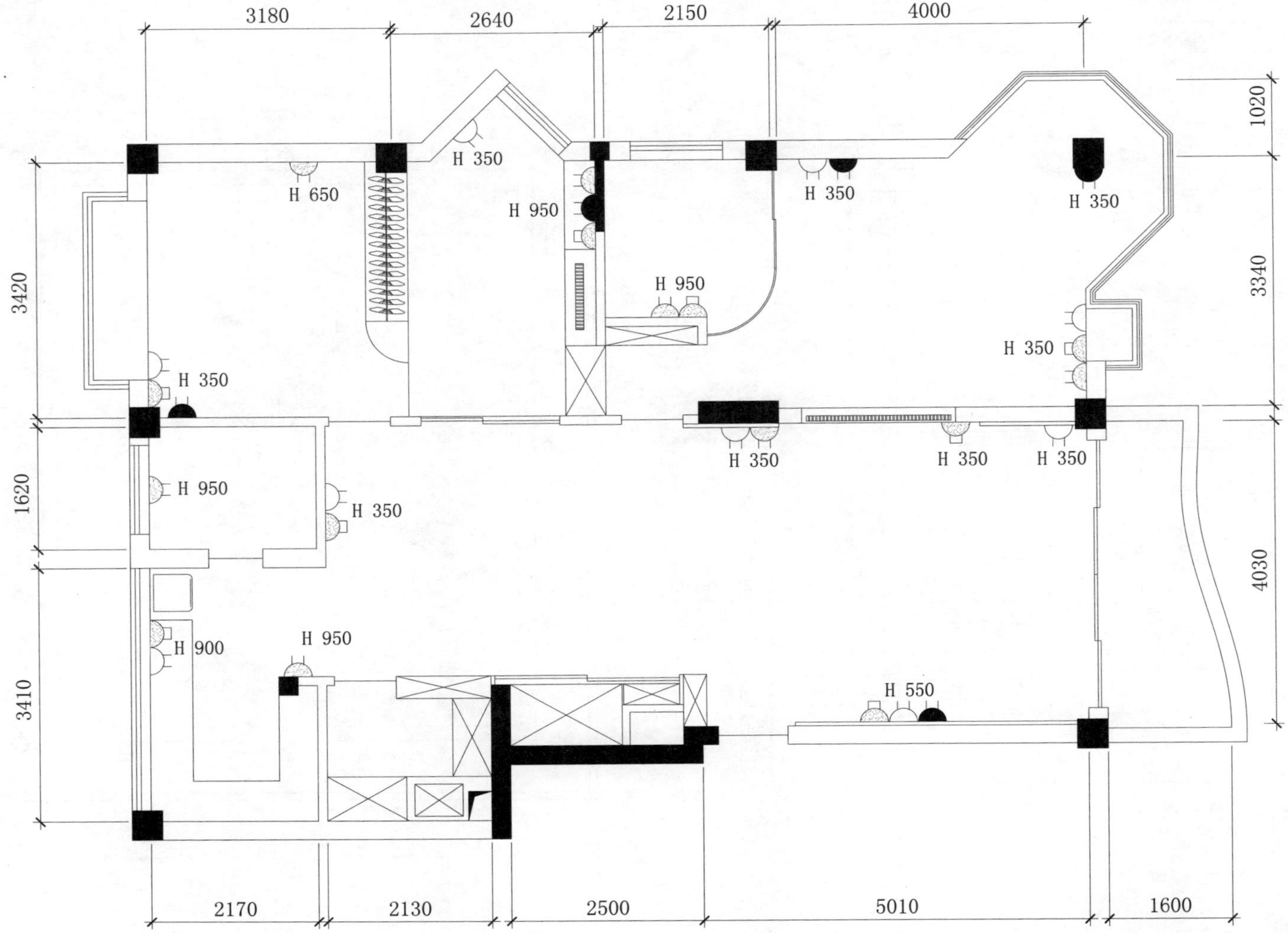

图　例：

网线插座

有线电视插座

电话线插座

音响线插座

弱电布置图

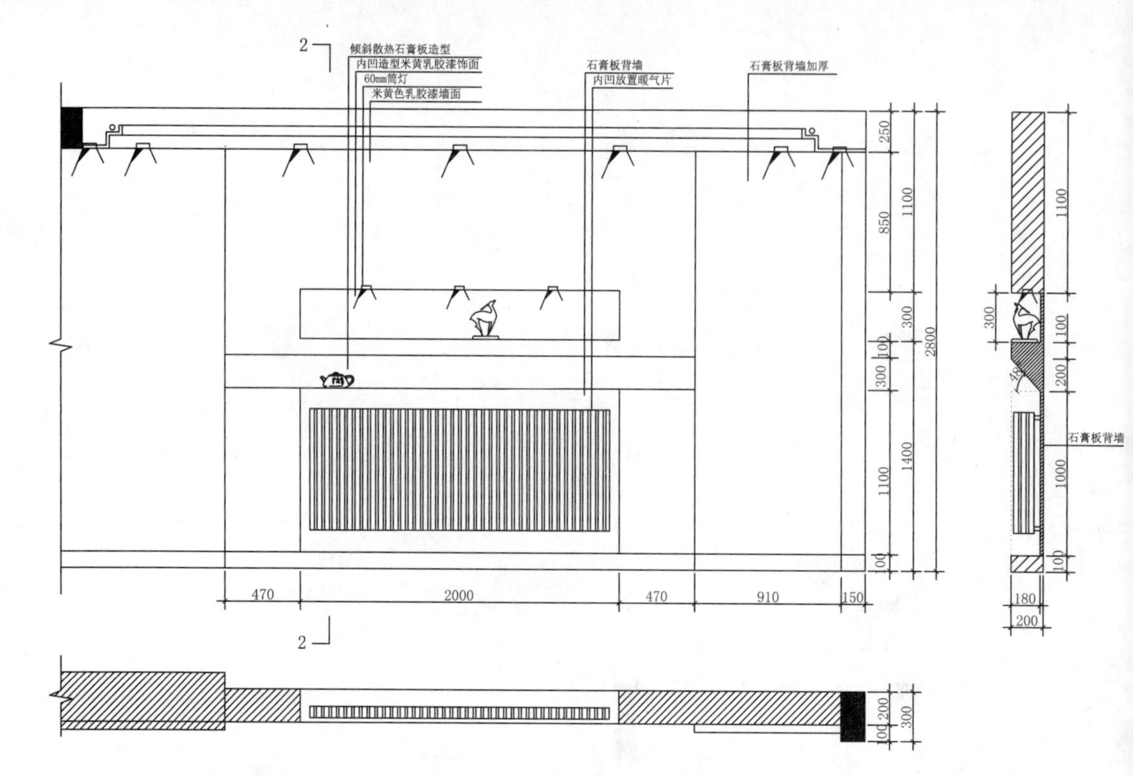

B沙发背景墙立面图

2-2剖面图

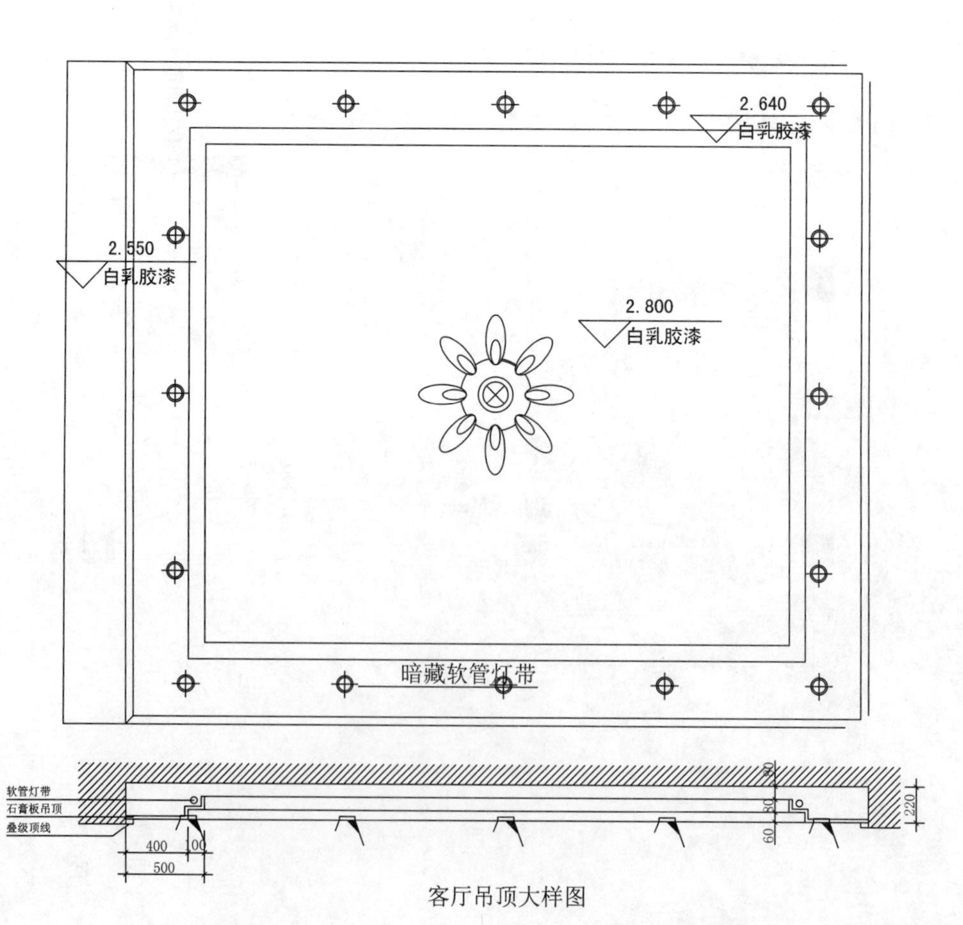

客厅吊顶大样图

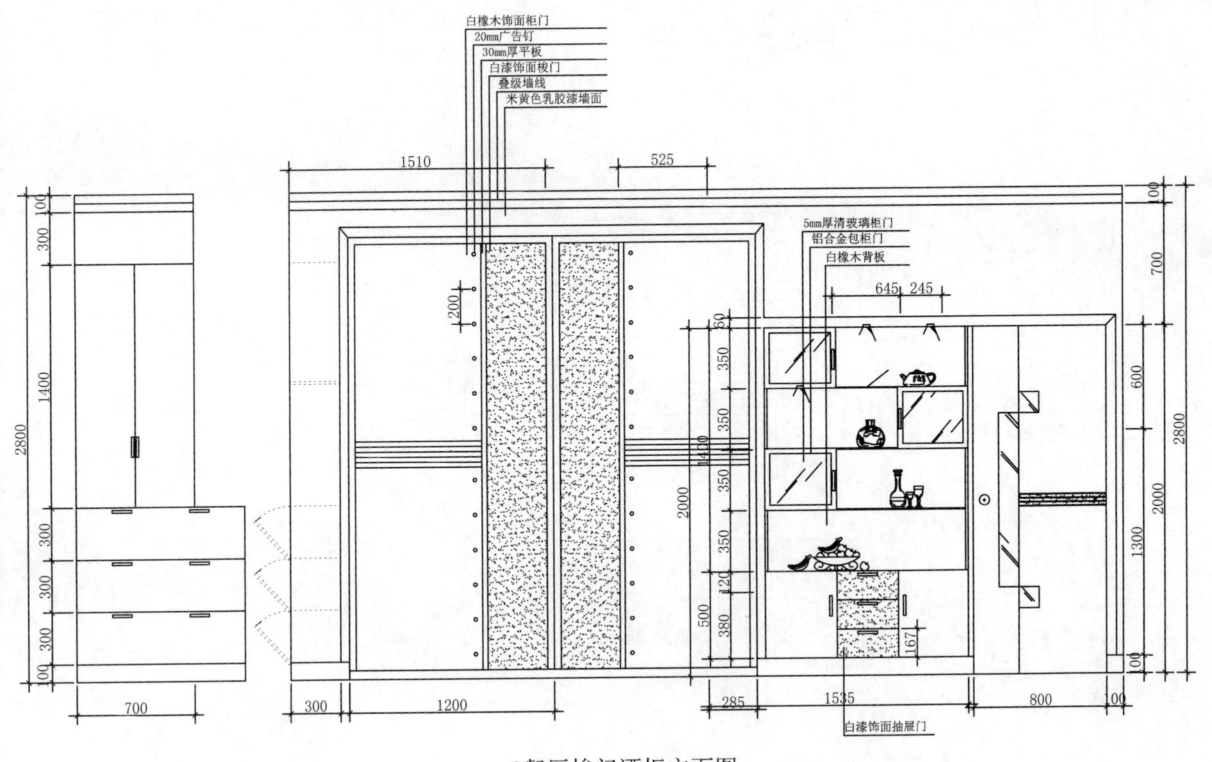

C餐厅梭门酒柜立面图

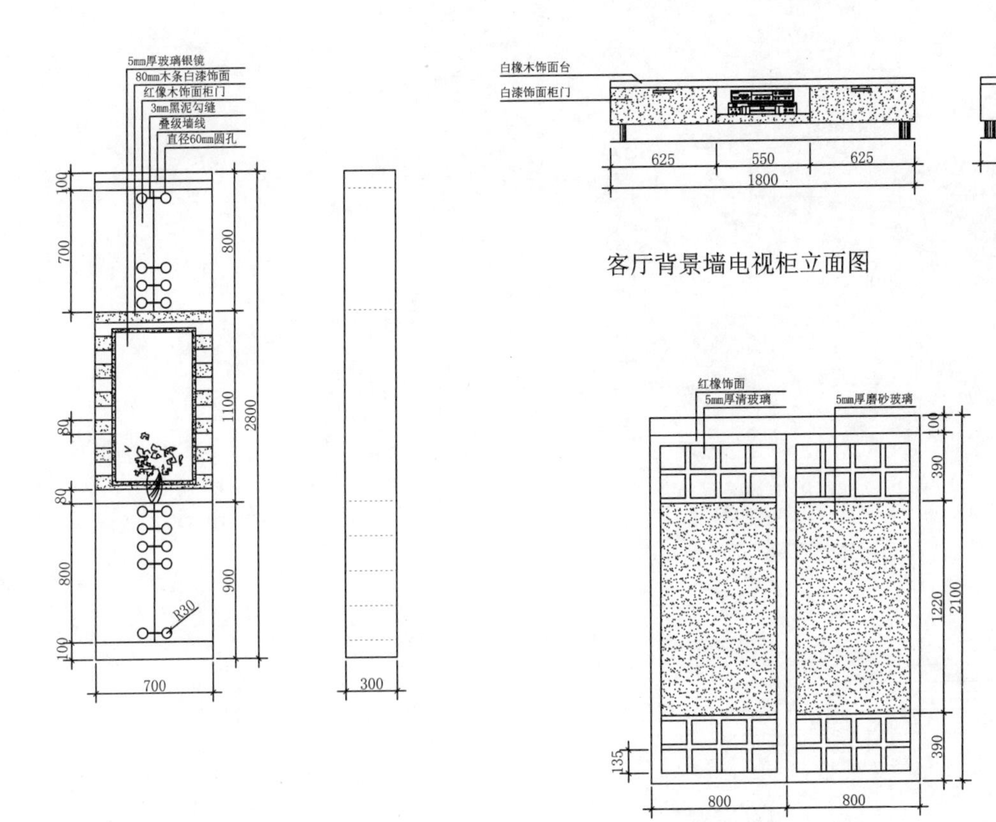

客厅背景墙电视柜立面图

玄关鞋柜立面图

厨房梭门立面图

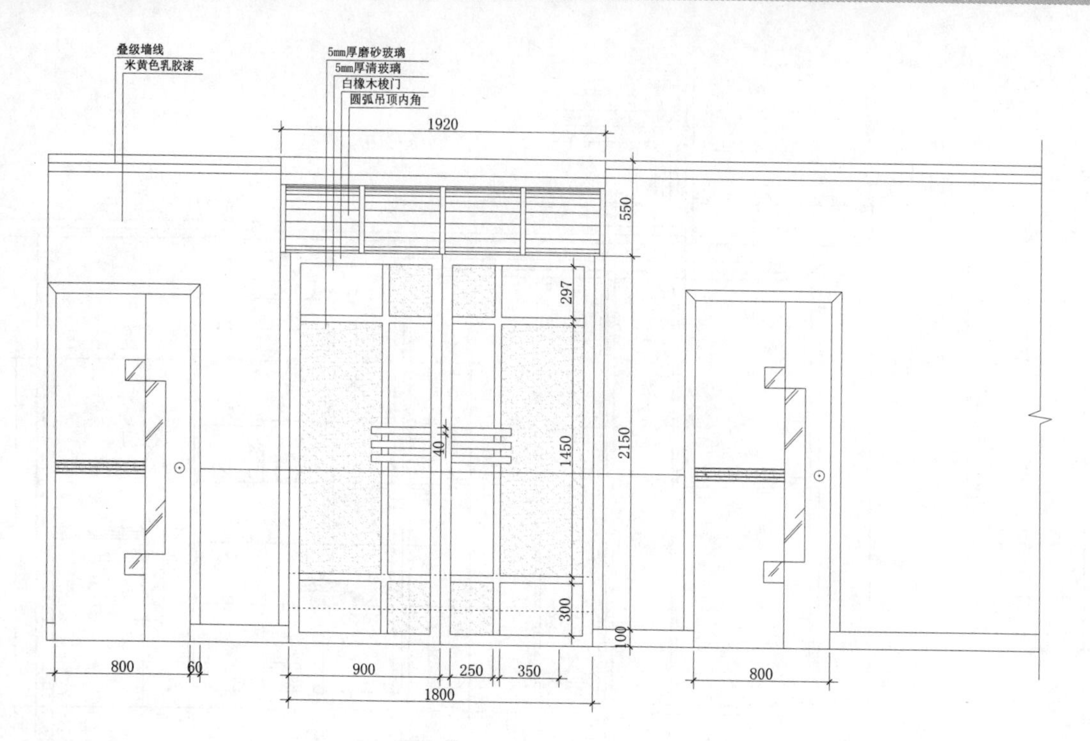

D书房梭门立面图

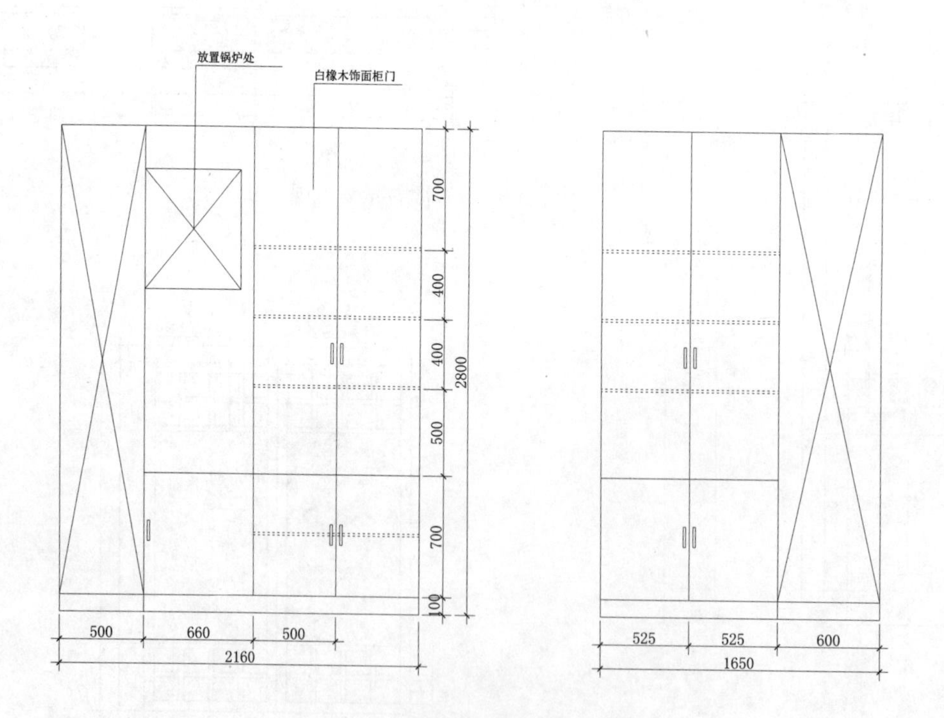

E、F储藏间储物柜立面图

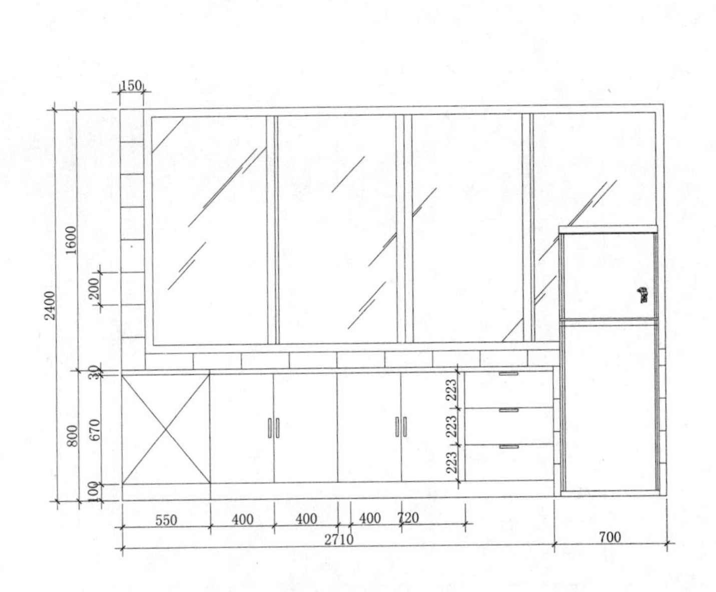

G厨房橱柜立面图

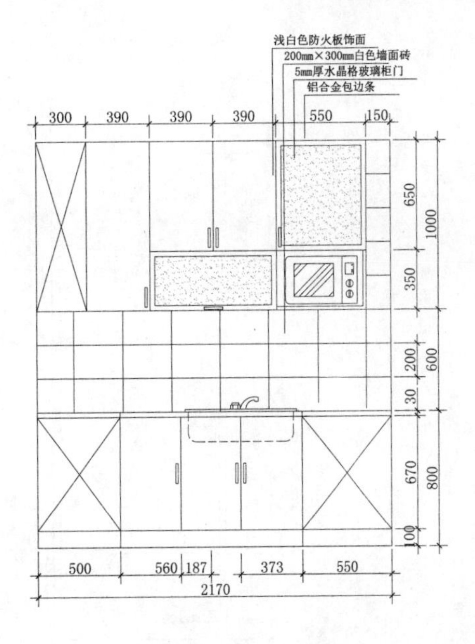

H厨房橱柜立面图

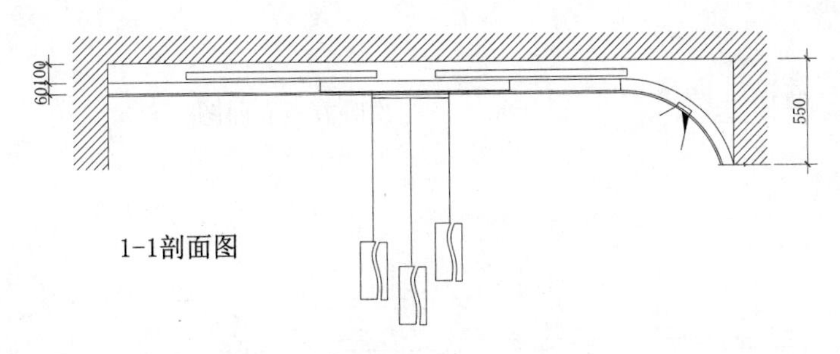

1-1剖面图

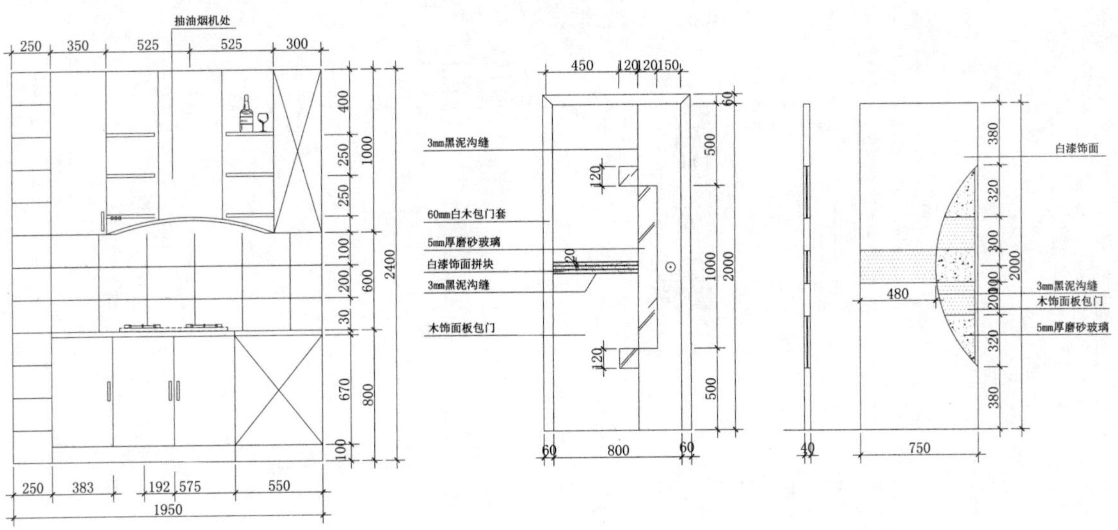

I厨房橱柜立面图

包门立面图

卫生间包门立面图

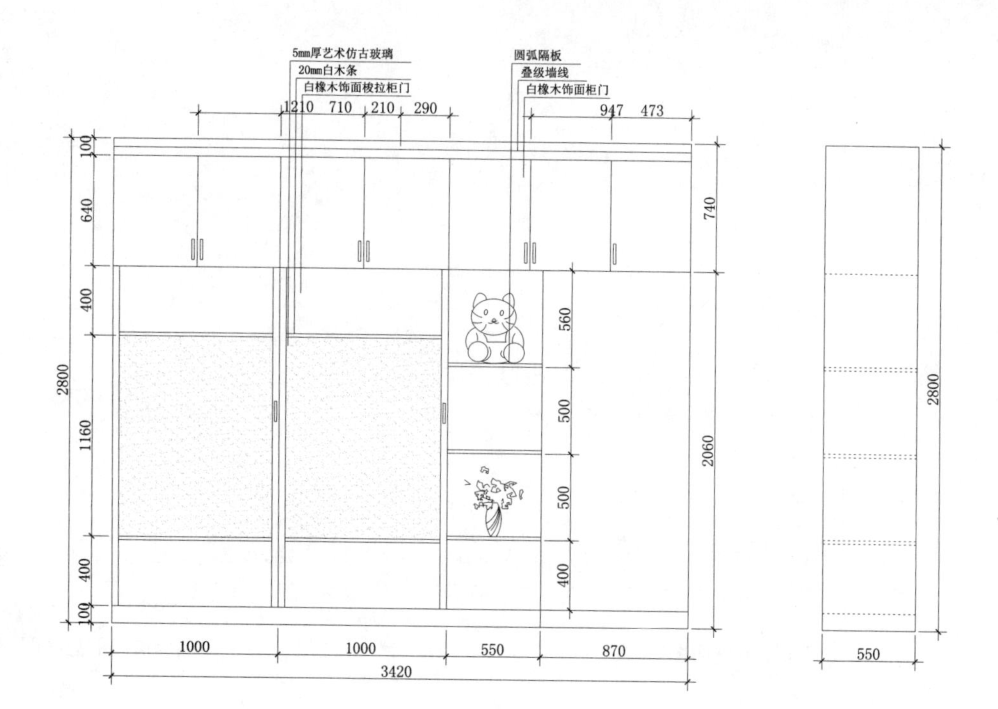

J次卧衣柜立面图

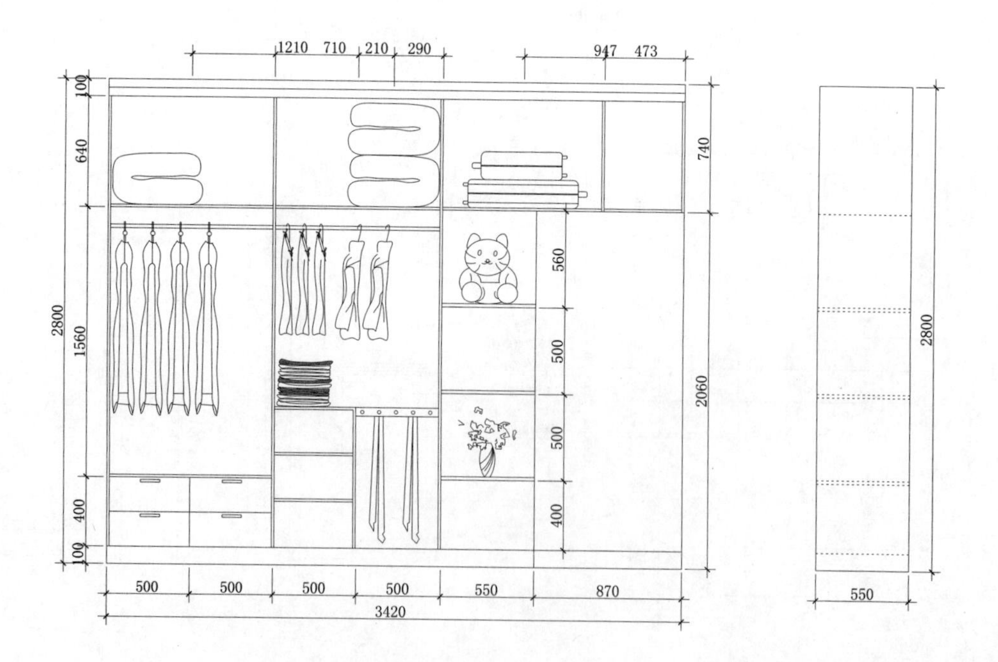

J次卧衣柜内立面图

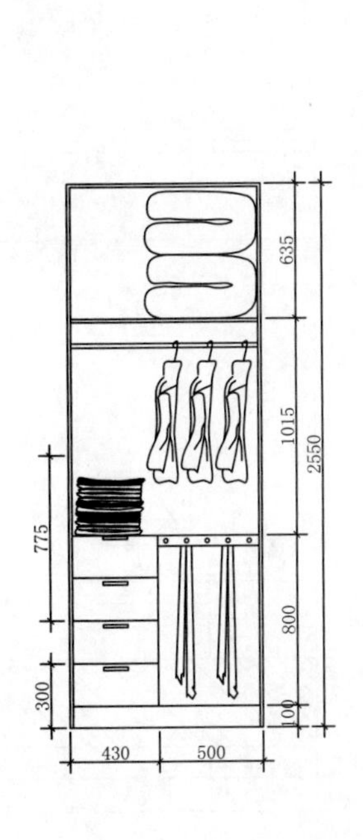

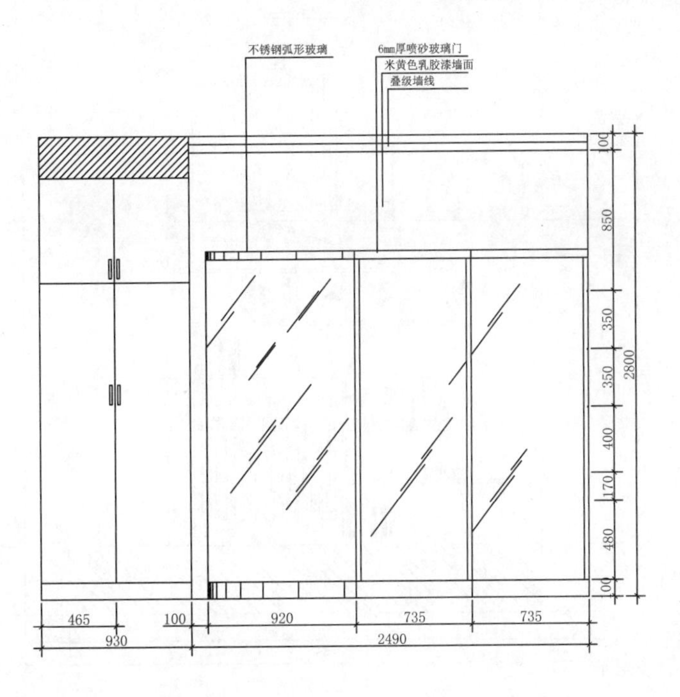

M主卧衣柜内立面图

M主卧梭门立面图

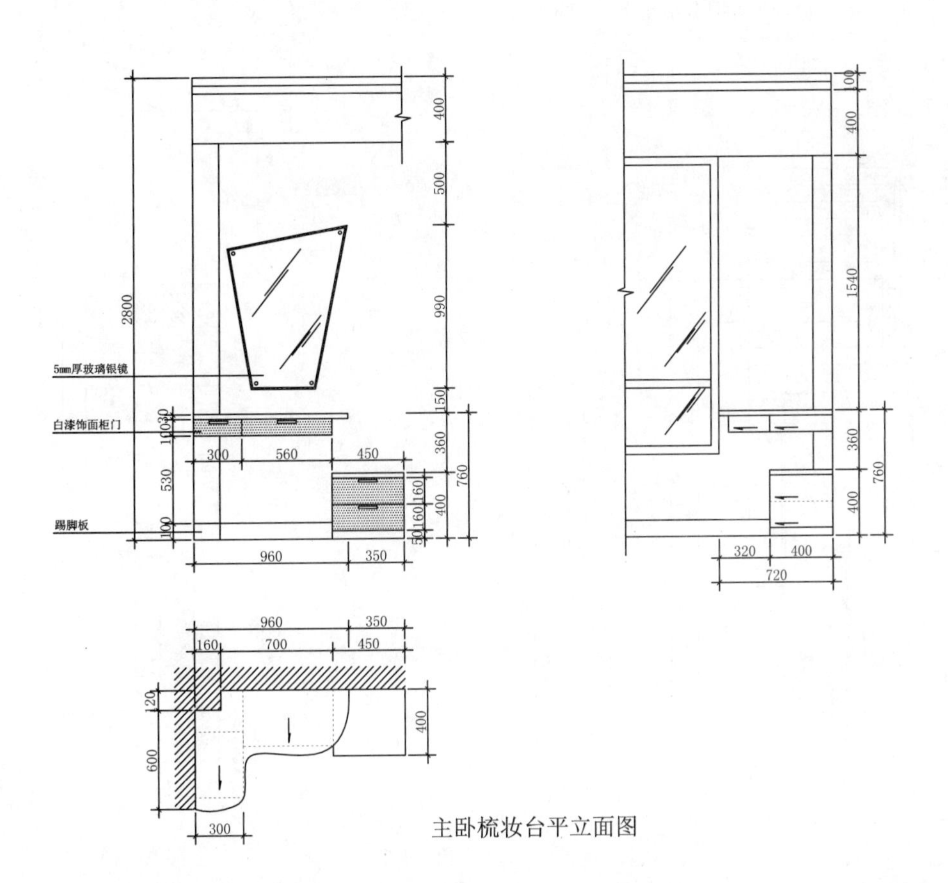

主卧梳妆台平立面图

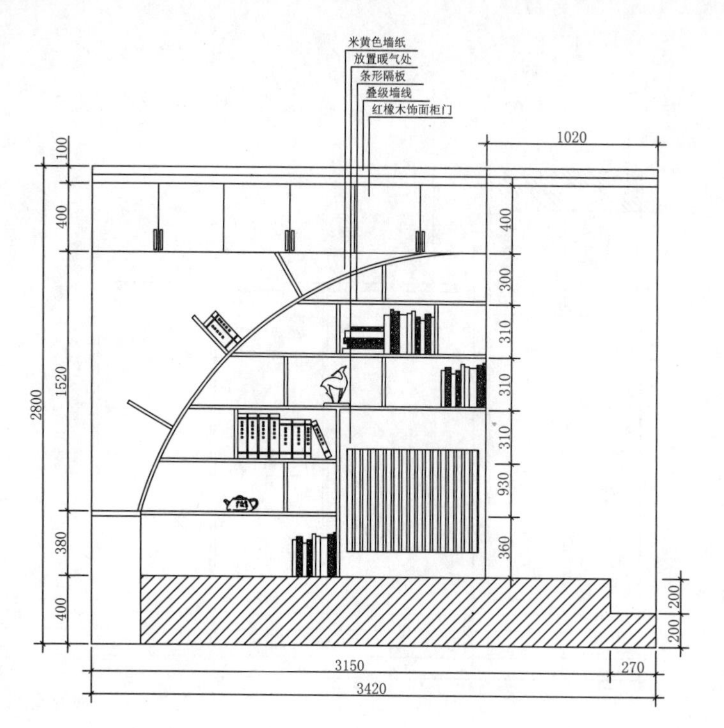

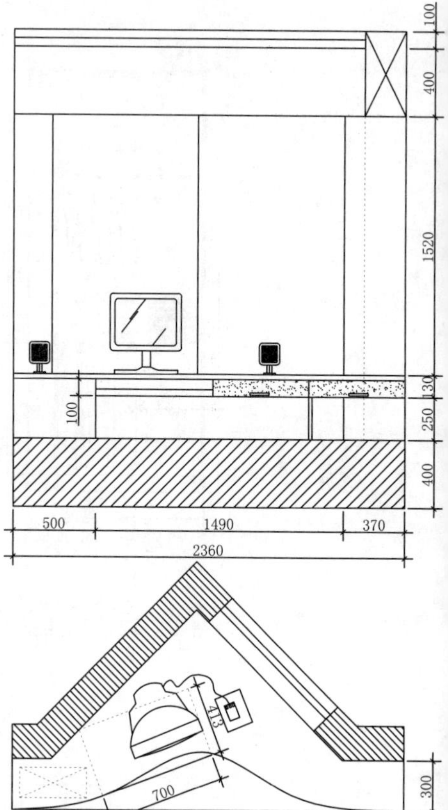

书房综合柜电脑桌立面图

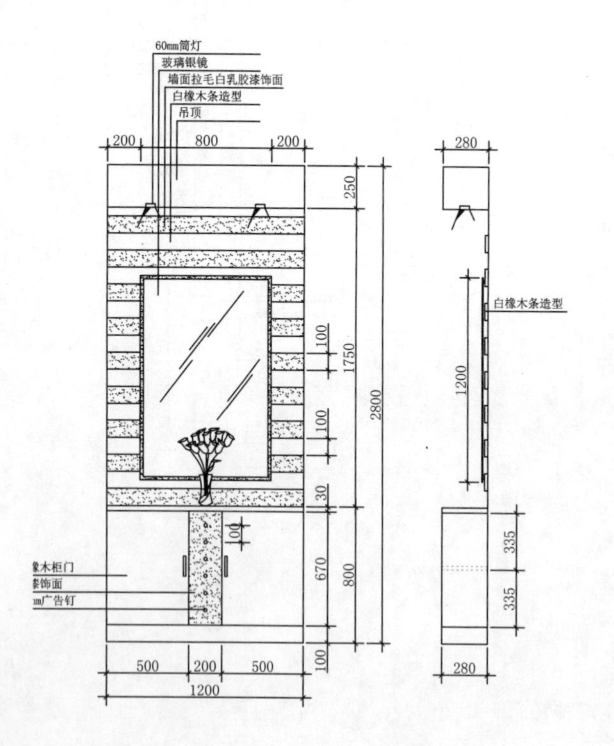

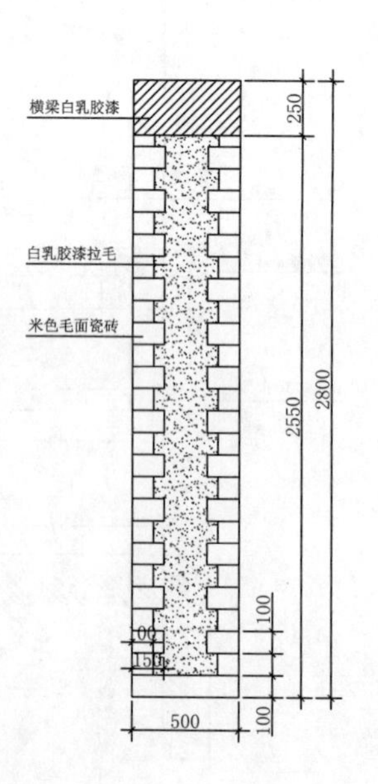

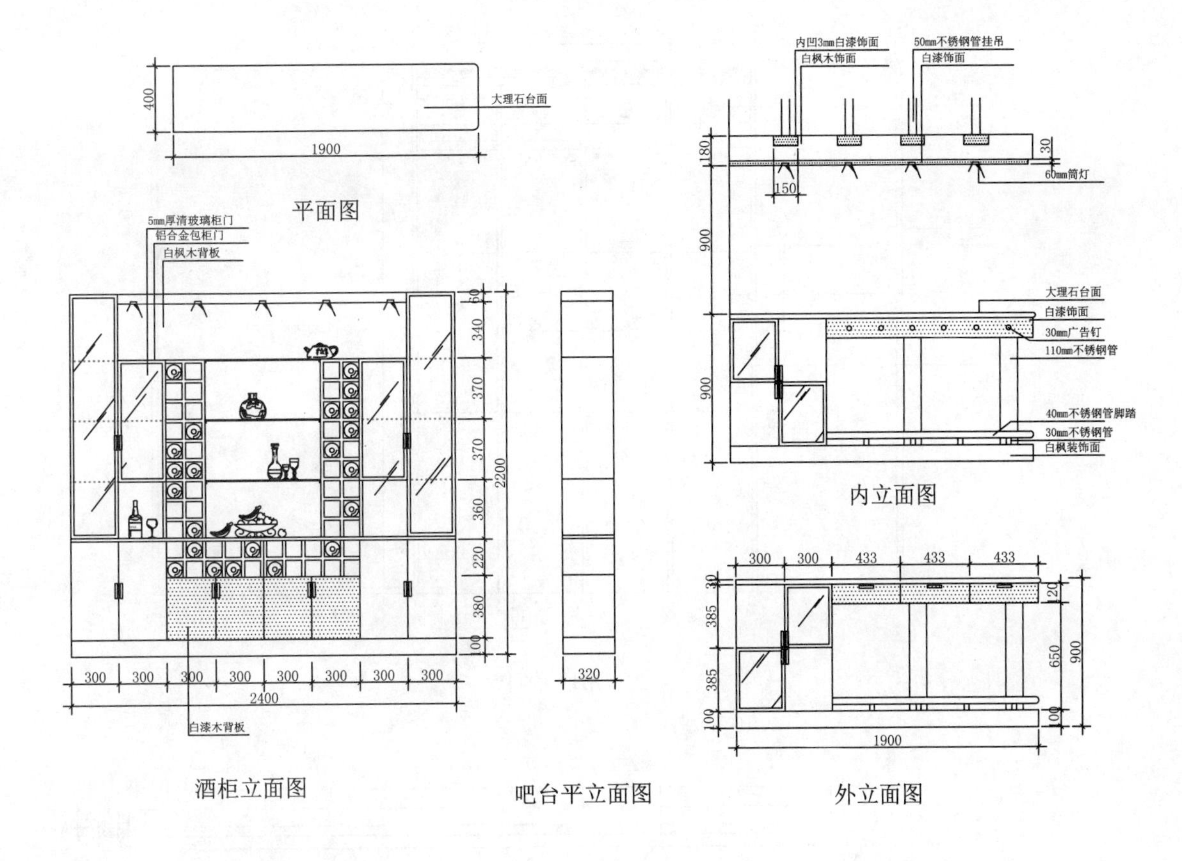

平面图

内立面图

酒柜立面图　　吧台平立面图　　外立面图

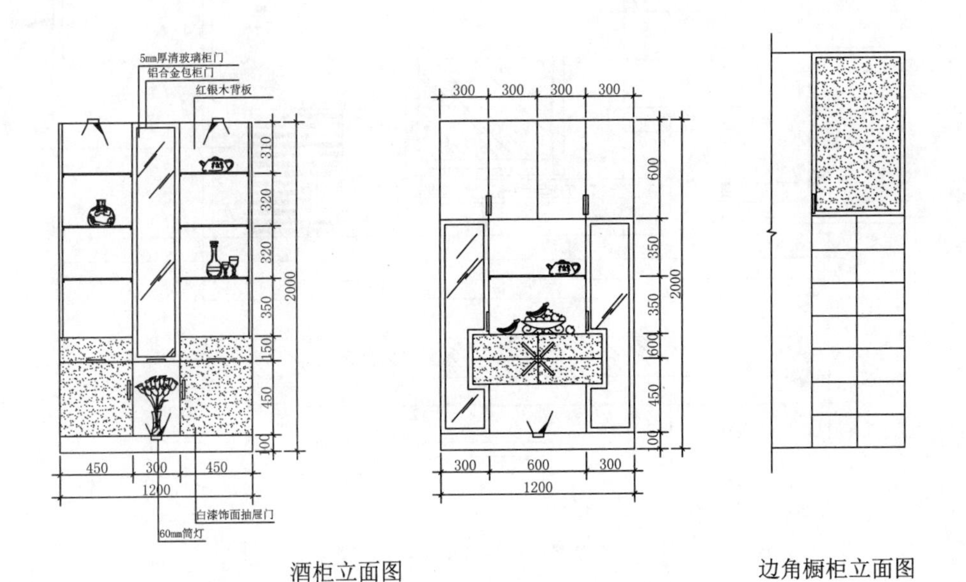

酒柜立面图　　边角橱柜立面图

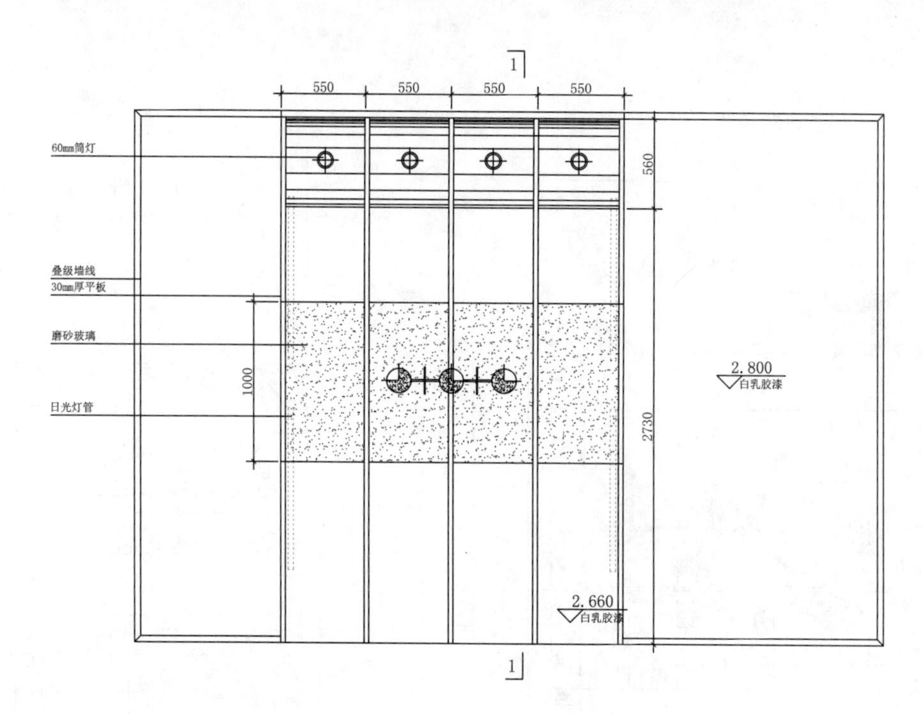

餐厅吊顶大样图

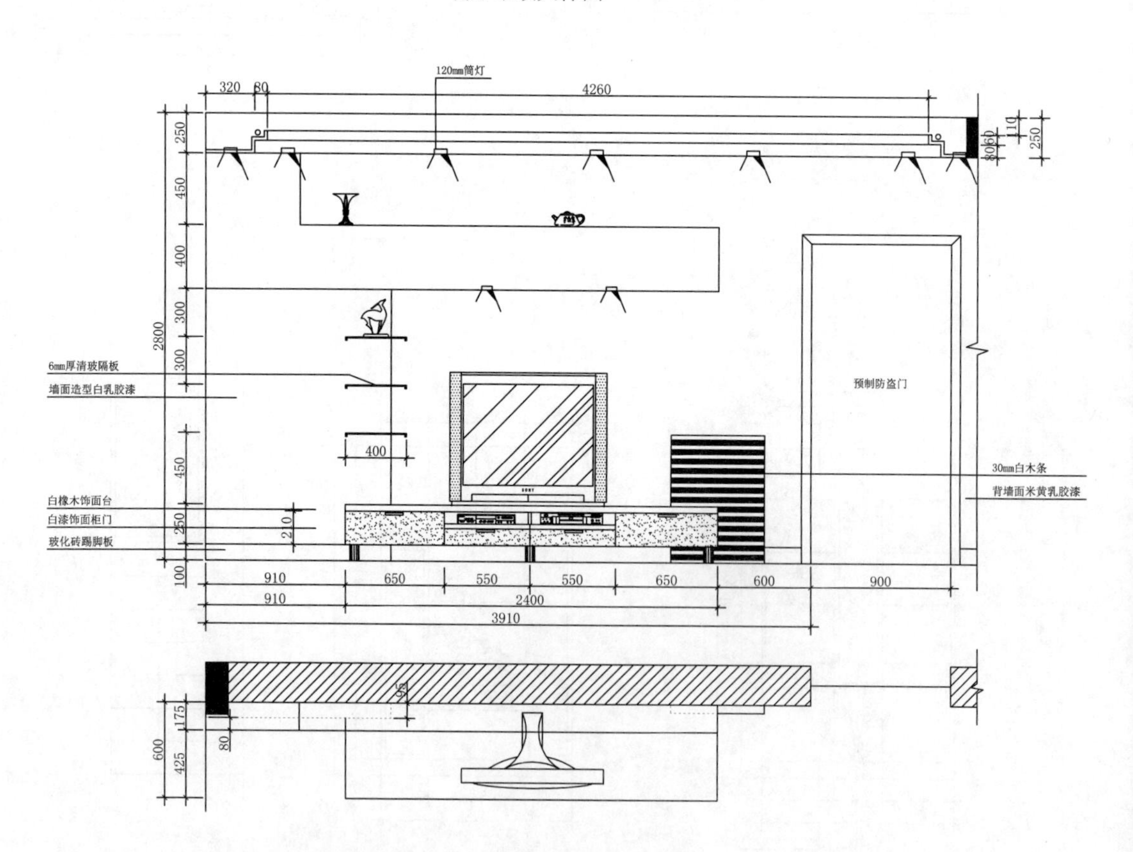

A客厅背景墙电视柜立面图

预算表

地面工程

- **总面积约：** 115.8m^2
- **总 价 约：** 20033元

编号	工程项目	单位	工程量及单价		其中（为估算价格、单位：元）					复加合计	备注
			数量	单价/元	主材	辅材	机械	人工	损耗	金额/元	
1	客厅、餐厅玻化砖	m^2	42.5	75	0	25	4	40	6	3187.5	主材价格按购价计价，损耗按实计算。 1.水泥+砂子+108胶黏贴。对原基层进行处理另计。2.主材甲方供，拼花及高档瓷砖另计。3.普通白水泥勾缝，如采用专用勾缝剂，另加10元/m^2。4.材料采用优质水泥；中砂；美巢牌环保型108胶
2	厨房、储藏间地面砖	m^2	11.2	55	0	21	2	30	2	616	主材价格按购价计价，损耗按实计算。 1.水泥+砂子+108胶黏贴。对原基层进行处理另计。2.主材甲方供，拼花及高档瓷砖另计。3.普通白水泥勾缝，如采用专用勾缝剂，另加10元/m^2。4.材料采用优质水泥；中砂；美巢牌环保型108胶
3	内、外卫生间地面砖	m^2	10.4	55	0	21	2	30	2	572	主材价格按购价计价，损耗按实计算。 1.水泥+砂子+108胶黏贴。对原基层进行处理另计。2.主材甲方供，拼花及高档瓷砖另计。3.普通白水泥勾缝，如采用专用勾缝剂，另加10元/m^2。4.材料采用优质水泥；中砂；美巢牌环保型108胶

（续）

编号	工程项目	单位	工程量及单价		其中（为估算价格、单位：元）					复加合计	备注
			数量	单价/元	主材	辅材	机械	人工	损耗	金额/元	
4	阳台地面砖	m^2	6.1	55	0	21	2	30	2	335.5	主材价格按购价计价，损耗按实计算。1.水泥+砂子+108胶黏贴。对原基层进行处理另计。2.主材甲方供，拼花及高档瓷砖另计。3.普通白水泥勾缝，如采用专用勾缝剂，另加10元/m^2。4.材料采用优质水泥；中砂；美巢牌环保型108胶
5	主卧、书房、次卧地板	m^2	45.6	336	320				16	15321.6	主材价格按购价计价，损耗按实计算

墙面工程

- **总面积约：** 307.6m^2
- **总 价 约：** 25422元

编号	工程项目	单位	工程量及单价		其中（为估算价格、单位：元）					复加合计	备注
			数量	单价/元	主材	辅材	机械	人工	损耗	金额/元	
1	德国都芳铂家内墙漆墙面乳胶漆	m^2	196.5	90	75	0	0	12	3	17685	乳胶漆一底二面。1.刷108胶一遍。墙衬找平，并打磨。2.辊刷三遍面漆或一遍底漆两遍面漆，单色，每增加一色另加200元/间。3.若遇保温墙、砂灰墙、隔墙，须满贴的确良布增加10元/m^2。顶墙空鼓须铲除后用水泥砂浆找平，增加30元/m^2。客户不做上述处理应书面说明。4.材料采用优质墙衬；美巢牌环保型108胶
2	厨房、卫生间墙面砖	m^2	62.4	50		21	2	25	2	3120	主材价格按购价计价，损耗按实计算。1.水泥+砂子+108胶黏贴。对原基层进行处理另计。2.主材甲方供，拼花及高档瓷砖另计。3.普通白水泥勾缝，如采用专用勾缝剂，另加10元/m^2。4.材料采用优质水泥；中砂；美巢牌环保型108胶

（续）

编号	工程项目	单位	工程量及单价		其中（为估算价格、单位：元）					复加合计	备注
			数量	单价/元	主材	辅材	机械	人工	损耗	金额/元	
3	主卧、书房、次卧踢脚	m	48.7	33	15	9	1	7	1	1607.1	饰面板饰面，9mm板基层，实木阴角线收边
4	方形电视造型背景	项	1	1350	0	0	0	0	0	1350	具体见施工图
5	方形沙发造型背景	项	1	1660	0	0	0	0	0	1660	具体见施工图

顶面工程

- **总面积约：** 139m²
- **总 价 约：** 18927元

编号	工程项目	单位	工程量及单价		其中（为估算价格、单位：元）					复加合计	备注
			数量	单价/元	主材	辅材	机械	人工	损耗	金额/元	
1	德国都芳铂家内墙漆顶面乳胶漆	m²	98.2	90	75	0	0	12	3	8838	乳胶漆一底二面。1.刷108胶一遍。墙衬找平，并打磨。2.辊刷三遍面漆或一遍底漆两遍面漆，单色，每增加一色另加200元/间。3.若遇保温墙、砂灰墙、隔墙，须满贴的确良布增加10元/m²。顶墙空鼓须铲除后用水泥砂浆找平，增加30元/m²。客户不做上述处理应书面说明。4.材料采用优质墙衬：美巢牌环保型108胶
2	石膏板混合造型平顶（餐厅）	m²	9.1	200	105	35	4	53	3	1820	石膏板、饰面板饰面，木龙骨基层，开灯孔或灯座木框制作安装
3	石膏板混合造型平顶（客厅）	m²	7.2	200	105	35	4	53	3	1440	石膏板、饰面板饰面，木龙骨基层，开灯孔或灯座木框制作安装
4	厨房、卫生间吊顶		20.3	295	215	50	2	25	3	5988.5	平板式或微孔板，钢龙骨、木龙骨安装，换气扇、灯座木框制作安装
5	石膏板混合造型平顶（主卧）	m²	4.2	200	105	35	4	53	3	840	石膏板、饰面板饰面，木龙骨基层，开灯孔或灯座木框制作安装

门窗工程

▶ **总 价 约：** 40223元

编号	工程项目	单位	工程量及单价		其中（为估算价格、单位：元）					复加合计	备注
			数量	单价/元	主材	辅材	机械	人工	损耗	金额/元	
1	工厂化双面凹凸造型门（含门套）	樘	3	2850	0	0	0	0	0	8850	自动高温热压贴皮，内实心杉木指接板，再用双面5mm厚密度板找平
2	工厂化双面凹凸造型推拉门（含门套）	樘	13	1820	0	0	0	0	0	23660	自动高温热压贴皮，内实心杉木指接板，再用双面5mm厚密度板找平
3	主卧、书房、次卧客厅包门窗套	m	42.3	90	45	17	3	20	5	3807	饰面板饰面，木工板立架，9mm板贴墙，实木阴角压顶线
4	人造台板	m	3.1	1260						3906	优质台板，宽度在580mm以内计价，超过580mm按实补价

家具工程

▶ **总 价 约：** 54271元

编号	工程项目	单位	工程量及单价		其中（为估算价格、单位：元）					复加合计	备注
			数量	单价/元	主材	辅材	机械	人工	损耗	金额/元	
1	客厅电视柜	m	2.4	595	335	38	4	200	18	1428	饰面板饰面，木工板立架，抽屉墙板杉木板，实木封边
2	餐厅酒柜	m^2	2.9	605	340	35	5	205	20	1754.5	饰面板饰面，木工板立架，5mm板封后背，无抽屉，实木封边
3	玄关鞋柜	m^2	1.9	565	305	24	3	215	18	1073.5	饰面板饰面，木工板立架，抽屉墙板杉木板，实木封边
4	储藏柜	m^2	12.8	765	355	133	2	260	15	9792	饰面板饰面，木工板立架，5mm板封后背，实木封边
5	水晶板系列下柜	m	6.3	1800						11340	白色三聚氰胺板立架，门板芯材为密度板。
6	水晶板系列上柜	m	3.8	1600						6080	白色三聚氰胺板立架，门板芯材为密度板。
7	人造台板	m	6.3	1440						9072	优质台板，宽度在580mm以内计价，超过580mm按实补价
8	次卧衣柜	m^2	7.5	765	355	133	2	260	15	5737.5	饰面板饰面，木工板立架，5mm板封后背，实木封边

（续）

编号	工程项目	单位	工程量及单价		其中（为估算价格、单位：元）					复加合计	备注
			数量	单价/元	主材	辅材	机械	人工	损耗	金额/元	
9	书柜	m^2	9.5	550	326	40	6	160	18	5225	饰面板饰面，木工板立架，五厘板封后背，无抽屉，实木封边
10	主卧玄关装饰柜		3.1	565	305	24	3	215	18	1751.5	饰面板饰面，木工板立架，抽屉墙板杉木板，实木封边
11	主卧装饰角柜		0.6	565	305	24	3	215	18	339	饰面板饰面，木工板立架，抽屉墙板杉木板，实木封边
12	主卧床头柜		0.5	565	305	24	3	215	18	282.5	饰面板饰面，木工板立架，抽屉墙板杉木板，实木封边
13	主卧梳妆柜		0.7	565	305	24	3	215	18	395.5	饰面板饰面，木工板立架，抽屉墙板杉木板，实木封边

水电部分

▸ **总 价 约：** 10170元

编号	工程项目	单位	工程量及单价		其中（为估算价格、单位：元）					复加合计	备注
			数量	单价/元	主材	辅材	机械	人工	损耗	金额/元	
1	水表移位PPR管连接	只	1	235	110	23	4	92	6	235	皮尔萨PPR管，开槽、定位
2	一厨一卫PPR管连接	套	1	1535	460	640	30	365	40	1535	皮尔萨PPR管，开槽、定位
3	增加一卫PPR管连接	间	1	1055	300	493	15	220	27	1055	皮尔萨PPR管，开槽、定位
4	厨房铺管穿线	间	1	300	100	45	10	137	8	300	优质电线穿PVC管铺设，含插座、开关、照明安装人工费
5	卫生间铺管穿线	间	2	370	125	65	10	160	10	740	优质电线穿PVC管铺设，含插座、开关、照明安装人工费
6	阳台铺管穿线	间	1	115	36	35	5	35	4	115	优质电线穿PVC管铺设，含插座、开关、照明安装人工费
7	客厅、玄关铺管穿线	间	1	385	170	75	20	110	10	385	优质电线穿PVC管铺设，含插座、开关、照明安装人工费
8	餐厅铺管穿线	间	1	325	125	70	15	105	10	325	优质电线穿PVC管铺设，含插座、开关、照明安装人工费
9	房间铺管穿线	间	3	365	140	75	20	120	10	1095	优质电线穿PVC管铺设，含插座、开关、照明安装人工费
10	坐便器安装	套	2	80	自购					160	人工费及辅料费

（续）

编号	工程项目	单位	工程量及单价		其中（为估算价格、单位：元）					复加合计	备注
			数量	单价/元	主材	辅材	机械	人工	损耗	金额/元	
11	水池(槽、洗脸盆)安装	套	2	50	自购					100	人工费及辅料费
12	豪华型智能布线	套	1	4125	1860	1550	80	560	75	4125	按单层标准布线计算，有二层时除主材箱外增加1.5～2的系数

运输与保洁

总 价 约：1500元

编号	工程项目	单位	工程量及单价		其中（为估算价格、单位：元）					复加合计	备注
			数量	单价/元	主材	辅材	机械	人工	损耗	金额/元	
1	装潢垃圾清理	项	1	350						350	施工过程产生垃圾，按建筑面积计算，二层以内，最少基数为100m^2
2	材料二次搬运费	项	1	350						350	材料搬上楼，按建筑面积计，二层以内。最少基数为100m^2
3	家政卫生服务费	项	1	800						800	按建筑面积计算，包括辅料费

其他

编号	工程项目	单位	工程量及单价		其中（为估算价格、单位：元）					复加合计	备注
			数量	单价/元	主材	辅材	机械	人工	损耗	金额/元	
1	方案设计	项	1	0						0	平面方案、预算。与业主商议而定
2	施工图制作	项	1	0						0	平面图、顶面图、各立面图及节点剖面图、水电施工图等。与业主商议而定
3	效果图制作	项	1	0						0	单个空间费用。与业主商议而定
总价合计/元										**170546**	

案例9 Case<<

总面积约110m²，总价约13万元

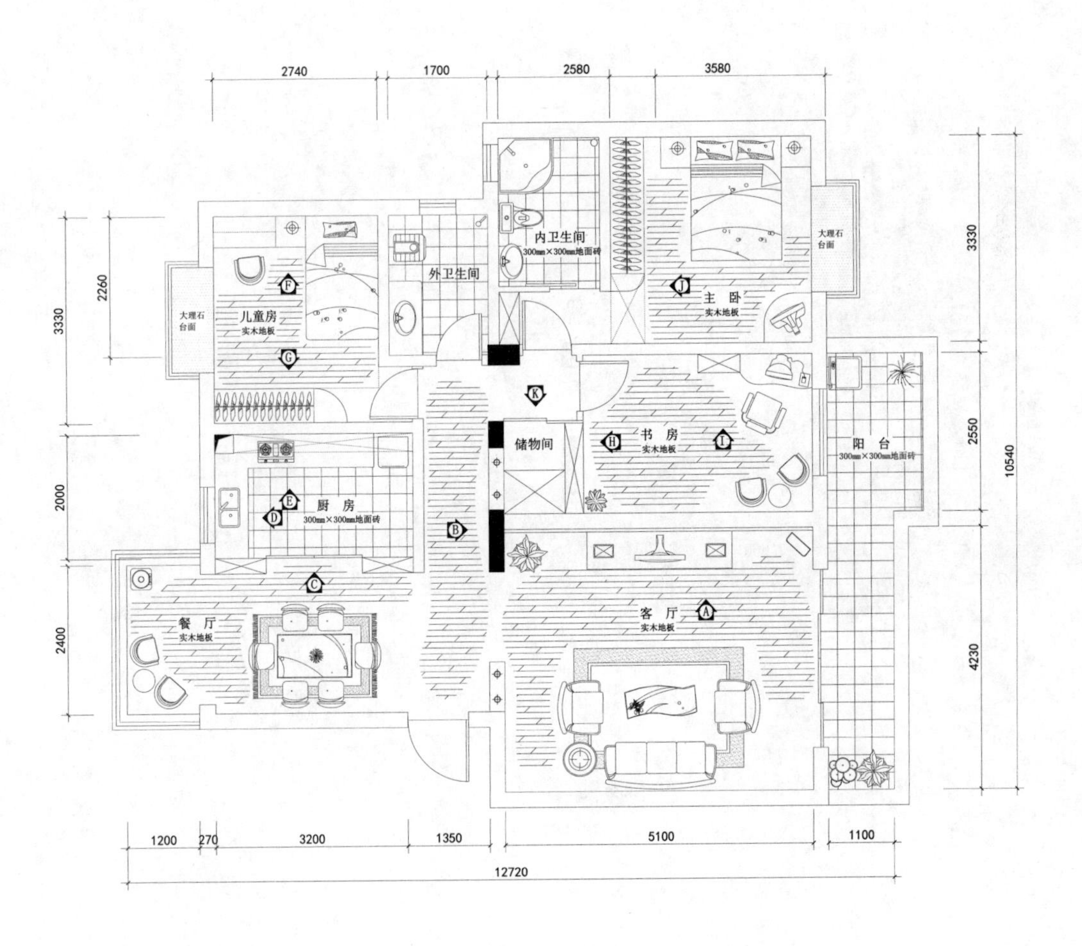

平面布置图

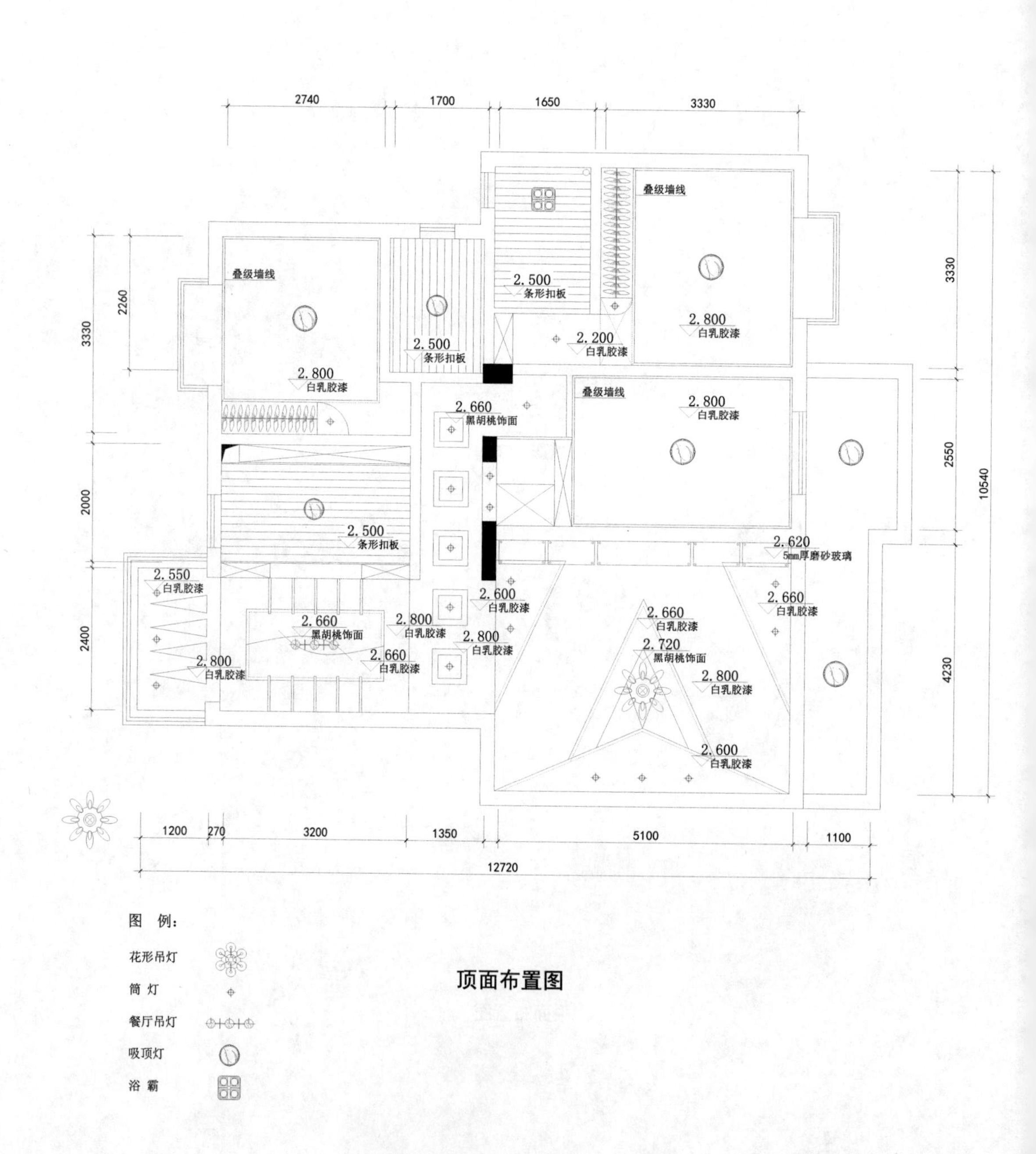
2740
1700
1650
3330
3330
2260
3330
2000
2400
2550
10540
4230
1200
270
3200
1350
5100
1100
12720
叠级墙线
2.800
白乳胶漆
2.500
条形扣板
2.200
白乳胶漆
2.660
黑胡桃饰面
2.620
5mm厚磨砂玻璃
2.550
2.600
2.720
图 例:
花形吊灯
筒 灯
餐厅吊灯
吸顶灯
浴 霸

顶面布置图

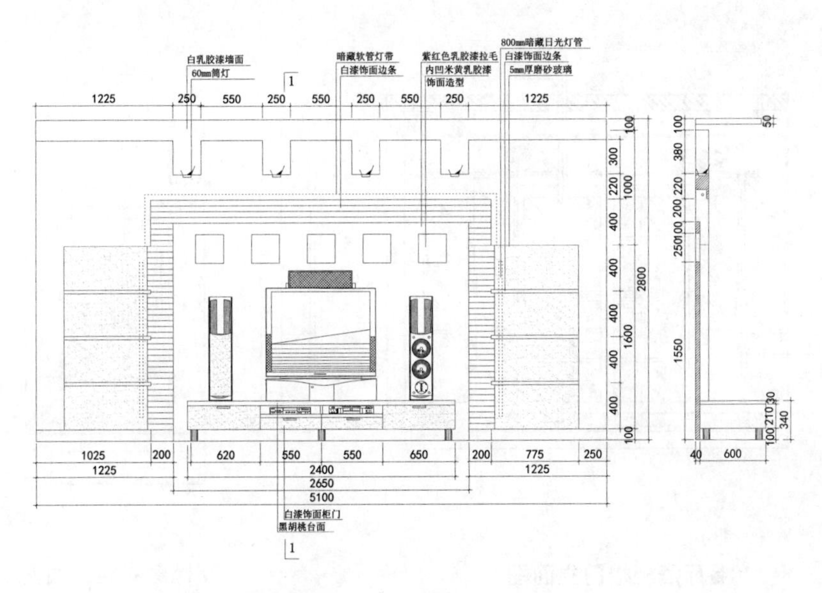

A客厅背景墙电视柜立面图

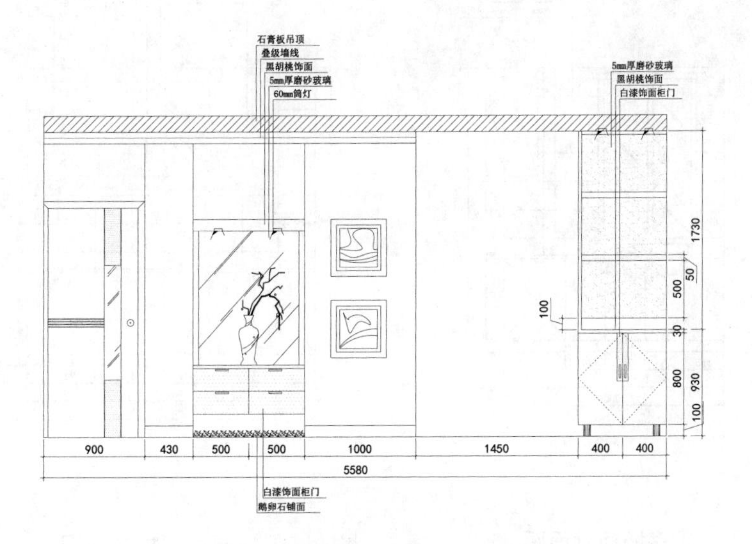

B走道墙立面图

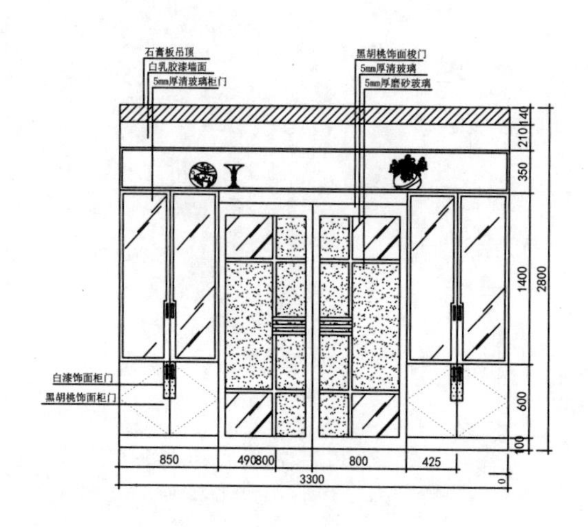

C餐厅酒柜梭门立面图

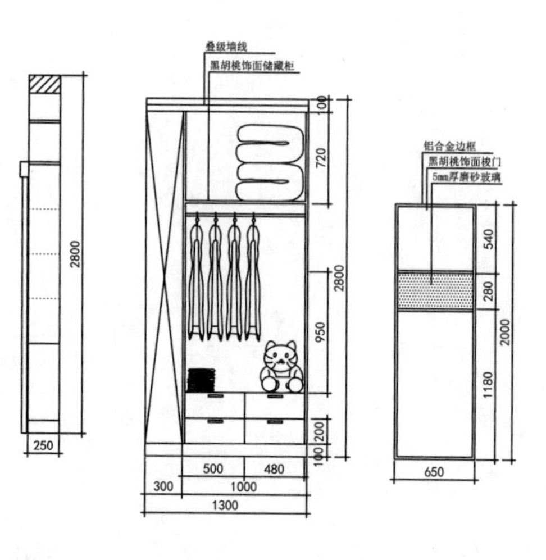

K储藏衣柜立面图

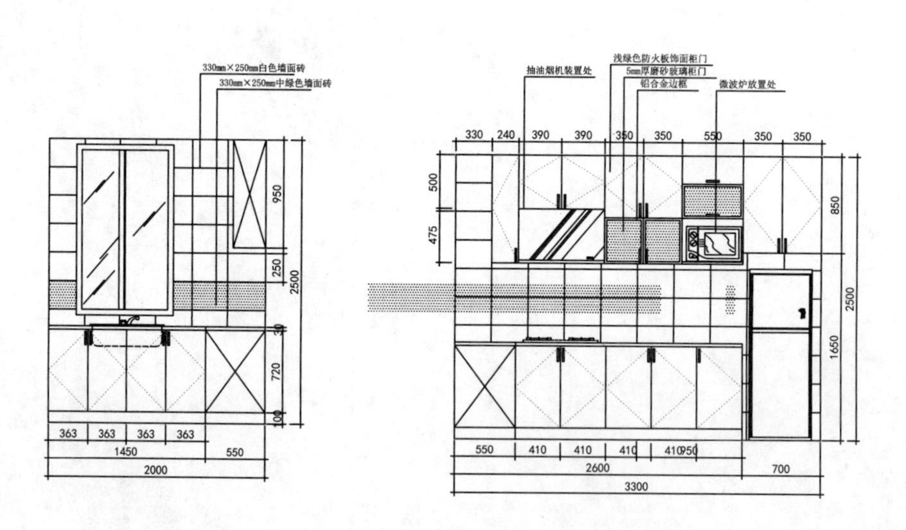

D厨房橱柜立面图

E厨房橱柜立面图

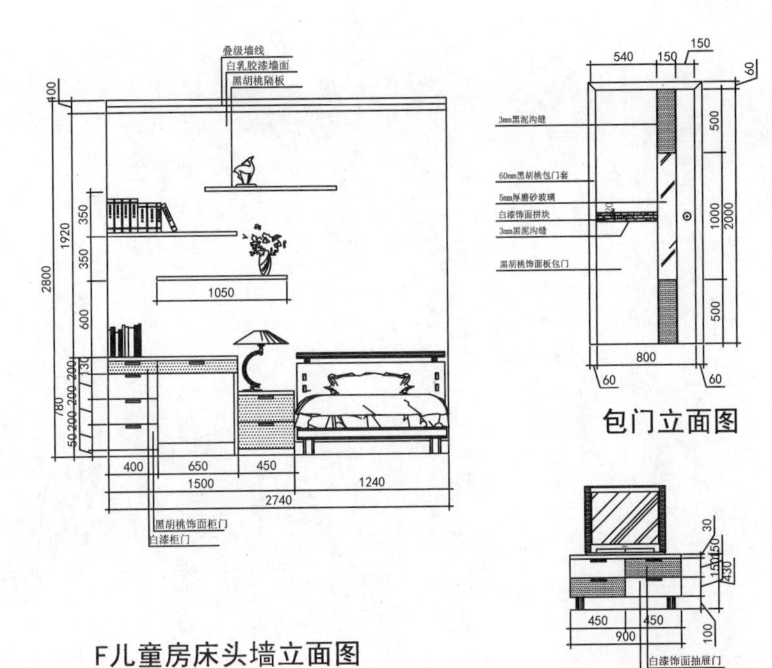

F儿童房床头墙立面图

电视柜立面图

叠级墙线
黑胡桃柜门
白漆柜门
560 333 1080 425 415 415 415
100
600
1600
2800
200
200
100
520
500
500
400
415 415 415 415 415
1225 2075
3300
340 550
700
2100
2800
890

G儿童房衣柜立面图

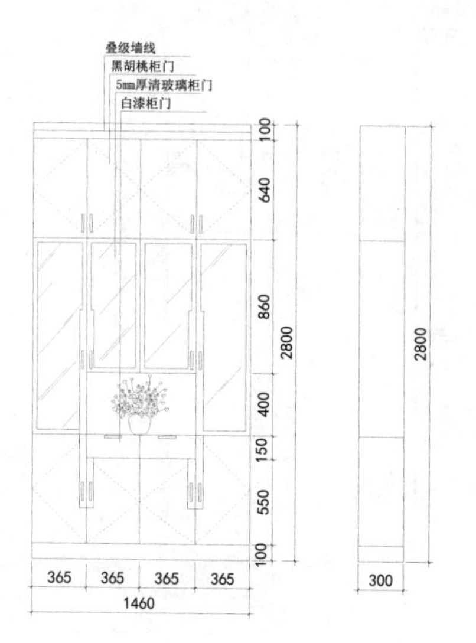

H书房书柜立面图

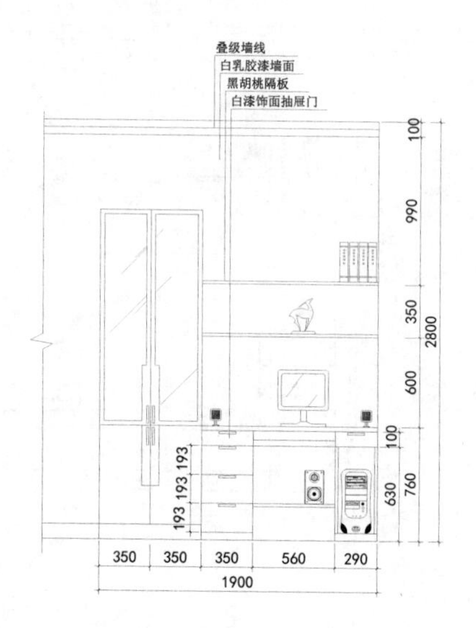

I书房书桌柜立面图

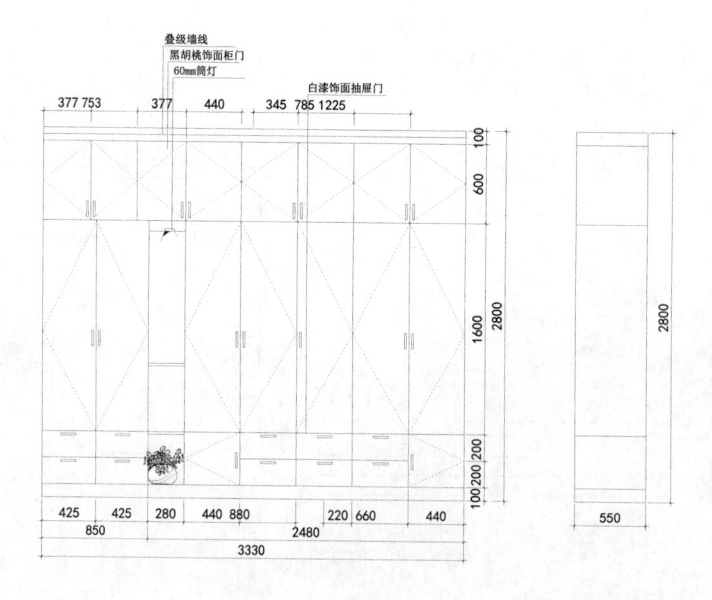

J主卧衣柜立面图

预算表

玄关、客厅
餐厅、过道

- 总面积约：45.98m²
- 总 价 约：42327元

编号	工程项目	单位	工程量及单价		其中（为估算价格、单位：元）					复加合计	备注
			数量	单价/元	主材	辅材	机械	人工	损耗	金额/元	
1	单面双线门套	m	5.6	110	60	20	4	21	5	616	饰面板饰面，木工板立架，外9mm板贴墙，实木阴角压顶，内板线
2	方形电视造型背景	项	1	2280	0	0	0	0	0	2280	具体见施工图
3	阳台大门套1	m	7.67	100	40	20	5	30	5	767	饰面板饰面，木工板立架，9mm板贴墙，实木阴角压顶
4	阳台大门套2	m	6.9	100	40	20	5	30	5	690	饰面板饰面，木工板立架，9mm板贴墙，实木阴角压顶
5	工厂化双面凹凸造型推拉门	扇	4	1550	0	0	0	0	0	6200	自动高温热压贴皮，内实心杉木指接板，再用双面5mm厚密度板找平
6	饰面板饰面平顶	m²	45.98	200	65	100	3	30	2	9196	饰面板饰面，5mm板、木龙骨基层，开灯孔或灯座木框制作安装
7	德国都芳超洁亮内墙漆墙面乳胶漆	m²	121.38	100	85	0	0	12	3	12138	乳胶漆一底二面。1.刷108胶一遍。墙衬找平，并打磨。2.辊刷三遍面漆或一遍底漆两遍面漆，单色，每增加一色另加200元/间。3.若遇保温墙、砂灰墙、隔墙，须满贴的确良布增加10元/m²。顶墙空鼓须铲除后用水泥砂浆找平，增加30元/m²。客户不做上述处理应书面说明。4.材料采用优质墙衬；美巢牌环保型108胶
8	玄关造型鞋柜	项	1	1360	0	0	0	0	0	1360	具体见施工图
9	过道装饰柜	项	1	1300	0	0	0	0	0	1300	具体见施工图
10	餐厅造型酒柜（带门）	项	1	7780	0	0	0	0	0	7780	具体见施工图，推拉门工厂定制

厨房

▶ **总面积约：** 6.6m^2

▶ **总 价 约：** 31103元

编号	工程项目	单位	工程量及单价		其中（为估算价格、单位：元）					复加合计	备注
			数量	单价/元	主材	辅材	机械	人工	损耗	金额/元	
1	铺地砖300mm×300mm以内	m^2	6.6	55	0	21	2	30	2	363	主材价格按购价计价，损耗按实计算。 1.水泥+砂子+108胶黏贴。对原基层进行处理另计。2.主材甲方供，拼花及高档瓷砖另计。3.普通白水泥勾缝，如采用专用勾缝剂，另加10元/m^2。4.材料采用优质水泥；中砂；美巢牌环保型108胶
2	墙面铺墙面砖	m^2	18.28	50		21	2	25	2	914	主材价格按购价计价，损耗按实计算。 1.水泥+砂子+108胶黏贴。对原基层进行处理另计。2.主材甲方供，拼花及高档瓷砖另计。3.普通白水泥勾缝，如采用专用勾缝剂，另加10元/m^2。4.材料采用优质水泥；中砂；美巢牌环保型108胶
3	长条铝扣板吊顶	m^2	6.6	250	198	22	2	25	3	1650	平板式或微孔板，钢龙骨、木龙骨安装，换气扇、灯座木框制作安装
4	德国顶级模压下柜	m	3.55	3500						12425	白色三聚氰胺板立架，门板芯材为密度板
5	德国顶级模压上柜	m	3.96	2050						8118	白色三聚氰胺板立架，门板芯材为密度板
6	德国顶级人造台板	m	3.55	2150						7632.5	宽度在580mm以内计价，超过580mm按实补价

儿童房

▶ **总面积约**：9.62m²

▶ **总 价 约**：11486元

编号	工程项目	单位	工程量及单价		其中（为估算价格、单位：元）					复加合计	备注
			数量	单价/元	主材	辅材	机械	人工	损耗	金额/元	
1	双面双线门套	m	5.1	130	78	21	5	21	5	663	饰面板饰面，木工板立架，9mm板贴墙，实木阴角压顶
2	工厂化实心平板门	扇	1	2665	0	0	0	0	0	2665	自动高温热压贴皮，内实心杉木指接板，再用双面5mm厚密度板找平
3	实木阴角直线	m	11.34	26	15	1	2	7	1	294.84	榉木阴角板线，打洞用木榫，宽80mm～100mm
4	德国都芳超洁亮内墙漆顶面乳胶漆	m^2	9.62	100	85	0	0	12	3	962	乳胶漆一底二面。1.刷108胶一遍。墙衬找平，并打磨。2.辊刷三遍面漆或一遍底漆两遍面漆，单色，每增加一色另加200元/间。3.若遇保温墙、砂灰墙、隔墙，须满贴的确良布增加10元/m^2。顶墙空鼓须铲除后用水泥砂浆找平，增加30元/m^2。客户不做上述处理应书面说明。4.材料采用优质墙衬：美巢牌环保型108胶
5	德国都芳超洁亮内墙漆墙面乳胶漆	m^2	26.35	100	85	0	0	12	3	2635	乳胶漆一底二面。1.刷108胶一遍。墙衬找平，并打磨。2.辊刷三遍面漆或一遍底漆两遍面漆，单色，每增加一色另加200元/间。3.若遇保温墙、砂灰墙、隔墙，须满贴的确良布增加10元/m^2。顶墙空鼓须铲除后用水泥砂浆找平，增加30元/m^2。客户不做上述处理应书面说明。4.材料采用优质墙衬：美巢牌环保型108胶
6	德国顶级人造台板	m	1.7	2150						3655	宽度在580mm以内计价，超过580mm按实补价
7	双面双线窗套	m	4.7	130	78	21	5	21	5	611	饰面板饰面，木工板立架，9mm板贴墙，实木阴角压顶

外卫生间

- **总面积约：**3.7m²
- **总 价 约：**5267元

编号	工程项目	单位	工程量及单价		其中（为估算价格、单位：元）					复加合计	备注
			数量	单价/元	主材	辅材	机械	人工	损耗	金额/元	
1	双面双线门套	m	5.1	130	78	21	5	21	5	663	饰面板饰面，木工板立架，9mm板贴墙，实木阴角压顶
2	工厂化实心平板门	扇	1	2665	0	0	0	0	0	2665	自动高温热压贴皮，内实心杉木指接板，再用双面5mm厚密度板找平
3	铺地砖300mm×300mm以内	m²	3.7	55	0	21	2	30	2	203.5	主材价格按购价计价，损耗按实计算。1.水泥+砂子+108胶黏贴。对原基层进行处理另计。2.主材甲方供，拼花及高档瓷砖另计。3.普通白水泥勾缝，如采用专用勾缝剂，另加10元/m²。4.材料采用优质水泥；中砂；美巢牌环保型108胶
4	地面防漏处理	m²	3.7	32	16	8	1	6	1	118.4	水泥砂浆修补，防水涂料刷两遍
5	墙面铺墙面砖	m²	9.85	50		21	2	25	2	492.5	主材价格按购价计价，损耗按实计算。1.水泥+砂子+108胶黏贴。对原基层进行处理另计。2.主材甲方供，拼花及高档瓷砖另计。3.普通白水泥勾缝，如采用专用勾缝剂，另加10元/m²。4.材料采用优质水泥；中砂；美巢牌环保型108胶
6	长条铝扣板吊顶	m²	3.7	250	198	22	2	25	3	925	平板式或微孔板，钢龙骨、木龙骨安装，换气扇、灯座木框制作安装
7	包上/下水管道	根	1	200	75	50	5	65	5	200	水泥砂浆或木工板包管柱

主卧

▶ **总面积约：** 12.65m^2

▶ **总 价 约：** 12748元

编号	工程项目	单位	工程量及单价		其中（为估算价格、单位：元）					复加合计	备注
			数量	单价/元	主材	辅材	机械	人工	损耗	金额/元	
1	双面双线门套	m	5.1	130	78	21	5	21	5	663	饰面板饰面，木工板立架，9mm板贴墙，实木阴角压顶
2	工厂化实心平板门	扇	1	2665	0	0	0	0	0	2665	自动高温热压贴皮，内实心杉木指接板，再用双面5mm厚密度板找平
3	实木阴角直线	m	14.76	26	15	1	2	7	1	383.76	榉木阴角板线，打洞用木榫，宽80mm～100mm
4	德国都芳超洁亮内墙漆顶面乳胶漆	m^2	12.65	100	85	0	0	12	3	1265	乳胶漆一底二面。1.刷108胶一遍。墙衬找平，并打磨。2.辊刷三遍面漆或一遍底漆两遍面漆，单色，每增加一色另加200元/间。3.若遇保温墙、砂灰墙、隔墙，须满贴的确良布增加10元/m^2。顶墙空鼓须铲除后用水泥砂浆找平，增加30元/m^2。客户不做上述处理应书面说明。4.材料采用优质墙衬：美巢牌环保型108胶
5	德国都芳超洁亮内墙漆墙面乳胶漆	m^2	35.05	100	85	0	0	12	3	3505	乳胶漆一底二面。1.刷108胶一遍。墙衬找平，并打磨。2.辊刷三遍面漆或一遍底漆两遍面漆，单色，每增加一色另加200元/间。3.若遇保温墙、砂灰墙、隔墙，须满贴的确良布增加10元/m^2。顶墙空鼓须铲除后用水泥砂浆找平，增加30元/m^2。客户不做上述处理应书面说明。4.材料采用优质墙衬：美巢牌环保型108胶
6	德国顶级人造台板	m	1.7	2150						3655	宽度在580mm以内计价，超过580mm按实补价
7	双面双线窗套	m	4.7	130	78	21	5	21	5	611	饰面板饰面，木工板立架，9mm板贴墙，实木阴角压顶

内卫生间

- **总面积约：**3.98m²
- **总 价 约：**4979元

编号	工程项目	单位	工程量及单价		其中（为估算价格、单位：元）					复加合计	备注
			数量	单价/元	主材	辅材	机械	人工	损耗	金额/元	
1	双面双线门套	m	5.1	130	78	21	5	21	5	663	饰面板饰面，木工板立架，9mm板贴墙，实木阴角压顶
2	工厂化实心平板推拉门	扇	1	2265	0	0	0	0	0	2265	自动高温热压贴皮，内实心杉木指接板，再用双面5mm厚密度板找平
3	铺地砖300mm×300mm以内	m²	3.98	55	0	21	2	30	2	218.9	主材价格按购价计价，损耗按实计算。1.水泥+砂子+108胶黏贴。对原基层进行处理另计。2.主材甲方供，拼花及高档瓷砖另计。3.普通白水泥勾缝，如采用专用勾缝剂，另加10元/m²。4.材料采用优质水泥；中砂；美巢牌环保型108胶
4	地面防漏处理	m²	3.98	32	16	8	1	6	1	127.36	水泥砂浆修补，防水涂料刷两遍
5	墙面铺墙面砖	m²	10.19	50		21	2	25	2	509.5	主材价格按购价计价，损耗按实计算。1.水泥+砂子+108胶黏贴。对原基层进行处理另计。2.主材甲方供，拼花及高档瓷砖另计。3.普通白水泥勾缝，如采用专用勾缝剂，另加10元/m²。4.材料采用优质水泥；中砂；美巢牌环保型108胶
6	长条铝扣板吊顶	m²	3.98	250	198	22	2	25	3	995	平板式或微孔板，钢龙骨、木龙骨安装，换气扇、灯座木框制作安装
7	包上/下水管道	根	1	200	75	50	5	65	5	200	水泥砂浆或木工板包管柱

书房、储物间

- **总面积约：** 12.15m²
- **总 价 约：** 11183元

编号	工程项目	单位	工程量及单价		其中（为估算价格、单位：元）					复加合计	备注
			数量	单价/元	主材	辅材	机械	人工	损耗	金额/元	
1	双面双线门套	m	5.1	130	78	21	5	21	5	663	饰面板饰面，木工板立架，9mm板贴墙，实木阴角压顶
2	工厂化实心平板门	扇	1	2665	0	0	0	0	0	2665	自动高温热压贴皮，内实心杉木指接板，再用双面5mm厚密度板找平
3	实木阴角直线	m	12.7	26	15	1	2	7	1	330.2	榉木阴角板线，打洞用木榫，宽80mm～100mm
4	德国都芳超洁亮内墙漆顶面乳胶漆	m^2	12.15	100	85	0	0	12	3	1215	乳胶漆一底二面。1.刷108胶一遍。墙衬找平，并打磨。2.辊刷三遍面漆或一遍底漆两遍面漆，单色，每增加一色另加200元/间。3.若遇保温墙、砂灰墙、隔墙，须满贴的确良布增加10元/m^2。顶墙空鼓须铲除后用水泥砂浆找平，增加30元/m^2。客户不做上述处理应书面说明。4.材料采用优质墙衬：美巢牌环保型108胶
5	德国都芳超洁亮内墙漆墙面乳胶漆	m^2	29.16	100	85	0	0	12	3	2916	乳胶漆一底二面。1.刷108胶一遍。墙衬找平，并打磨。2.辊刷三遍面漆或一遍底漆两遍面漆，单色，每增加一色另加200元/间。3.若遇保温墙、砂灰墙、隔墙，须满贴的确良布增加10元/m^2。顶墙空鼓须铲除后用水泥砂浆找平，增加30元/m^2。客户不做上述处理应书面说明。4.材料采用优质墙衬：美巢牌环保型108胶
6	双面双线窗套	m	3.8	130	78	21	5	21	5	494	饰面板饰面，木工板立架，9mm板贴墙，实木阴角压顶
7	工厂化实心平板推拉门	扇	1	2900	0	0	0	0	0	2900	自动高温热压贴皮，内实心杉木指接板，再用双面5mm厚密度板找平

阳台

- **总面积约：** 9.03m²
- **总 价 约：** 3694元

编号	工程项目	单位	工程量及单价		其中（为估算价格、单位：元）					复加合计	备注
			数量	单价/元	主材	辅材	机械	人工	损耗	金额/元	
1	铺地砖 300mm×300mm 以内	m²	9.03	55	0	21	2	30	2	496.65	主材价格按购价计价，损耗按实计算。 1.水泥+砂子+108胶黏贴。对原基层进行处理另计。2.主材甲方供，拼花及高档瓷砖另计。3.普通白水泥勾缝，如采用专用勾缝剂，另加10元/m²。4.材料采用优质水泥；中砂；美巢牌环保型108胶
2	地面防漏处理	m²	9.03	32	16	8	1	6	1	288.96	水泥砂浆修补，防水涂料刷两遍
3	德国都芳超洁亮内墙漆顶面乳胶漆	m²	9.03	100	85	0	0	12	3	903	乳胶漆一底二面。 1.刷108胶一遍。墙衬找平，并打磨。2.辊刷三遍面漆或一遍底漆两遍面漆，单色，每增加一色另加200元/间。3.若遇保温墙、砂灰墙、隔墙，须满贴的确良布增加10元/m²。顶墙空鼓须铲除后用水泥砂浆找平，增加30元/m²。客户不做上述处理应书面说明。4.材料采用优质墙衬；美巢牌环保型108胶
4	德国都芳超洁亮内墙漆墙面乳胶漆	m²	20.05	100	85	0	0	12	3	2005	乳胶漆一底二面。 1.刷108胶一遍。墙衬找平，并打磨。2.辊刷三遍面漆或一遍底漆两遍面漆，单色，每增加一色另加200元/间。3.若遇保温墙、砂灰墙、隔墙，须满贴的确良布增加10元/m²。顶墙空鼓须铲除后用水泥砂浆找平，增加30元/m²。客户不做上述处理应书面说明。4.材料采用优质墙衬；美巢牌环保型108胶

水电部分

总 价 约：10385元

编号	工程项目	单位	工程量及单价		其中（为估算价格、单位：元）					复加合计	备注
			数量	单价/元	主材	辅材	机械	人工	损耗	金额/元	
1	水表移位PPR管连接	只	1	235	110	23	4	92	6	235	皮尔萨PPR管，开槽、定位
2	一厨一卫PPR管连接	套	1	1535	460	640	30	365	40	1535	皮尔萨PPR管，开槽、定位
3	增加一卫PPR管连接	间	1	1055	300	493	15	220	27	1055	皮尔萨PPR管，开槽、定位
4	厨房铺管穿线	间	1	300	100	45	10	137	8	300	优质电线穿PVC管铺设，含插座、开关、照明安装人工费
5	卫生间铺管穿线	间	2	370	125	65	10	160	10	740	优质电线穿PVC管铺设，含插座、开关、照明安装人工费
6	阳台铺管穿线	只	2	115	36	35	5	35	4	230	优质电线穿PVC管铺设，含插座、开关、照明安装人工费
7	客厅铺管穿线	间	1	385	170	75	20	110	10	385	优质电线穿PVC管铺设，含插座、开关、照明安装人工费
8	餐厅铺管穿线	间	2	325	125	70	15	105	10	650	优质电线穿PVC管铺设，含插座、开关、照明安装人工费
9	房间铺管穿线	间	3	365	140	75	20	120	10	1095	优质电线穿PVC管铺设，含插座、开关、照明安装人工费
10	坐便器安装	套	2	80	自购					160	人工费及辅料费
11	水池（槽、洗脸盆）安装	套	2	50	自购					100	人工费及辅料费
12	豪华型智能布线	套	1	3900	1580	1875	30	365	50	3900	按单层标准布线计算，有二层时除主材箱外增加1.5～2的系数

运输与保洁

▶ **总 价 约：** 2200元

编号	工程项目	单位	工程量及单价		其中（为估算价格、单位：元）					复加合计	备注
			数量	单价/元	主材	辅材	机械	人工	损耗	金额/元	
1	装潢垃圾清理	项	1	600						600	施工过程产生垃圾，按建筑面积计算，二层以内，最少基数为100m^2
2	材料二次搬运费	项	1	600						600	材料搬上楼，按建筑面积计，二层以内。最少基数为100m^2
3	家政卫生服务费	项	1	1000						1000	按建筑面积计算，包括辅料费

其他

编号	工程项目	单位	工程量及单价		其中（为估算价格、单位：元）					复加合计	备注
			数量	单价/元	主材	辅材	机械	人工	损耗	金额/元	
1	方案设计	项	1	0						0	平面方案、预算。与业主商议而定
2	施工图制作	项	1	0						0	平面图、顶面图、各立面图及节点剖面图、水电施工图等。与业主商议而定
3	效果图制作	项	1	0						0	单个空间费用。与业主商议而定
总价合计/元										**135372**	

案例10 Case<<

总面积约200m²，总价约15万元

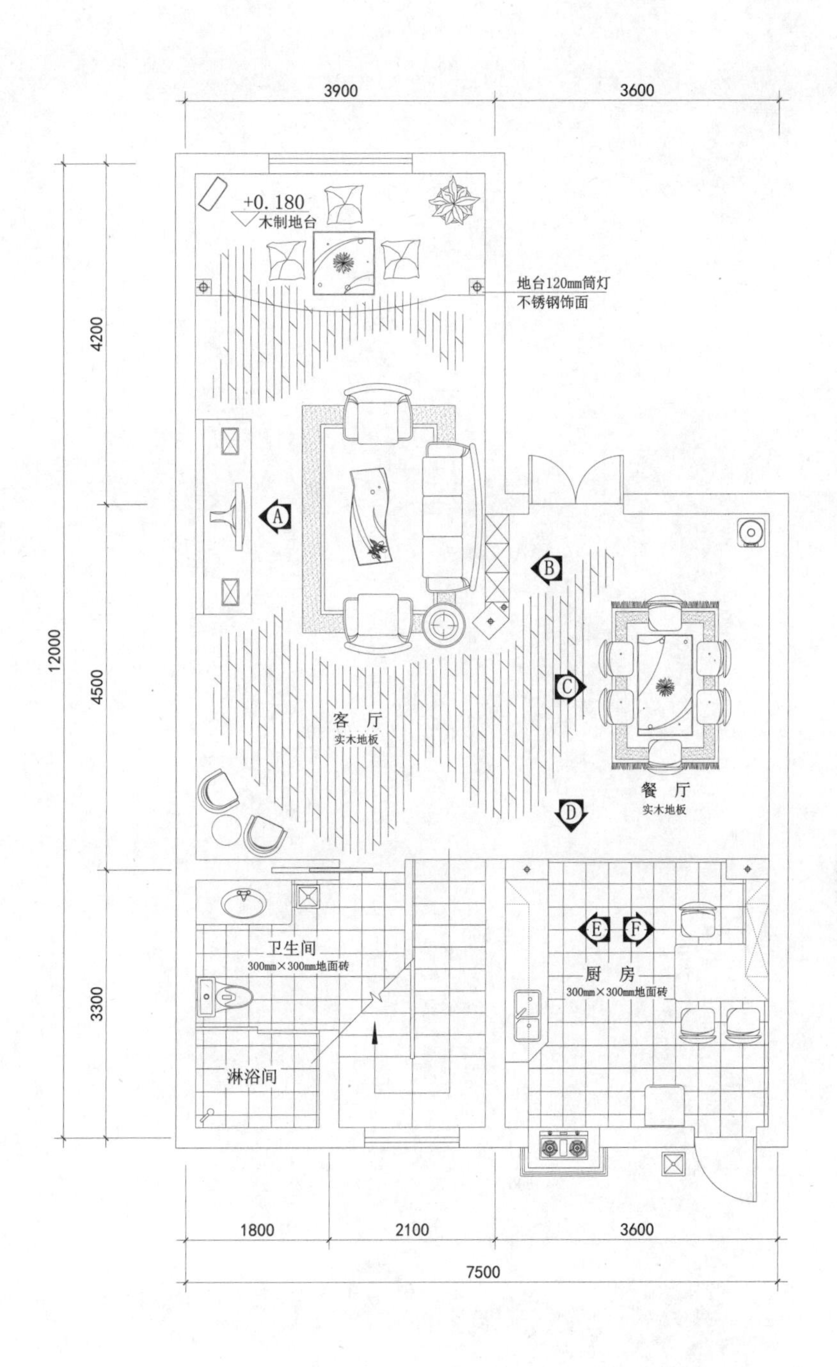

一层平面布置图

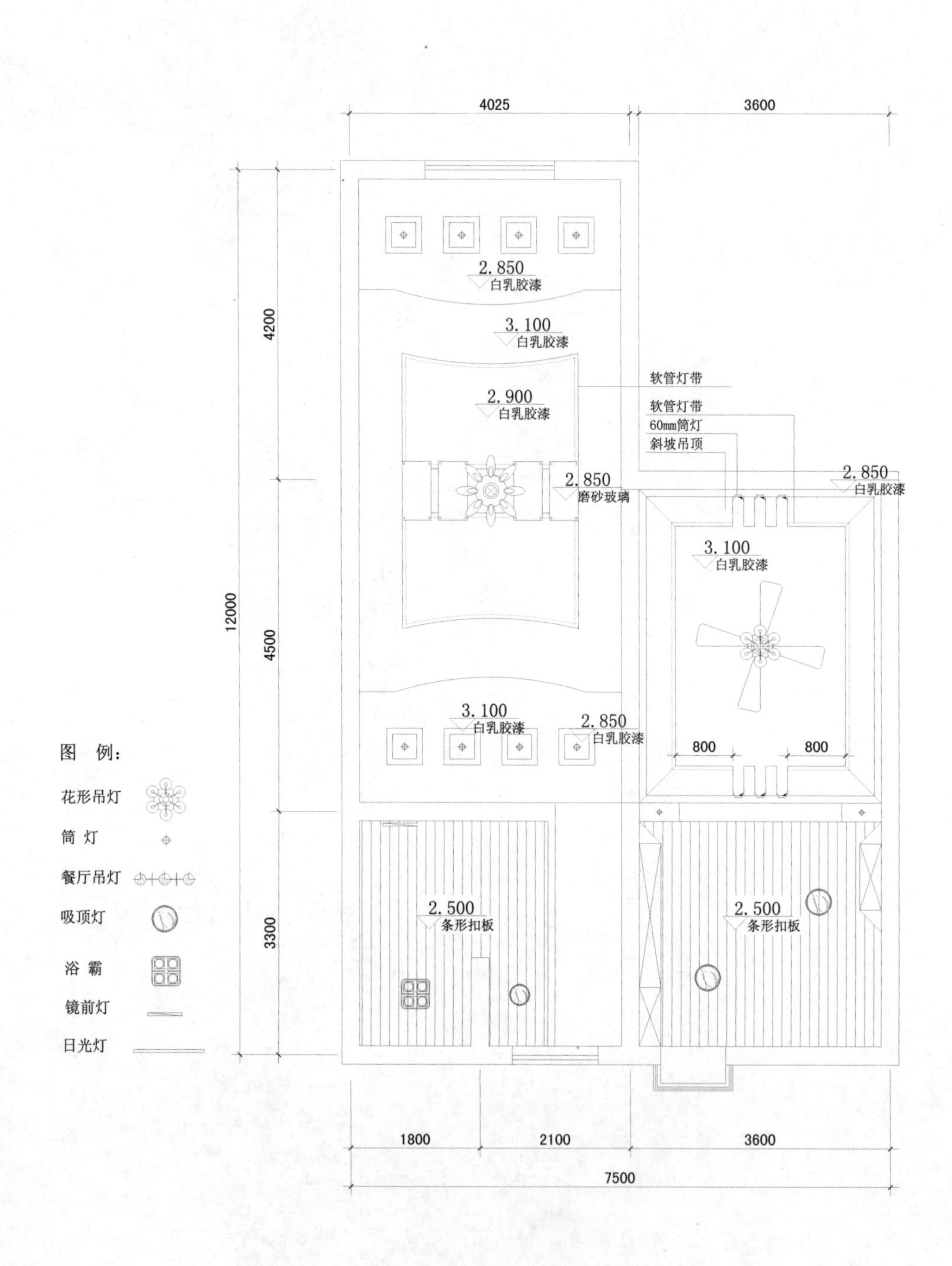
4025
3600
2.850
白乳胶漆
3.100
白乳胶漆
软管灯带
2.900
白乳胶漆
软管灯带
60mm筒灯
斜坡吊顶
2.850
磨砂玻璃
2.850
白乳胶漆
3.100
白乳胶漆
4200
12000
4500
3.100
白乳胶漆
2.850
白乳胶漆
800
800
图 例:
花形吊灯
筒 灯
餐厅吊灯
吸顶灯
浴 霸
镜前灯
日光灯
2.500
条形扣板
2.500
条形扣板
3300
1800
2100
3600
7500

一层顶面布置图

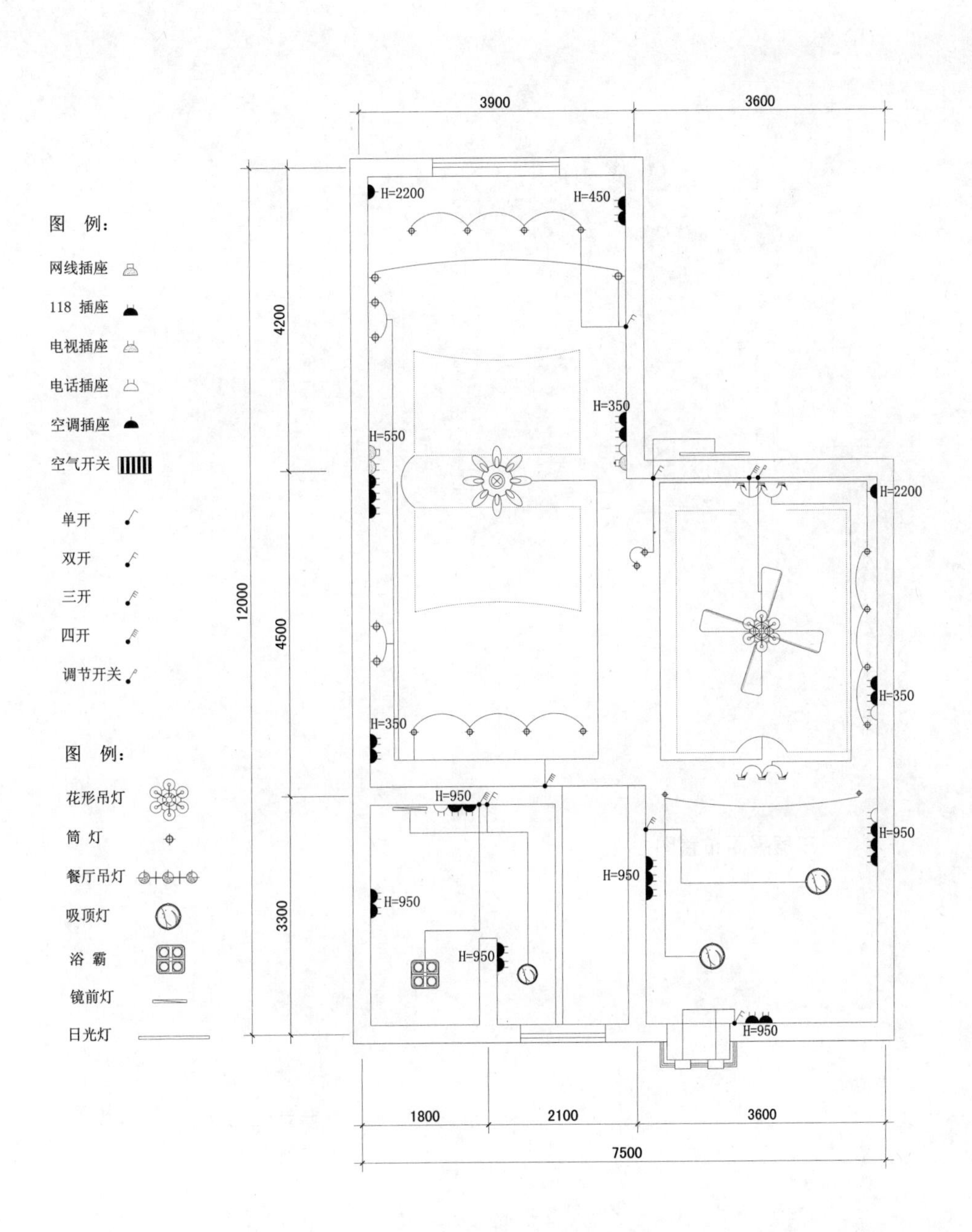

3900
3600
4200
4500
3300
12000
1800
2100
3600
7500
H=2200
H=450
H=350
H=550
H=350
H=2200
H=350
H=950
H=950
H=950
H=950
H=950
H=950
图　例：
网线插座
118 插座
电视插座
电话插座
空调插座
空气开关
单开
双开
三开
四开
调节开关
图　例：
花形吊灯
筒　灯
餐厅吊灯
吸顶灯
浴　霸
镜前灯
日光灯

一层电路布置图

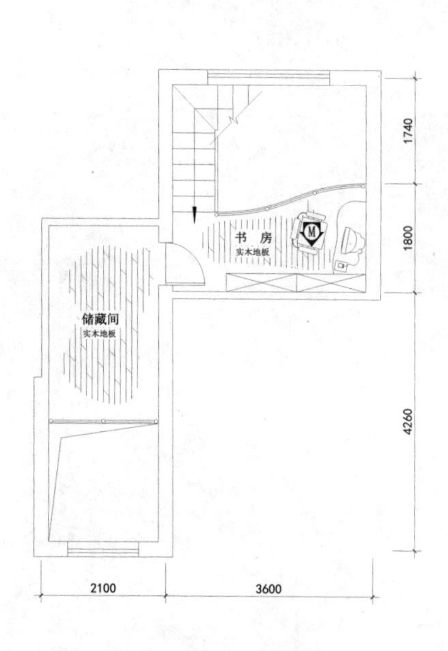

三层平面布置图

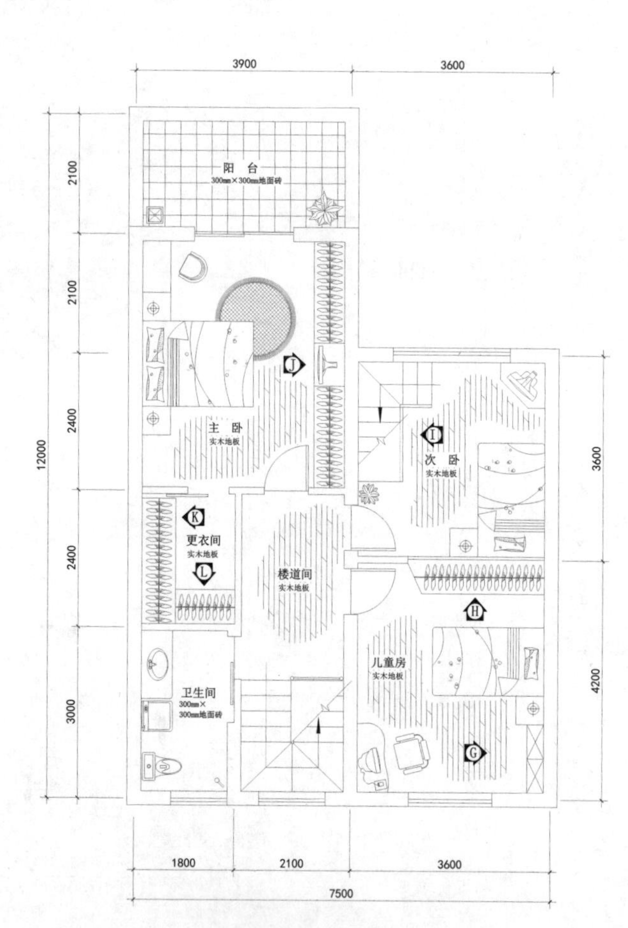

二层平面布置图

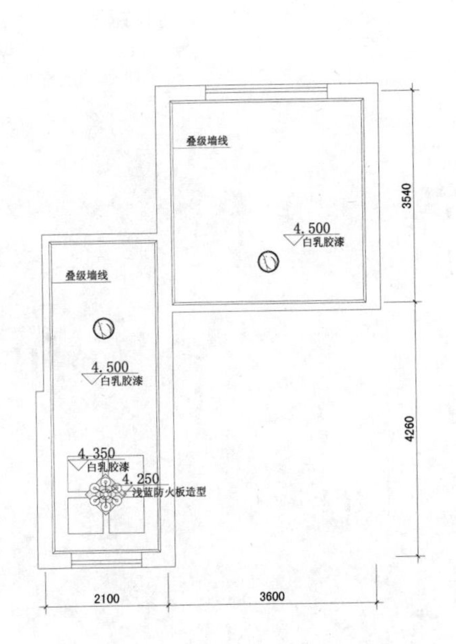

三层顶面布置图

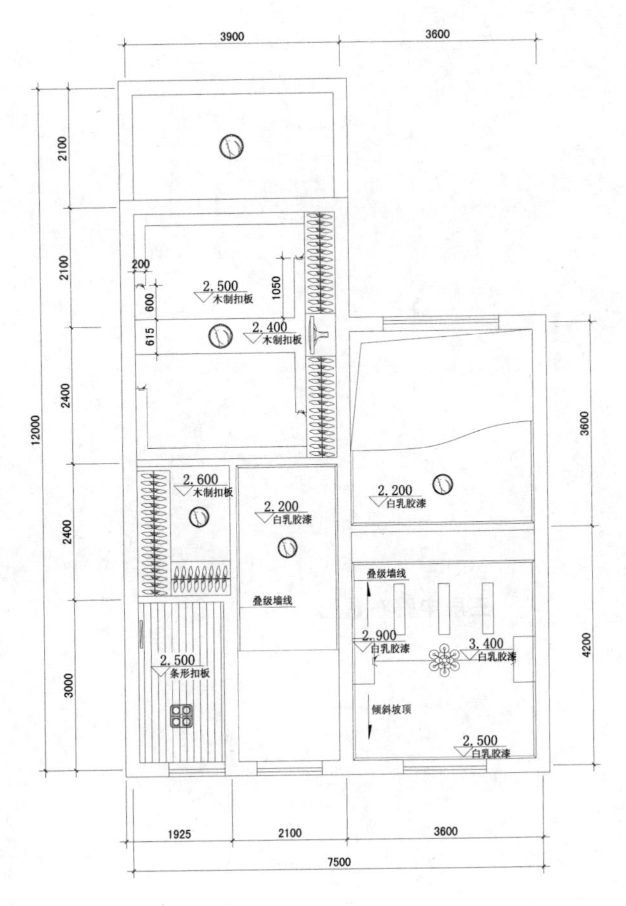

二层顶面布置图

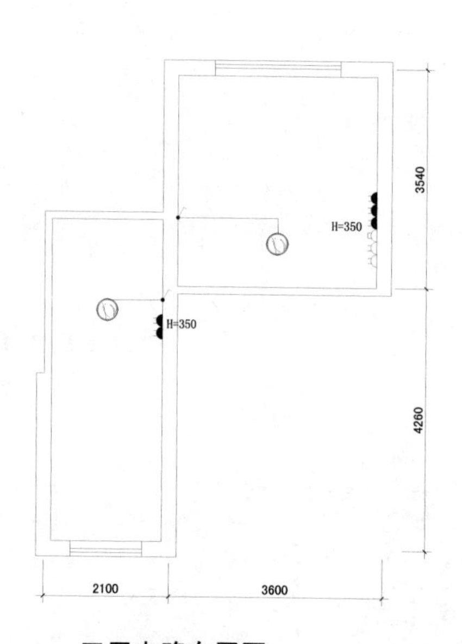

三层电路布置图

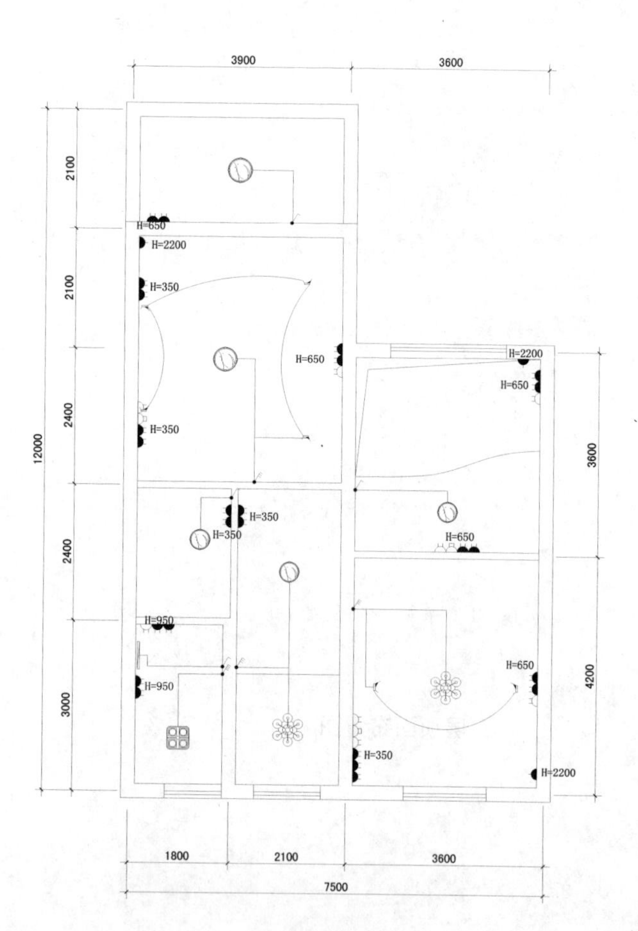

二层电路布置图

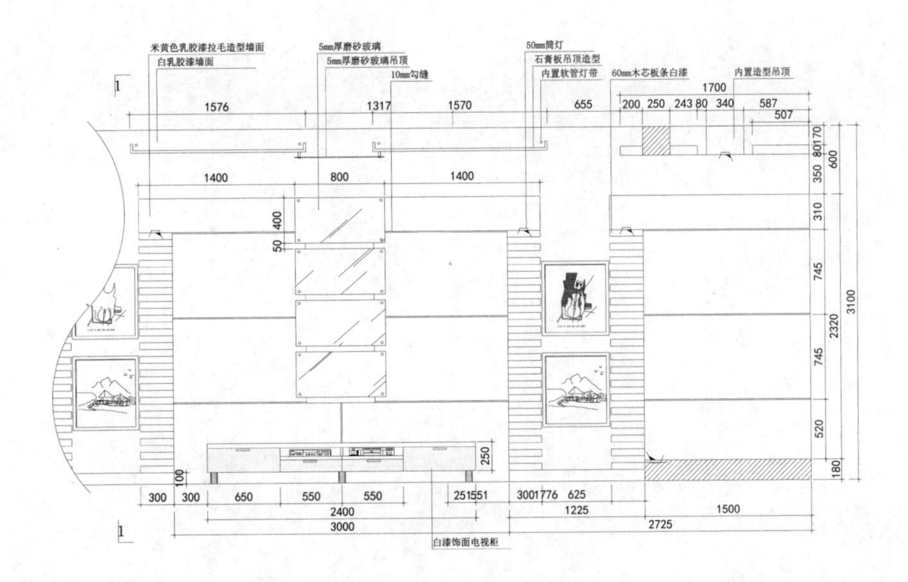

A客厅背景墙立面图

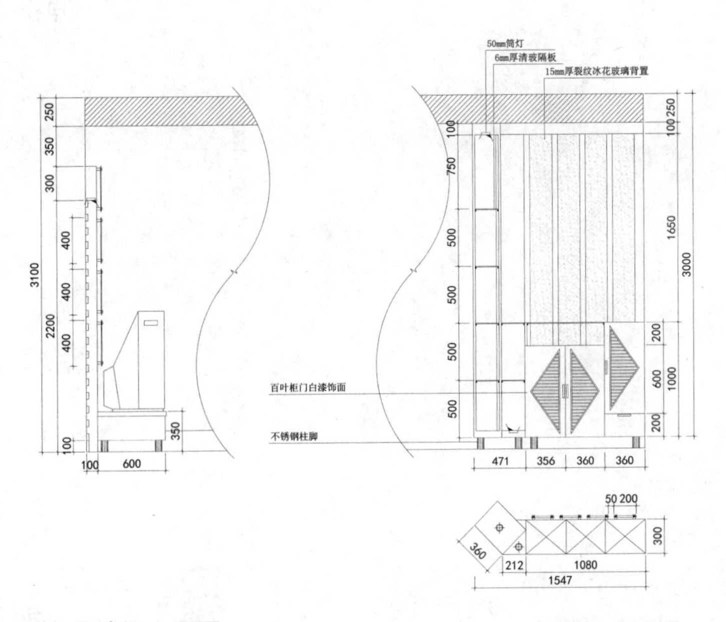

客厅电视背景墙侧立面图

B玄关鞋柜立面图

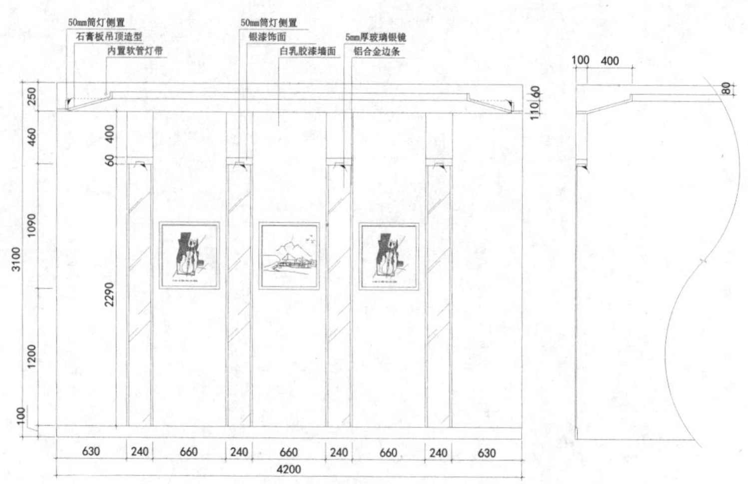

C餐厅背景墙立面图

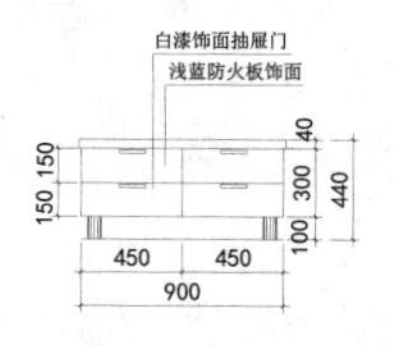

次卧电视柜立面图

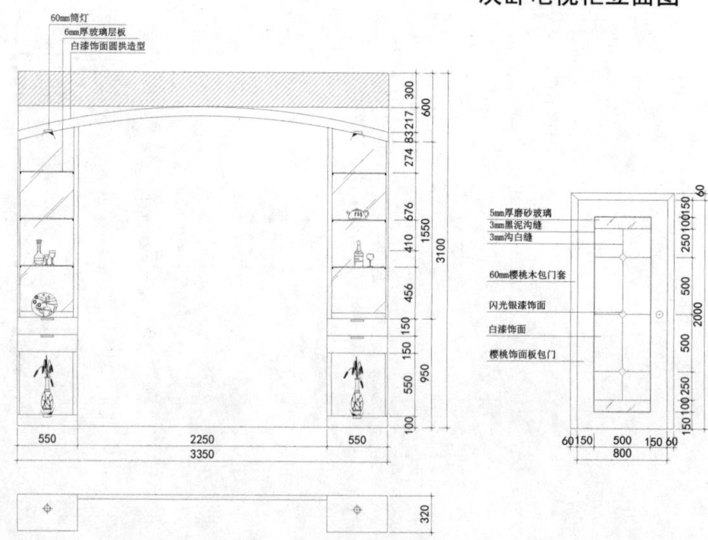

D餐厅酒柜隔断立面图

包门立面图

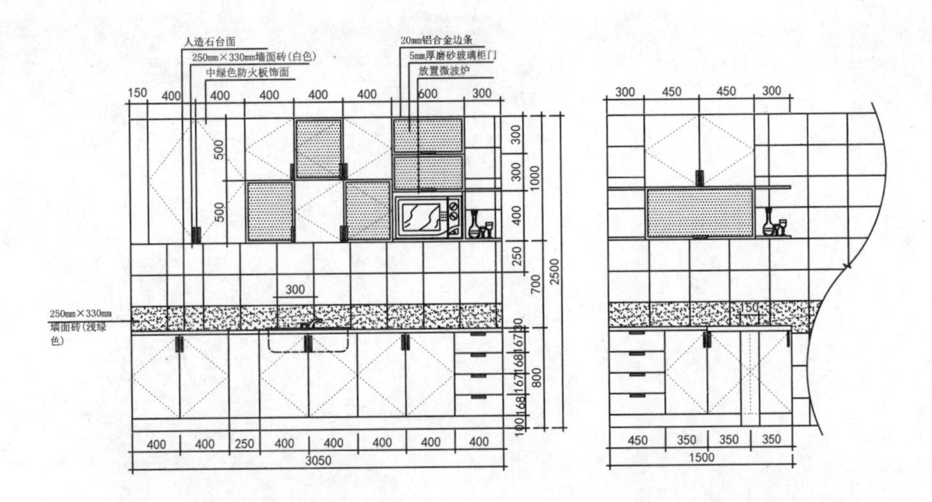

E厨房橱柜立面图

F厨房橱柜立面图

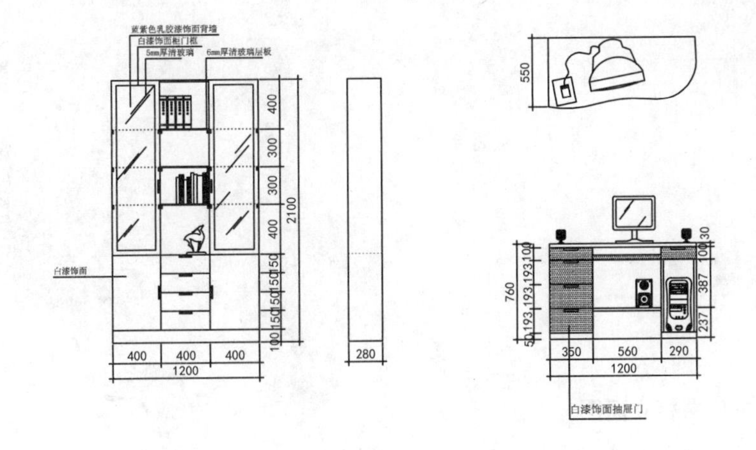

G儿童房书柜立面图

儿童房电脑桌立面图

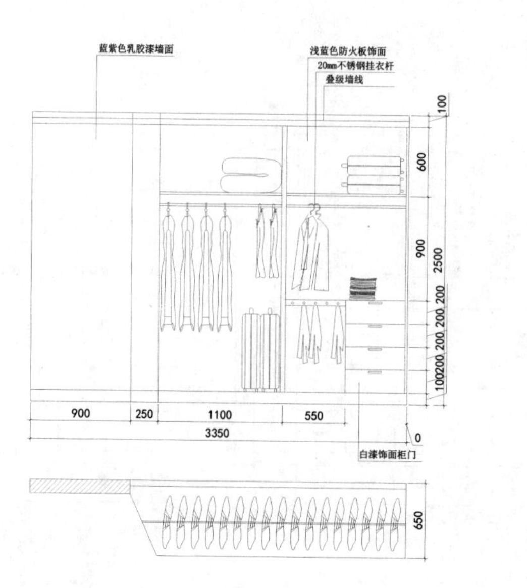

H儿童房衣柜立面图

20mm铝合金边框
5mm厚磨砂玻璃
白漆饰面柜门
600
270
270
280
1150
2300
1100

梭门立面图

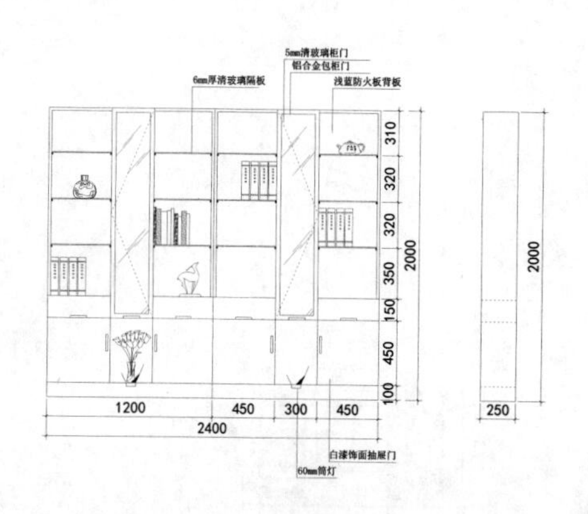

M阁楼书房书柜立面图

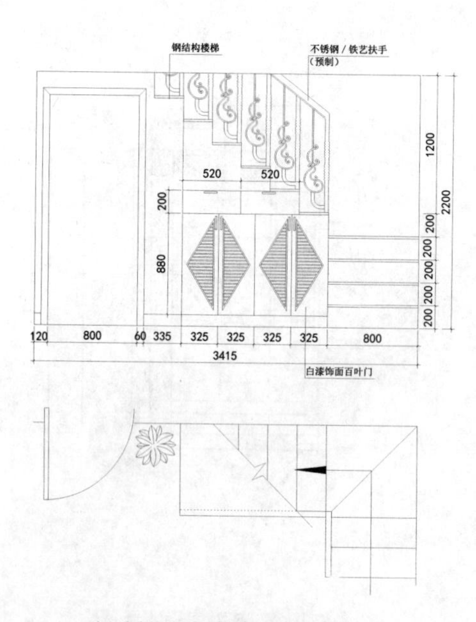

I客卧楼梯储藏柜立面图

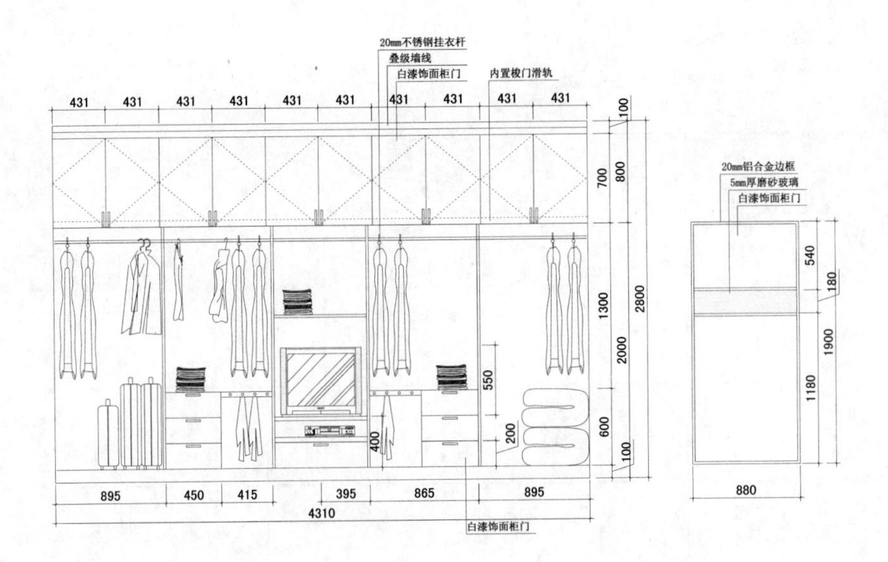

J主卧衣柜立面图

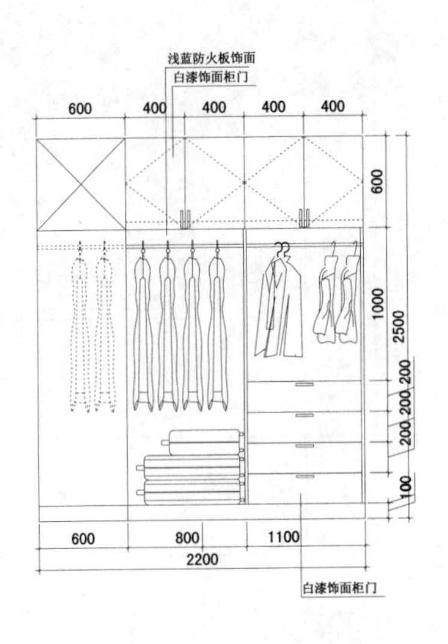

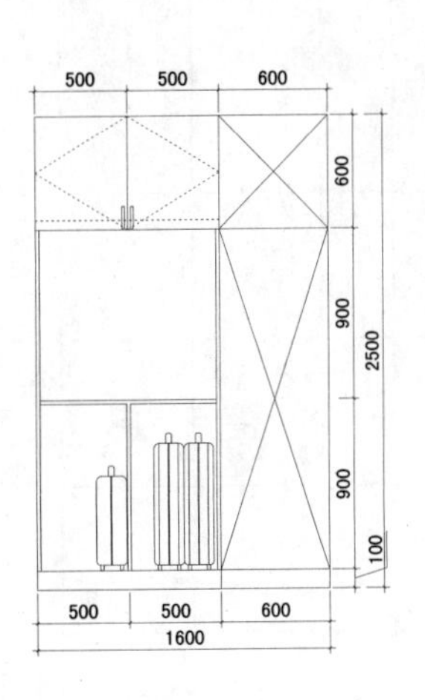

K主卧储藏柜立面图

L主卧储藏柜立面图

预算表

餐厅、客厅

- **总面积约**：46.15m²
- **总 价 约**：27502元

一层部分

编号	工程项目	单位	工程量及单价		其中（为估算价格、单位：元）					复加合计	备注
			数量	单价/元	主材	辅材	机械	人工	损耗	金额/元	
1	单面双线门套	m	6.1	110	60	20	4	21	5	671	饰面板饰面，木工板立架，外9mm板贴墙，实木阴角压顶，内板线
2	石膏板二级平顶	m^2	46.15	124	45	38	3	35	3	5722.6	石膏板饰面，木龙骨基层，开灯孔或灯座木框制作安装
3	立邦荷净净味全效内墙乳胶漆墙面乳胶漆	m^2	125.98	70	52	0	0	12	6	8818.6	乳胶漆一底二面。1.刷108胶一遍。墙衬找平，并打磨。2.辊刷三遍面漆或一遍底漆两遍面漆，单色，每增加一色另加200元/间。3.若遇保温墙、砂灰墙、隔墙，须满贴的确良布增加10元/m^2。顶墙空鼓须铲除后用水泥砂浆找平，增加30元/m^2。客户不做上述处理应书面说明。4.材料采用优质墙衬；美巢牌环保型108胶
4	150mm以下地台/地垅铺设	m^2	5.87	310	240	15	4	50	1	1819.7	30mm×50mm松木地垅，间距≤250mm，含地板安装
5	方形电视造型背景	项	1	5780	0	0	0	0	0	5780	具体见施工图
6	玄关装饰鞋柜	项	1	1820	0	0	0	0	0	1820	具体见施工图
7	餐厅造型背景	项	1	970	0	0	0	0	0	970	具体见施工图
8	餐厅造型隔断	项	1	1340	0	0	0	0	0	1340	具体见施工图
9	单线窗套	m	7	80	38	19	3	16	4	560	饰面板饰面，木工板立架，实木板线10mm×60mm

厨房

▶ **总面积约：**10.97m^2

▶ **总 价 约：**5206元

编号	工程项目	单位	工程量及单价		其中（为估算价格、单位：元）					复加合计	备注
			数量	单价/元	主材	辅材	机械	人工	损耗	金额/元	
1	工厂化断桥铝玻璃门	扇	1	1800	0	0	0	0	0	1800	自动高温热压贴皮，内实心杉木指接板，再用双面7mm厚密度板找平，不含玻璃
2	铺地砖300mm×300mm以内	m^2	10.97	55	0	21	2	30	2	603.35	主材价格按购价计价，损耗按实计算。 1.水泥+砂子+108胶黏贴。对原基层进行处理另计。2.主材甲方供，拼花及高档瓷砖另计。3.普通白水泥勾缝，如采用专用勾缝剂，另加10元/m^2。4.材料采用优质水泥；中砂；美巢牌环保型108胶
3	墙面铺墙面砖	m^2	23.14	50		21	2	25	2	1157	主材价格按购价计价，损耗按实计算。 1.水泥+砂子+108胶黏贴。对原基层进行处理另计。2.主材甲方供，拼花及高档瓷砖另计。3.普通白水泥勾缝，如采用专用勾缝剂，另加10元/m^2。4.材料采用优质水泥；中砂；美巢牌环保型108胶
4	长条铝扣板吊顶	m^2	10.97	150	100	20	2	25	3	1645.5	平板式或微孔板，钢龙骨、木龙骨安装，换气扇、灯座木框制作安装

一层卫生间

- **总面积约：** 7.93m^2
- **总 价 约：** 4926元

编号	工程项目	单位	工程量及单价		其中（为估算价格、单位：元）					复加合计	备注
			数量	单价/元	主材	辅材	机械	人工	损耗	金额/元	
1	单线双面门套	m	5.1	120	70	21	3	21	5	612	饰面板饰面，木工板立架，实木板线10mm×60mm。 1.大芯板衬底，饰面板饰面，实木门套线。门套线宽不大于60mm，厚不大于10mm。2.门套线宽每增加10mm，每米另增加6元。3.高级木器漆喷漆工艺二底四面处理。4.材料选用特级环保型大芯板；优质饰面板；立邦保得丽超级面漆；白塔牌白乳胶
2	工厂化无木格玻璃木框推拉门	扇	1	1230	0	0	0	0	0	1230	自动高温热压贴皮，内实心杉木指接板，再用双面7mm厚密度板找平，不含玻璃
3	铺地砖300mm×300mm以内	m^2	7.93	55	0	21	2	30	2	436.15	主材价格按购价计价，损耗按实计算。 1.水泥+砂子+108胶黏贴。对原基层进行处理另计。2.主材甲方供，拼花及高档瓷砖另计。3.普通白水泥勾缝，如采用专用勾缝剂，另加10元/m^2。4.材料采用优质水泥；中砂；美巢牌环保型108胶
4	墙面铺墙面砖	m^2	20.09	50		21	2	25	2	1004.5	主材价格按购价计价，损耗按实计算。 1.水泥+砂子+108胶黏贴。对原基层进行处理另计。2.主材甲方供，拼花及高档瓷砖另计。3.普通白水泥勾缝，如采用专用勾缝剂，另加10元/m^2。4.材料采用优质水泥；中砂；美巢牌环保型108胶

（续）

编号	工程项目	单位	工程量及单价		其中（为估算价格、单位：元）					复加合计	备注
			数量	单价/元	主材	辅材	机械	人工	损耗	金额/元	
5	长条铝扣板吊顶	m²	7.93	150	100	20	2	25	3	1189.5	平板式或微孔板，钢龙骨、木龙骨安装，换气扇、灯座木框制作安装
6	地面防漏处理	m²	7.93	32	16	8	1	6	1	253.76	水泥砂浆修补，防水涂料刷两遍
7	包上/下水管道	根	1	200	75	50	5	65	5	200	水泥砂浆或木工板包管柱

楼梯（一升二）

- **总面积约：** 7.05m²
- **总 价 约：** 13579元

编号	工程项目	单位	工程量及单价		其中（为估算价格、单位：元）					复加合计	备注
			数量	单价/元	主材	辅材	机械	人工	损耗	金额/元	
1	楼梯钢架基础制作	座	1	5000	5000	0.00	0	0	0	5000	楼梯梁10#槽钢制作(高3m内)。如用钢板单价乘1.4系数计价
2	柚木实木踏脚板（2.5cm厚）	m²	7.05	645	520	15	5	60	45	4547.25	铺在基层板上，按展开面积计算，厚度允许偏差3mm内
3	不锈钢整体栏杆扶手	m	6.86	330	200	30	6	80	14	2263.8	不锈钢立柱、栏杆、扶手安装
4	立邦荷净净味全效内墙乳胶漆顶面乳胶漆	m²	6.15	70	52	0	0	12	6	430.5	乳胶漆一底二面。1.刷108胶一遍。墙衬找平，并打磨。2.辊刷三遍面漆或一遍底漆两遍面漆，单色，每增加一色另加200元/间。3.若遇保温墙、砂灰墙、隔墙，须满贴的确良布增加10元/m²。顶墙空鼓须铲除后用水泥砂浆找平，增加30元/m²。客户不做上述处理应书面说明。4.材料采用优质墙衬；美巢牌环保型108胶

（续）

编号	工程项目	单位	工程量及单价		其中（为估算价格、单位：元）					复加合计	备注
			数量	单价/元	主材	辅材	机械	人工	损耗	金额/元	
5	立邦荷净净味全效内墙乳胶漆墙面乳胶漆	m^2	12.48	70	52	0	0	12	6	873.6	乳胶漆一底二面。1.刷108胶一遍。墙衬找平，并打磨。2.辊刷三遍面漆或一遍底漆两遍面漆，单色，每增加一色另加200元/间。3.若遇保温墙、砂灰墙、隔墙，须满贴的确良布增加10元/m^2。顶墙空鼓须铲除后用水泥砂浆找平，增加30元/m^2。客户不做上述处理应书面说明。4.材料采用优质墙衬；美巢牌环保型108胶
6	单线窗套	m	5.8	80	38	19	3	16	4	464	饰面板饰面，木工板立架，实木板线10mm×60mm

楼梯（二升三）

- **总面积约：** 4.61m^2
- **总 价 约：** 10294元

二层部分

编号	工程项目	单位	工程量及单价		其中（为估算价格、单位：元）					复加合计	备注
			数量	单价/元	主材	辅材	机械	人工	损耗	金额/元	
1	楼梯钢架基础制作	座	1	5000	5000	0.00	0	0	0	5000	楼梯梁10#槽钢制作(高3m内)。如用钢板单价乘1.4系数计价

（续）

编号	工程项目	单位	工程量及单价		其中（为估算价格、单位：元）					复加合计	备注
			数量	单价/元	主材	辅材	机械	人工	损耗	金额/元	
2	柚木实木踏脚板（2.5cm厚）	m^2	4.61	645	520	15	5	60	45	2973.45	铺在基层板上，按展开面积计算，厚度允许偏差3mm内
3	不锈钢整体栏杆扶手	m	4.56	330	200	30	6	80	14	1504.8	不锈钢立柱、栏杆、扶手安装
4	立邦荷净净味全效内墙乳胶漆顶面乳胶漆	m^2	3.85	70	52	0	0	12	6	269.5	乳胶漆一底二面。1.刷108胶一遍。墙衬找平，并打磨。2.辊刷三遍面漆或一遍底漆两遍面漆，单色，每增加一色另加200元/间。3.若遇保温墙、砂灰墙、隔墙，须满贴的确良布增加10元/m^2。顶墙空鼓须铲除后用水泥砂浆找平，增加30元/m^2。客户不做上述处理应书面说明。4.材料采用优质墙衬：美巢牌环保型108胶
5	立邦荷净净味全效内墙乳胶漆墙面乳胶漆	m^2	7.81	70	52	0	0	12	6	546.7	乳胶漆一底二面。1.刷108胶一遍。墙衬找平，并打磨。2.辊刷三遍面漆或一遍底漆两遍面漆，单色，每增加一色另加200元/间。3.若遇保温墙、砂灰墙、隔墙，须满贴的确良布增加10元/m^2。顶墙空鼓须铲除后用水泥砂浆找平，增加30元/m^2。客户不做上述处理应书面说明。4.材料采用优质墙衬：美巢牌环保型108胶

楼梯间

- **总面积约：** 6.02m²
- **总 价 约：** 2532元

编号	工程项目	单位	工程量及单价		其中（为估算价格、单位：元）					复加合计	备注
			数量	单价/元	主材	辅材	机械	人工	损耗	金额/元	
1	立邦荷净净味全效内墙乳胶漆顶面乳胶漆	m²	6.02	70	52	0	0	12	6	421.4	乳胶漆一底二面。1.刷108胶一遍。墙衬找平，并打磨。2.辊刷三遍面漆或一遍底漆两遍面漆，单色，每增加一色另加200元/间。3.若遇保温墙、砂灰墙、隔墙，须满贴的确良布增加10元/m²。顶墙空鼓须铲除后用水泥砂浆找平，增加30元/m²。客户不做上述处理应书面说明。4.材料采用优质墙衬；美巢牌环保型108胶
2	立邦荷净净味全效内墙乳胶漆墙面乳胶漆	m²	16.67	70	52	0	0	12	6	1166.9	乳胶漆一底二面。1.刷108胶一遍。墙衬找平，并打磨。2.辊刷三遍面漆或一遍底漆两遍面漆，单色，每增加一色另加200元/间。3.若遇保温墙、砂灰墙、隔墙，须满贴的确良布增加10元/m²。顶墙空鼓须铲除后用水泥砂浆找平，增加30元/m²。客户不做上述处理应书面说明。4.材料采用优质墙衬；美巢牌环保型108胶
3	单线窗套	m	11.8	80	38	19	3	16	4	944	饰面板饰面，木工板立架，实木板线10mm×60mm

儿童房

- **总面积约：** 13.45m^2
- **总 价 约：** 13095元

编号	工程项目	单位	工程量及单价		其中（为估算价格、单位：元）					复加合计	备注
			数量	单价/元	主材	辅材	机械	人工	损耗	金额/元	
1	单线双面门套	m	5.1	120	70	21	3	21	5	612	饰面板饰面，木工板立架，实木板线10mm×60mm。1.大芯板衬底，饰面板饰面，实木门套线。门套线宽不大于60mm，厚不大于10mm。2.门套线宽每增加10mm，每米另增加6元。3.高级木器漆喷漆工艺二底四面处理。4.材料选用特级环保型大芯板；优质饰面板；立邦保得丽超级面漆；白塔牌白乳胶
2	工厂化双面凹凸造型门	扇	1	2180	0	0	0	0	0	2180	自动高温热压贴皮，内实心杉木指接板，再用双面5mm厚密度板找平
3	石膏板二级平顶	m^2	13.45	124	45	38	3	35	3	1667.8	石膏板饰面，木龙骨基层，开灯孔或灯座木框制作安装
4	立邦荷净净味全效内墙乳胶漆墙面乳胶漆	m^2	35.91	70	52	0	0	12	6	2513.7	乳胶漆一底二面。1.刷108胶一遍。墙衬找平，并打磨。2.辊刷三遍面漆或一遍底漆两遍面漆，单色，每增加一色另加200元/间。3.若遇保温墙、砂灰墙、隔墙，须满贴的确良布增加10元/m^2。顶墙空鼓须铲除后用水泥砂浆找平，增加30元/m^2。客户不做上述处理应书面说明。4.材料采用优质墙衬；美巢牌环保型108胶
5	平板开门顶(吊)柜	m^2	5.5	765	355	133	2	260	15	4207.5	饰面板饰面，木工板立架，5mm板封后背，实木封边
6	上木框玻璃门下平板门书柜	m^2	2.52	550	355	29	4	148	14	1386	饰面板饰面，木工板立架，无抽屉，实木封边，不含玻璃
7	单线窗套	m	6.6	80	38	19	3	16	4	528	饰面板饰面，木工板立架，实木板线10mm×60mm

次卧

- **总面积约：** 11.45m^2
- **总 价 约：** 7335元

编号	工程项目	单位	工程量及单价		其中（为估算价格、单位：元）					复加合计	备注
			数量	单价/元	主材	辅材	机械	人工	损耗	金额/元	
1	单线双面门套	m	5.1	120	70	21	3	21	5	612	饰面板饰面，木工板立架，实木板线10mm×60mm。 1.大芯板衬底，饰面板饰面，实木门套线。门套线宽不大于60mm，厚不大于10mm。2.门套线宽每增加10mm，每米另增加6元。3.高级木器漆喷漆工艺二底四面处理。4.材料选用特级环保型大芯板；优质饰面板；立邦保得丽超级面漆；白塔牌白乳胶
2	工厂化双面凹凸造型门	扇	1	2180	0	0	0	0	0	2180	自动高温热压贴皮，内实心杉木指接板，再用双面5mm厚密度板找平
3	立邦荷净净味全效内墙乳胶漆顶面乳胶漆	m^2	11.45	70	52	0	0	12	6	801.5	乳胶漆一底二面。 1.刷108胶一遍。墙衬找平，并打磨。2.辊刷三遍面漆或一遍底漆两遍面漆，单色，每增加一色另加200元/间。3.若遇保温墙、砂灰墙、隔墙，须满贴的确良布增加10元/m^2。顶墙空鼓须铲除后用水泥砂浆找平，增加30元/m^2。客户不做上述处理应书面说明。4.材料采用优质墙衬；美巢牌环保型108胶

（续）

编号	工程项目	单位	工程量及单价		其中（为估算价格、单位：元）					复加合计	备注
			数量	单价/元	主材	辅材	机械	人工	损耗	金额/元	
4	立邦荷净净味全效内墙乳胶漆墙面乳胶漆	m²	29.12	70	52	0	0	12	6	2038.4	乳胶漆一底二面。1.刷108胶一遍。墙衬找平，并打磨。2.辊刷三遍面漆或一遍底漆两遍面漆，单色，每增加一色另加200元/间。3.若遇保温墙、砂灰墙、隔墙，须满贴的确良布增加10元/m²。顶墙空鼓须铲除后用水泥砂浆找平，增加30元/m²。客户不做上述处理应书面说明。4.材料采用优质墙衬；美巢牌环保型108胶
5	平板开门顶(吊)柜	m²	1.41	765	355	133	2	260	15	1078.65	饰面板饰面，木工板立架，5mm板封后背，实木封边
6	单线窗套	m	7.8	80	38	19	3	16	4	624	饰面板饰面，木工板立架，实木板线10mm×60mm

主卧

- **总面积约：** 15.74m²
- **总 价 约：** 18105元

编号	工程项目	单位	工程量及单价		其中（为估算价格、单位：元）					复加合计	备注
			数量	单价/元	主材	辅材	机械	人工	损耗	金额/元	
1	单线双面门套	m	5.1	120	70	21	3	21	5	612	饰面板饰面，木工板立架，实木板线10mm×60mm。1.大芯板衬底，饰面板饰面，实木门套线。门套线宽不大于60mm，厚不大于10mm。2.门套线宽每增加10mm，每米另增加6元。3.高级木器漆喷漆工艺二底四面处理。4.材料选用特级环保型大芯板；优质饰面板；立邦保得丽超级面漆；白塔牌白乳胶

（续）

编号	工程项目	单位	工程量及单价		其中（为估算价格、单位：元）					复加合计	备注
			数量	单价/元	主材	辅材	机械	人工	损耗	金额/元	
2	工厂化双面凹凸造型门	扇	1	2180	0	0	0	0	0	2180	自动高温热压贴皮，内实心杉木指接板，再用双面5mm厚密度板找平
3	饰面板饰面平顶	m^2	15.74	200	65	100	3	30	2	3148	饰面板饰面，5mm板、木龙骨基层，开灯孔或灯座木框制作安装
4	立邦荷净净味全效内墙乳胶漆墙面乳胶漆	m^2	41.88	70	52	0	0	12	6	2931.6	乳胶漆一底二面。1.刷108胶一遍。墙衬找平，并打磨。2.辊刷三遍面漆或一遍底漆两遍面漆，单色，每增加一色另加200元/间。3.若遇保温墙、砂灰墙、隔墙，须满贴的确良布增加10元/m^2。顶墙空鼓须铲除后用水泥砂浆找平，增加30元/m^2。客户不做上述处理应书面说明。4.材料采用优质墙衬；美巢牌环保型108胶
5	平板开门顶(吊)柜	m^2	12.07	765	355	133	2	260	15	9233.55	饰面板饰面，木工板立架，5mm板封后背，实木封边

更衣间

- **总面积约：** 3.83m^2
- **总 价 约：** 12113元

编号	工程项目	单位	工程量及单价		其中（为估算价格、单位：元）					复加合计	备注
			数量	单价/元	主材	辅材	机械	人工	损耗	金额/元	
1	单线双面门套	m	5.1	120	70	21	3	21	5	612	饰面板饰面，木工板立架，实木板线10mm×60mm。1.大芯板衬底，饰面板饰面，实木门套线。门套线宽不大于60mm，厚不大于10mm。2.门套线宽每增加10mm，每米另增加6元。3.高级木器漆喷漆工艺二底四面处理。4.材料选用特级环保型大芯板；优质饰面板；立邦保得丽超级面漆；白塔牌白乳胶

（续）

编号	工程项目	单位	工程量及单价		其中（为估算价格、单位：元）					复加合计	备注
			数量	单价/元	主材	辅材	机械	人工	损耗	金额/元	
2	工厂化双面凹凸造型推拉门	扇	1	1880	0	0	0	0	0	1880	自动高温热压贴皮，内实心杉木指接板，再用双面5mm厚密度板找平
3	饰面板饰面平顶	m²	3.83	200	65	100	3	30	2	766	饰面板饰面，5mm板、木龙骨基层，开灯孔或灯座木框制作安装
4	立邦荷净净味全效内墙乳胶漆墙面乳胶漆	m²	10.22	70	52	0	0	12	6	715.4	乳胶漆一底二面。 1、刷108胶一遍。墙衬找平，并打磨。 2、辊刷三遍面漆或一遍底漆两遍面漆，单色，每增加一色另加200元/间。 3、若遇保温墙、砂灰墙、隔墙，须满贴的确良布增加10元/m²。顶墙空鼓须铲除后用水泥砂浆找平，增加30元/m²。客户不做上述处理应书面说明。 4.材料采用优质墙衬；美巢牌环保型108胶
5	平板开门顶（吊）柜	m²	10.64	765	355	133	2	260	15	8139.6	饰面板饰面，木工板立架，5mm板封后背，实木封边

二层卫生间

- **总面积约：**4.36m²
- **总 价 约：**3637元

编号	工程项目	单位	工程量及单价		其中（为估算价格、单位：元）					复加合计	备注
			数量	单价/元	主材	辅材	机械	人工	损耗	金额/元	
1	单线双面门套	m	5.1	120	70	21	3	21	5	612	饰面板饰面，木工板立架，实木板线10mm×60mm。 1.大芯板衬底，饰面板饰面，实木门套线。门套线宽不大于60mm，厚不大于10mm。2.门套线宽每增加10mm，每米另增加6元。3.高级木器漆喷漆工艺二底四面处理。4.材料选用特级环保型大芯板；优质饰面板；立邦保得丽超级面漆；白塔牌白乳胶

（续）

编号	工程项目	单位	工程量及单价		其中（为估算价格、单位：元）					复加合计	备注
			数量	单价/元	主材	辅材	机械	人工	损耗	金额/元	
2	工厂化无木格玻璃木框推拉门	扇	1	1230	0	0	0	0	0	1230	自动高温热压贴皮，内实心杉木指接板，再用双面7mm厚密度板找平，不含玻璃
3	铺地砖300mm×300mm以内	m^2	4.36	55	0	21	2	30	2	239.8	主材价格按购价计价，损耗按实计算。1.水泥+砂子+108胶黏贴。对原基层进行处理另计。2.主材甲方供，拼花及高档瓷砖另计。3.普通白水泥勾缝，如采用专用勾缝剂，另加10元/m^2。4.材料采用优质水泥；中砂；美巢牌环保型108胶
4	墙面铺墙面砖	m^2	11.24	50		21	2	25	2	562	主材价格按购价计价，损耗按实计算。1.水泥+砂子+108胶黏贴。对原基层进行处理另计。2.主材甲方供，拼花及高档瓷砖另计。3.普通白水泥勾缝，如采用专用勾缝剂，另加10元/m^2。4.材料采用优质水泥；中砂；美巢牌环保型108胶
5	长条铝扣板吊顶	m^2	4.36	150	100	20	2	25	3	654	平板式或微孔板，钢龙骨、木龙骨安装，换气扇、灯座木框制作安装
6	地面防漏处理	m^2	4.36	32	16	8	1	6	1	139.52	水泥砂浆修补，防水涂料刷两遍
7	包上/下水管道	根	1	200	75	50	5	65	5	200	水泥砂浆或木工板包管柱

阳台

- 总面积约：6.75m^2
- 总 价 约：6232元

编号	工程项目	单位	工程量及单价		其中（为估算价格、单位：元）					复加合计	备注
			数量	单价/元	主材	辅材	机械	人工	损耗	金额/元	
1	单线双面门套	m	6.6	120	70	21	3	21	5	792	饰面板饰面，木工板立架，实木板线10mm×60mm。 1.大芯板衬底，饰面板饰面，实木门套线。门套线宽不大于60mm，厚不大于10mm。2.门套线宽每增加10mm，每米另增加6元。3.高级木器漆喷漆工艺二底四面处理。4.材料选用特级环保型大芯板；优质饰面板；立邦保得丽超级面漆；白塔牌白乳胶
2	工厂化双面凹凸造型推拉门	扇	2	1880	0	0	0	0	0	3760	自动高温热压贴皮，内实心杉木指接板，再用双面5mm厚密度板找平
3	铺地砖300mm×300mm以内	m^2	6.75	55	0	21	2	30	2	371.25	主材价格按购价计价，损耗按实计算。 1.水泥+砂子+108胶黏贴。对原基层进行处理另计。2.主材甲方供，拼花及高档瓷砖另计。3.普通白水泥勾缝，如采用专用勾缝剂，另加10元/m^2。4.材料采用优质水泥；中砂；美巢牌环保型108胶
4	立邦荷净净味全效内墙乳胶漆顶面乳胶漆	m^2	6.75	70	52	0	0	12	6	472.5	乳胶漆一底二面。 1.刷108胶一遍。墙衬找平，并打磨。2.辊刷三遍面漆或一遍底漆两遍面漆，单色，每增加一色另加200元/间。3.若遇保温墙、砂灰墙、隔墙，须满贴的确良布增加10元/m^2。顶墙空鼓须铲除后用水泥砂浆找平，增加30元/m^2。客户不做上述处理应书面说明。4.材料采用优质墙衬；美巢牌环保型108胶

（续）

编号	工程项目	单位	工程量及单价		其中（为估算价格、单位：元）					复加合计	备注
			数量	单价/元	主材	辅材	机械	人工	损耗	金额/元	
5	立邦荷净净味全效内墙乳胶漆墙面乳胶漆	m^2	11.94	70	52	0	0	12	6	835.8	乳胶漆一底二面。1.刷108胶一遍。墙衬找平，并打磨。2.辊刷三遍面漆或一遍底漆两遍面漆，单色，每增加一色另加200元/间。3.若遇保温墙、砂灰墙、隔墙，须满贴的确良布增加10元/m^2。顶墙空鼓须铲除后用水泥砂浆找平，增加30元/m^2。客户不做上述处理应书面说明。4.材料采用优质墙衬；美巢牌环保型108胶

书房

- **总面积约：** 11.44m^2
- **总 价 约：** 5568元

三层部分

编号	工程项目	单位	工程量及单价		其中（为估算价格、单位：元）					复加合计	备注
			数量	单价/元	主材	辅材	机械	人工	损耗	金额/元	
1	立邦荷净净味全效内墙乳胶漆顶面乳胶漆	m^2	11.44	70	52	0	0	12	6	800.8	乳胶漆一底二面。1.刷108胶一遍。墙衬找平，并打磨。2.辊刷三遍面漆或一遍底漆两遍面漆，单色，每增加一色另加200元/间。3.若遇保温墙、砂灰墙、隔墙，须满贴的确良布增加10元/m^2。顶墙空鼓须铲除后用水泥砂浆找平，增加30元/m^2。客户不做上述处理应书面说明。4.材料采用优质墙衬；美巢牌环保型108胶

（续）

编号	工程项目	单位	工程量及单价		其中（为估算价格、单位：元）					复加合计	备注
			数量	单价/元	主材	辅材	机械	人工	损耗	金额/元	
2	立邦荷净净味全效内墙乳胶漆墙面乳胶漆	m^2	30.4	70	52	0	0	12	6	2128	乳胶漆一底二面。1.刷108胶一遍。墙衬找平，并打磨。2.辊刷三遍面漆或一遍底漆两遍面漆，单色，每增加一色另加200元/间。3.若遇保温墙、砂灰墙、隔墙，须满贴的确良布增加10元/m^2。顶墙空鼓须铲除后用水泥砂浆找平，增加30元/m^2。客户不做上述处理应书面说明。4.材料采用优质墙衬；美巢牌环保型108胶
3	上木框玻璃门下平板门书柜	m^2	4.8	550	355	29	4	148	14	2640	饰面板饰面，木工板立架，无抽屉，实木封边，不含玻璃

储藏间

- **总面积约：** 9.64m^2
- **总 价 约：** 2470元

编号	工程项目	单位	工程量及单价		其中（为估算价格、单位：元）					复加合计	备注
			数量	单价/元	主材	辅材	机械	人工	损耗	金额/元	
1	立邦荷净净味全效内墙乳胶漆顶面乳胶漆	m^2	9.64	70	52	0	0	12	6	674.8	乳胶漆一底二面。1.刷108胶一遍。墙衬找平，并打磨。2.辊刷三遍面漆或一遍底漆两遍面漆，单色，每增加一色另加200元/间。3.若遇保温墙、砂灰墙、隔墙，须满贴的确良布增加10元/m^2。顶墙空鼓须铲除后用水泥砂浆找平，增加30元/m^2。客户不做上述处理应书面说明。4.材料采用优质墙衬；美巢牌环保型108胶

（续）

编号	工程项目	单位	工程量及单价		其中（为估算价格、单位：元）					复加合计	备注
			数量	单价/元	主材	辅材	机械	人工	损耗	金额/元	
2	立邦荷净净味全效内墙乳胶漆墙面乳胶漆	m^2	25.64	70	52	0	0	12	6	1794.8	乳胶漆一底二面。1.刷108胶一遍。墙衬找平，并打磨。2.辊刷三遍面漆或一遍底漆两遍面漆，单色，每增加一色另加200元/间。3.若遇保温墙、砂灰墙、隔墙，须满贴的确良布增加10元/m^2。顶墙空鼓须铲除后用水泥砂浆找平，增加30元/m^2。客户不做上述处理应书面说明。4.材料采用优质墙衬；美巢牌环保型108胶

水电部分

总 价 约：14575元

编号	工程项目	单位	工程量及单价		其中（为估算价格、单位：元）					复加合计	备注
			数量	单价/元	主材	辅材	机械	人工	损耗	金额/元	
1	水表移位PPR管连接	只	1	235	110	23	4	92	6	235	皮尔萨PPR管，开槽、定位
2	一厨一卫PPR管连接	套	1	1535	460	640	30	365	40	1535	皮尔萨PPR管，开槽、定位
3	增加一卫PPR管连接	间	1	1055	300	493	15	220	27	1055	皮尔萨PPR管，开槽、定位
4	厨房铺管穿线	间	1	300	100	45	10	137	8	300	优质电线穿PVC管铺设，含插座、开关、照明安装人工费
5	卫生间铺管穿线	间	2	370	125	65	10	160	10	740	优质电线穿PVC管铺设，含插座、开关、照明安装人工费

（续）

编号	工程项目	单位	工程量及单价		其中（为估算价格、单位：元）					复加合计	备注
			数量	单价/元	主材	辅材	机械	人工	损耗	金额/元	
6	阳台铺管穿线	只	1	115	36	35	5	35	4	115	优质电线穿PVC管铺设，含插座、开关、照明安装人工费
7	客厅铺管穿线	间	1	385	170	75	20	110	10	385	优质电线穿PVC管铺设，含插座、开关、照明安装人工费
8	餐厅铺管穿线	间	1	325	125	70	15	105	10	325	优质电线穿PVC管铺设，含插座、开关、照明安装人工费
9	房间铺管穿线	间	5	365	140	75	20	120	10	1825	优质电线穿PVC管铺设，含插座、开关、照明安装人工费
10	坐便器安装	套	2	80	自购					160	人工费及辅料费
11	水池（槽、洗脸盆）安装	套	2	50	自购					100	人工费及辅料费
12	豪华型智能布线	套	2	3900	1580	1875	30	365	50	7800	按单层标准布线计算，有二层时除主材箱外增加1.5～2的系数

运输与保洁

总 价 约：3600元

编号	工程项目	单位	工程量及单价		其中（为估算价格、单位：元）					复加合计	备注
			数量	单价/元	主材	辅材	机械	人工	损耗	金额/元	
1	装潢垃圾清理	项	1	800						800	施工过程产生垃圾，按建筑面积计算，二层以内，最少基数为100m²
2	材料二次搬运费	项	1	800						800	材料搬上楼，按建筑面积计，二层以内。最少基数为100m²
3	家政卫生服务费	项	1	2000						2000	按建筑面积计算，包括辅料费

其他

编号	工程项目	单位	工程量及单价		其中（为估算价格、单位：元）					复加合计	备注
			数量	单价/元	主材	辅材	机械	人工	损耗	金额/元	
1	方案设计	项	1	0						0	平面方案、预算。与业主商议而定
2	施工图制作	项	1	0						0	平面图、顶面图、各立面图及节点剖面图、水电施工图等。与业主商议而定
3	效果图制作	项	1	0						0	单个空间费用。与业主商议而定
总价合计/元										**150769**	